普通高等教育“十一五”国家级规划教材
科学出版社“十四五”普通高等教育本科规划教材

现代化学基础实验

（第四版）

主　编　马晓艳
副主编　李　绛　刘　相　张安国　李奕霖

科 学 出 版 社
北　京

内 容 简 介

本书是普通高等教育“十一五”国家级规划教材。全书共7章，包括化学基础实验的要求、化学实验基础知识、实验误差与数据处理、基础实验、应用实验、综合实验和设计研究实验。本书精心选编并整合了无机化学、物理化学、有机化学、分析化学等课程的64个实验，其中30个基础实验和12个应用实验为各类专业的基础化学实验组合提供了较大的选择空间，13个综合实验和9个设计研究实验用于提高学生的综合实验技能和设计实验能力。本书在保持第三版主要框架、结构的基础上，增加了实验仪器、操作视频等数字化资源，方便学生自主学习。

本书可作为高等学校地质、材料、矿产、石油、环境、冶金等非化学化工专业本科生的基础化学实验教材，也可作为相关科研人员和教师的参考书。

图书在版编目（CIP）数据

现代化学基础实验 / 马晓艳主编. -- 4版. 北京 ：科学出版社, 2024. 6. --（普通高等教育“十一五”国家级规划教材）（科学出版社“十四五”普通高等教育本科规划教材）. -- ISBN 978-7-03-078879-5

Ⅰ. O6-3

中国国家版本馆CIP数据核字第20246M54E0号

责任编辑：丁 里 李丽娇 / 责任校对：杨 赛
责任印制：张 伟 / 封面设计：迷底书装

科学出版社 出版
北京东黄城根北街16号
邮政编码：100717
http://www.sciencep.com

北京九州迅驰传媒文化有限公司印刷
科学出版社发行 各地新华书店经销

*

2000年8月第 一 版 开本：787×1092 1/16
2005年8月第 二 版 印张：12 3/4
2010年8月第 三 版 字数：331 000
2024年6月第 四 版 2025年8月第十七次印刷

定价：56.00元

（如有印装质量问题，我社负责调换）

第四版前言

《现代化学基础实验》(第四版)是普通高等教育“十一五”国家级规划教材，是《现代化学基础》(第四版)的实验配套教材。

本书保持了第三版的体系和结构，并在此基础上对教材内容进行了相应的充实和调整。为推进教育数字化，本次再版将数字化技术和网络技术与教材相结合，增加了实验的相关视频，使学生能直观地学习实验操作，更好地了解实验现象。同时，在前三章的内容中加大了实验室安全教育知识的比重。在实验内容的选编中，为贯彻落实党的二十大报告中“深入推进环境污染防治”“推进生态优先、节约集约、绿色低碳发展”等精神，增加了环境污染治理、资源回收利用、绿色低碳的实验工艺等内容。加大了无机化学、有机化学基础实验的比例，注重将当代化学新进展融入实验教材中。根据理论教材的章节充实实验，尽量做到普遍性、综合性、先进性和趣味性相结合，有浅有深，深入浅出，以便不同学校与不同专业根据教学和学时的需要选择实验内容，达到验证理论、巩固知识和训练实验操作技能的目的。本书还增加了设计研究实验，供学有余力的学生进行拓展实验。

本书由成都理工大学、兰州大学、电子科技大学、广西科技大学等高校的教师共同编写，马晓艳任主编，李绛、刘相、张安国、李奕霖任副主编。具体分工如下：马晓艳，第 1 章及实验 7、10、18、42、46、48、57、59；李绛，2.1.1 小节及实验 16、17、20、45；张安国，2.1.2 小节、2.3～2.6 节及实验 49；刘相，2.1.3～2.1.7 小节及实验 1、19、24；李奕霖，第 3 章及实验 40；但春，实验 2～6、26、27、41、44；姚瑶，2.2 节及实验 21～23、38、39；孔祥建，实验 8、9、25、28；刘新梅，实验 50、51；王关民，实验 26、31；王岚，实验 15、32、33、37、43、54；肖潇，实验 11～14、34～36、52、61；赵睿，实验 53、55、63；杨文君，实验 56、62、64；张若曦，实验 29、30、58、60；周志霖，实验 47。全书由马晓艳策划、整理和统稿。

在本书编写和修订过程中，一直得到各参编学校相关院系领导与同事的支持及帮助，科学出版社的编辑对本书的出版发行与推广应用给予了极大的关心和指导，本书还吸收和借鉴了一些兄弟院校实验改革的内容与成果，使用第一版、第二版和第三版教材的许多老师也对本次修订提出了许多宝贵意见，编者在此一并表示最衷心的感谢。

由于编者水平有限，书中的疏漏和问题在所难免，恳请有关专家、同行和使用教材的师生批评指正。

编　者

2023 年 5 月于成都

第三版前言

《现代化学基础实验》第一版于2000年出版，经2005年修订再版后，较好地满足了高等学校基础化学教学改革深化发展以及对大学生实践能力培养的要求，得到了同行专家的好评和兄弟院校的支持，使用面不断扩大。

按照非化学化工类工科专业对基础化学教学基本要求，力图更充分地体现高等教育改革精神，反映社会发展科技进步和基础化学教学改革实践的成果，本书作为普通高等教育“十一五”国家级规划教材再次修订出版。

本书保持了第二版的体系和结构，并在此基础上对教材内容做了相应的充实和调整。在前 3 章的内容中，增加了现代化学实验基础知识的介绍；加大了无机化学、有机化学和分析化学基础实验的比例，增加了物质合成制备和组成分析的内容，同时尽量介绍学校应用较广的新型仪器和设备。在实验内容方面，对基础实验和基本应用实验的内容没有做大的变动，主要结合教学实践经验总结，对一些实验的试剂用量和具体操作进行了适当调整，增加了应用实验、综合实验与设计研究实验。根据理论教材的章节充实实验，尽量做到普遍性、综合性、先进性和趣味性相结合，有浅有深，深入浅出，以便不同学校与不同专业根据教学和学时的需要选择实验内容，以达到验证理论、巩固知识和实验操作技能训练的最佳组合。

本书由成都理工大学、西南交通大学、内蒙古科技大学和西北民族大学等高校的教师共同编写，由张勇任主编，童志平和李绛任副主编。具体分工如下：张勇，绪论，第 1 章、实验五、十～十二、十五、十六、六十三、六十四、六十八、七十六～七十九；童志平，实验一、三、四、十八～二十一、六十七、七十、七十一、八十、八十一；李绛，第 2 章、实验六、八、九、二十六、二十七、四十三；蔡颖，实验二、五十～五十三、八十五；韩凤兰，实验十七、五十七～六十；万涛，第1章、1.2.9，实验六十九、七十二、七十五、八十四；刘光灿，实验三十三～四十一；王关明，实验二十三～二十五、二十八～三十一、四十二；徐进勇，实验四十八、五十四～五十六、八十二；李奕霖，实验七、三十二、四十四、四十九、八十三；胡子文，实验十三、十四、四十五～四十七；许书霞，实验六十一、六十二、六十五、六十六；张若曦，附录、实验二十二、七十三、七十四、七十六～七十八、八十六；第 3 章由童志平和张勇共同编写。全书由张勇策划、整理和统稿。

在本书编写和修订过程中一直得到各参编学校相关院系领导与同事的支持及帮助，科学出版社的领导和编辑对本书的出版发行与推广应用给予了极大的关心及指导，本书还吸收和借鉴了一些兄弟院校实验改革的内容与成果，使用第一版和第二版教材的许多老师也对本次修订提出了许多宝贵意见，编者在此一并表示最衷心的感谢。

由于编者水平有限，书中的错误和问题在所难免，恳请有关专家、同行和使用教材的师生批评指正。

编　者

2010年3月于成都

第二版前言

《现代化学基础实验》是教育部面向 21 世纪课程教材《现代化学基础》的配套教材。第一版于 2000 年出版，5 年来，社会经济和科技迅猛发展，高等教育和教学改革不断深化，社会对学生的实践能力要求越来越高，实验教材必须满足这种要求；《现代化学基础》理论教材改版后，又增加了一些新的内容。第一版实验教材已经不能适应社会发展和理论教材内容的要求，对其修订是很必要的。

《现代化学基础实验》(第二版)为了与《现代化学基础》(第二版)配套，力图充分体现高等教育改革精神，按照非化学化工类工科专业对基础化学教学基本要求和理论教材的内容，反映“面向 21 世纪工科(非化工类)专业化学系列课程体系与教学内容改革”和近年教学实践的成果。在保持 2000 年第一版《现代化学基础实验》的体系和主线的基础上，对实验内容作了相应的充实、调整和取舍，加大了无机化学、有机化学和分析化学基础实验的比例，增加了物质合成和组分分析的内容，同时增加了一些新型仪器设备的介绍。由于实验内容较以前增大，全书由原来的四章调整为六章，将实验部分分为基础实验、应用实验、综合实验与设计研究实验三章，便于不同学校和不同专业根据教学和学时的需要选择实验内容，以达到验证理论、巩固知识和实验操作技能训练的最佳组合。在设计研究实验中，增加了实验背景和参考文献，引导学生了解实验的应用意义和研究现状，帮助学生独立完成实验，提高学生科学研究的能力。

本书由成都理工大学、昆明理工大学、西南交通大学、内蒙古科技大学等高校的教师共同编写。由张勇任主编，胡显智和童志平任副主编。具体分工为：张勇(绪论，第一章 1.1～1.2.8，第三章，附录Ⅰ～Ⅹ，实验五、六十三、六十四、六十九、七十六)；胡显智(第二章、实验二十三～二十五、七十七、七十八)；童志平(实验一、三、四、十九～二十二、六十七、六十八、七十、七十二、七十三)；蔡颖(实验二、五十～五十三、八十三，附录Ⅹ)；万涛(第一章 1.2.9、实验七十一、七十四、七十五、八十一、八十三)；司云森(实验十、三十七～四十)；杨保民(实验五十七～六十二)；陈阵(实验十一～十八)；钟传蓉(实验四十五～四十七、六十五、六十六)；李绛(实验六、八、九、二十六、二十七、四十三)；刘光灿(实验三十三～三十六、四十一、八十四)；王关民(实验二十八～三十一、四十二)；徐进勇(实验四十八、五十四～五十六、六十一、七十九)；李奕霖(实验七、三十二、四十四、四十九、八十)。全书由张勇策划整理和统稿。

本教材编写过程中，一直得到各参编学校相关院系领导和同事们的支持和帮助；教材中还吸收和借鉴了一些兄弟院校实验改革的内容和成果，使用第一版实验教材的许多老师也对教材修订提出了许多宝贵意见，编者在此一并表示最诚挚的谢意。

由于编者水平所限，对基础化学实验教学改革和实践也正在探索中，编写本书难免会有这样那样的问题，恳请同行专家和使用教材的师生批评指正。

编　者
2005 年 6 月

第一版前言

本书是教育部“面向21世纪工科化学系列课程教学内容和课程体系改革的研究与实践”课题的研究成果，是高等教育出版社2000年1月出版的“面向21世纪课程教材”《现代化学基础》的配套教材。

化学实验教学是化学教学过程中的重要环节，在对工科大学生的综合素质培养方面占有较大的比重和地位。它可以使学生更好地理解和掌握理论教学的内容，更重要的是，通过实验中的操作训练，使学生在了解和使用现代仪器设备、信息工具与手段的同时，养成认真细致、求实求精、有条不紊的学习和做事的原则；通过观察实验中的现象，特别是一些异常现象，培养学生观察问题、分析问题、解决问题的能力，激发他们的学习兴趣、好奇心和创造欲望。

本书是编者在总结多年实验教学改革和实验研究取得的成果基础上，借鉴和吸收国内其他高校在化学实验改革方面的经验，对高校中地质、矿产、石油、冶金、环境、材料等非化学类专业的普通化学、物理化学、有机化学、分析化学等课程实验进行整合、优化，在内容、结构、适应专业调整方面做出努力后编写而成的。

全书由绪论、实验基本仪器及基本操作、实验常用测量仪器简介、实验误差及数据处理、实验内容、附录等五个部分组成。编者精心选择了53个实验，包括：化学基本操作练习实验；与理论教学紧密配合的各种化学反应及元素化合物的性质验证实验；反映现代化学新进展、新技术以及与工业应用、日常生活密切相关的专题实验。同时对实验基本仪器和常用测量仪器及其操作要点做了说明，并介绍了实验误差及实验数据处理的有关知识。

本书在编写过程中力求做到：

(1) 适应工科化学教学改革方向，反映近年来非化学类工科专业基础化学实验教学改革和研究成果；

(2) 将普通化学、物理化学、分析化学、有机化学等几门课程的实验的基本理论、基本操作和基本技能训练有机结合；

(3) 按照1998年课程体系改革后的教学基本要求，在保证必要的基础实验的同时，增强综合应用实验和设计实验内容；

(4) 增添一定比例反映现代化学的新进展、新技术以及化学与工业应用、日常生活密切相关的实验内容；

(5) 全书采用我国法定计量单位，并在附录中摘编较新的数据资料。

本书由张勇、胡忠鲠任主编。具体分工为：张勇(绪论，第一章，第二章，第三章，附录，实验三十七、三十八、四十三、四十四、四十五、四十六)，胡忠鲠(实验二十一、四十九、五十、五十一、五十二、五十三)，李瑜(实验四、六、十一、十三、十八、二十五、二十六、二十七、二十八、三十三、四十八)，王关民(实验二、七、八、九、十四、十五、十七、十九、二十三、二十四、三十五、四十)，李奕霖(实验三、五、十、十二、二十、二十二、三十六、四十一、四十二)，郑亚西(实验一、十六、二十九、三十、三十一、三十二、三十四、三十九、四十七)。全书由张勇统稿，胡忠鲠全面审定。

本书编写过程中得到高等工科院校普通化学课程教学指导组的指导和帮助，受到成都理工学院应用化学系的领导和同志们给予的关心和支持，同时吸收借鉴了一些兄弟院校的实验研究成果，在此一并表示感谢。

由于编者水平所限，将普通化学、物理化学、分析化学、有机化学实验课合编为一本篇幅较小的实验教材，是一种教学改革尝试，难免有错误和不足之处，恳请读者批评指正。

编　者

2000 年 3 月

目　　录

第 1 章　化学实验基础知识

1.1　化学基础实验的目的

化学是一门以实验为基础的学科，化学基础实验是基础化学教学中不可缺少的重要组成部分。化学基础实验要达到以下目的：

(1) 掌握化学实验的基本操作方法和技能技巧，学会常用仪器的使用方法。

(2) 巩固、深化和提高理论课学习的基础知识、基本理论。

(3) 通过独立地进行实验操作、观察和记录实验现象，培养分析问题、归纳知识、撰写报告等多方面的能力。

(4) 培养诚信精神，养成严谨求实的工作作风和科学态度，提高独立观察和分析问题、解决问题的能力。

(5) 掌握实验室的安全操作规程，培养实验的应急能力。

(6) 培养社会责任感和担当精神，树立环保意识，培养整齐清洁的实验习惯，为后续课程和未来的实际工作打下良好的基础。

1.2　化学基础实验的要求

为达到化学实验课的预期目的，保证实验安全，进入实验室的操作人员需要做到以下几点：

(1) 实验课前进行预习。预习内容包括：认真阅读实验教材，查阅有关数据，明确实验目的及药品使用安全知识，了解实验内容、原理和方法；清楚实验操作方法及注意事项；估计实验中可能发生的现象和预期结果；明确实验数据处理方法和有关计算公式；思考实验中应该注意的问题。在此基础上按指导教师的要求撰写实验预习报告。提前 10 min 进入实验室，在指定位置进行实验。

(2) 严格遵守实验室工作规则，接受教师指导。原则上按照实验教材的内容、方法、步骤、要求及药品用量进行实验，严格遵守实验操作规程，操作过程中注意安全、爱护仪器、节约试剂，有条不紊地进行实验，保持实验室的整洁和安静。

(3) 实验过程保持肃静，不影响他人实验，仔细观察实验现象，详实、准确地记录实验数据，认真分析实验结果，注意理论联系实际，用已学的知识判断、理解和分析实验中观察到的现象，解决遇到的问题，如实验现象与理论不符则应重做，有疑问可相互讨论或询问教师。

(4) 实验过程中的各种测量数据、标准溶液的浓度及实验现象等应及时、准确地进行记录，实验数据的记录必须遵照实事求是的科学精神，不允许任意伪造数据。实验数据的记录应注意有效数字的位数(见第 3 章)。实验过程中若发现数据测量错误或计算错误需要改动，应将原数据用横线划去，在其上方写上正确数据。

(5) 实验完毕后，清洗用过的仪器，整理好试剂架上的试剂瓶及其他物品，摆放好仪器，清洁桌面、地面和水槽，经教师允许后方可离开实验室。

(6) 实验后根据观察的现象和测试的数据，分析实验结果，总结实验成功或失败的原因，不断提高实验能力。认真撰写实验报告，实验报告要求字迹工整、文字简明、记录清楚、图表清晰、结论明确，并按时交给教师批阅。实验及报告不符合要求者，必须重做。实验报告按测量实验、制备实验、性质实验、分析实验四种类型分别书写(见 3.4 节“实验报告示例”)。

1.3 化学实验室规则

为确保实验顺利进行和实验室安全，进入实验室的操作人员必须清楚并遵守实验室工作规则。

(1) 遵守实验室各项规章制度和安全守则，书包等用品放在指定位置，未经指导教师允许不得擅自使用实验室的设备和设施。

(2) 在实验室操作的人员必须遵守纪律，保持肃静，集中精神，认真操作，仔细观察，积极思考，如实记录。

(3) 实验前检查所需仪器是否齐全、有无破损，以便及时补齐、更换。损坏仪器、设备要向教师报告，填写报损单后按规定手续到实验室换取新仪器。

(4) 爱护国家财物，节约水、电和药品，爱护器材，正确使用实验仪器和设备。精密仪器应严格按照操作规程使用，发现仪器有故障应立即停止使用，并及时向教师报告。

(5) 药品应按规定的量取用，已取出的试剂不能再放回原试剂瓶中，以免带入杂质。取用药品的用具应保持清洁、干燥，以保证试剂的纯度和浓度。取用药品后应立即盖上瓶塞。仪器、药品使用后及时放回原位。

(6) 实验进行时，不得中途离开，要注意观察实验现象是否正常、装置有无破裂等。

(7) 实验中保持实验台面清洁整齐。废弃的固体药品、纸、玻璃碴、火柴梗等应倒入废品篮内；废液倒入指定的废液回收桶，不得倒入水槽流入下水道，剧毒废液统一处理；未反应完的金属要处理后回收。

(8) 实验完成后，学生轮流打扫实验室，最后离开的学生负责检查水、电、气安全，关好门窗。

(9) 实验室一切物品(仪器、药品和实验产物)均不得带离实验室，离开实验室须经过指导教师同意。

(10) 实验室禁止穿拖鞋，禁止佩戴隐形眼镜。

1.4 实验室安全知识

化学实验室的特点决定了在其内部工作具有一定的风险性，因此学生进入实验室时，必须具备一定的安全知识和处理事故的能力。在每个实验中，教师会指出实验的安全注意事项，学生必须严格按照操作规程进行实验，养成科学、安全的实验室行为习惯。

(1) 进入实验室，首先要尽快熟悉以下事项：

(i) 熟悉实验室灭火器的相应位置。

(ii) 熟悉水、电、气总开关的位置。

(iii) 熟悉实验室走廊的喷淋装置、防护眼镜、实验室洗眼器的位置及使用方法，熟悉急救箱的位置。

(iv) 熟悉出口位置及安全撤离路线。

(2) 开始实验前，学生应做到以下两点：

(i) 预习实验内容，了解实验药品、装置的安全事项。

(ii) 检查实验装置是否有破损，如有破损应及时联系指导教师。

(3) 实验进行时，应遵循以下安全规定：

(i) 穿实验工作服，不得穿拖鞋和露脚趾的鞋子，佩戴防护眼镜。

(ii) 实验室内禁止吸烟、喝水、饮食。

(iii) 必须在教师的指导下进行实验，不得做非指定实验。

1.5 实验室事故的预防

化学实验中使用水、电、气，以及易燃、易爆、有毒或腐蚀性的药品，存在不安全因素，在实验室工作时应注意预防事故的发生。

(1) 禁止随意混合各种化学试剂，以免发生意外事故。

(2) 低沸点有机溶剂在室温时有较大的蒸气压，当空气中混杂这些溶剂的蒸气达到某一极限时，遇明火会发生爆炸。使用时应远离火源，用完后立即塞紧瓶塞。有机溶剂大多数易燃烧，不可放置在敞口容器中。实验室内不允许储存大量易燃烧的药品。

(3) 有些有机化合物遇氧化剂时会发生猛烈的爆炸或燃烧，操作时应特别小心。存放药品时，应将氯酸钾、过氧化物、浓硝酸等氧化剂与有机药品分开存放。

(4) 湿手不能接触电器插头，人体不能与导电物体直接接触。电器装置和设备的金属外壳应与地线连接，使用前应先检查是否漏电。实验完毕要拔掉电器插头，以防止事故发生。

(5) 加热时不能用明火，必须用水浴、沙浴、油浴或电热套。

(6) 使用有毒物质(如铬盐、钡盐、砷化物、汞及其化合物、氰化物等)时要戴手套，防止有毒物质渗入皮肤，切勿让有毒物接触五官和伤口。实验尽量在通风橱中进行，实验操作后要立即洗手，废液严禁排入下水道。

(7) 钾、钠和白磷等暴露在空气中易燃烧，因此钾、钠应保存在煤油中，白磷则可保存在水中，取用时用镊子。

(8) 酒精灯要用火柴点燃。添加酒精时要先熄灭火焰，待稍冷后再加，熄灭酒精灯应用灯罩盖熄。加热、浓缩液体时试管口要朝向无人处并防止液体冲出容器。

(9) 产生有刺激性气味和有毒气体的实验要在通风橱中进行，反应过程中产生有毒气体时要加气体吸收装置，并将尾气导向室外。

(10) 使用浓酸、碱液、溴、洗液等具有强腐蚀性的试剂时，不能溅在皮肤或衣物上，尤其不能溅入眼中，以免灼伤。稀释强腐蚀性试剂时应将浓溶液倒入稀释剂中，并不断搅拌，尤其是浓硫酸的稀释，绝不可将水倒入浓硫酸中。在热天取用浓氨水时，最好先用冷水浸泡氨水瓶使其降温后再开盖取用，以免浓氨水强烈的刺激性对人体造成伤害。

(11) 某些强氧化剂(如 $KClO_3$、KNO_3、$KMnO_4$)或其混合物不能研磨，否则将引起爆炸。银氨溶液不能留存，因其久置后会变成 Ag_3N，容易发生爆炸。

(12) 常压操作时，切勿造成密闭体系；减压蒸馏时，不能用平底烧瓶、锥形瓶、薄壁试管等不耐压的容器作为蒸馏瓶和接收瓶。

1.6 实验室事故的处理

因各种原因发生事故后，切忌慌张，应沉着冷静，立即采取有效措施处理事故。

1. 着火事故的处理

切断电源并关闭可燃性气体的阀门，立即将周围的易燃物品移走，以免火势蔓延。若为地面和桌面小范围着火，可用淋湿的抹布或沙子灭火。若火势较大，可用灭火器进行灭火。

以下几种情况严禁用水灭火：

(1) 金属钠、钾、镁、铝粉，以及电石、过氧化钠着火，应用干沙灭火。

(2) 密度比水小的易燃液体，如汽油、苯、丙酮等着火，可用泡沫灭火器灭火。

(3) 放有灼烧的金属或熔融物的地方着火时，应用干沙或干粉灭火器灭火。

(4) 电器设备或带电系统着火，可用二氧化碳灭火器或四氯化碳灭火器灭火。

一般有机溶剂密度比水小，泼水后火不但不能熄灭，反而漂浮在水面上继续燃烧，火随水流而蔓延，进而造成更大的火灾。当火势较大不易控制时，应立即拨打火警电话 119。

2. 触电事故的处理

拉开电闸切断电源，或尽快用绝缘物(干燥的木棒等)将触电者与电源隔开。必要时进行人工呼吸。

3. 割伤事故的处理

先将伤口中的异物(如玻璃碴等)用消毒镊子取出，不要用水洗伤口。伤势较轻时，可以涂碘酒，并用创可贴贴住伤口。伤势较重时，先用医用酒精清洗消毒，再用纱布按住伤口，压迫止血，并立即送医院治疗。

4. 烫伤事故的处理

被火或高温物体灼烫后，不要用冷水冲洗或浸泡，若伤处皮肤未破，可涂抹凡士林或烫伤药膏，重伤者应立即送医院治疗。

5. 酸、碱腐蚀事故的处理

首先用大量水冲洗，酸腐蚀用 $NaHCO_3$ 饱和溶液(或稀氨水、肥皂水)冲洗，碱腐蚀用 1% 柠檬酸或硼酸溶液冲洗，再用清水冲洗，涂抹凡士林。若被氢氟酸腐蚀，应用水冲洗后再用稀苏打溶液冲洗，再浸泡在冰冷的硫酸镁饱和溶液中 30 min，最后敷以 20%硫酸镁、18%甘油、1.2%盐酸普鲁卡因和水配成的药膏。若酸、碱溅入眼中，应立即用大量水(可用自来水)冲洗，然后分别用稀碳酸氢钠溶液或硼酸饱和溶液冲洗，最后滴入蓖麻油。

6. 吸入刺激性或有毒气体的处理

吸入 Br_2、Cl_2 或 HCl 气体时，可吸入少量乙醇和乙醚的混合蒸气解毒。吸入 H_2S 或 CO 气体而感到不适者，应立即到室外呼吸新鲜空气。

7. 毒物进入口内的处理

应立即将口中毒物吐出，并用大量水漱口；已咽下的毒物，应服用相应的解毒剂，并立即送医院治疗。

1.7　实验室“三废”的处理

党的二十大报告指出：“大自然是人类赖以生存发展的基本条件。尊重自然、顺应自然、保护自然，是全面建设社会主义现代化国家的内在要求。必须牢固树立和践行绿水青山就是金山银山的理念，站在人与自然和谐共生的高度谋划发展。”

在进行化学实验时，常会产生废液、废渣和废气(“三废”)。废液主要包括无机废液和有机废液，废渣包括废弃的固体药品、纸、玻璃碴等，废气主要包括试剂的挥发物及在实验中产生的有毒有害气体。“三废”对人体具有刺激、麻醉、中毒、致癌、致畸等危害。随意排放的废液进入水体会造成水质和土壤的污染，严重的会导致在其中生长的动植物死亡。为保护环境，树立绿色化学的观念，实验产生的“三废”必须经过处理才能排放，或装入专用的废液、废渣桶，由专业人员进行处理。

1. 废气的排放

产生少量有毒气体的实验应在通风橱内进行，并根据产生气体的种类用适当的吸收装置进行尾气的吸收或吸附等处理后才能排放。例如，硫化氢、二氧化硫、氯气等可通入碱液中进行吸收。

2. 废液的处理

无机废酸、废碱一般采用酸碱中和的方法，将 pH 调至中性后排放。含少量氰化物的废液通常可采用在碱性(pH＞10)条件下加入次氯酸盐进行氧化的方法除去。含铬(Ⅵ)废液可在酸性条件下加入硫酸亚铁，使铬(Ⅵ)还原为铬(Ⅲ)，再加入碱液调节 pH 为 6～8，加热至 80 ℃，使其生成低毒的氢氧化铬和氢氧化铁沉淀，分离沉淀后除去。含汞、砷、锑的废液可控制酸度为 $[H^+] = 0.3\ mol \cdot L^{-1}$，通过生成硫化物沉淀除去。有机废液可采用蒸馏或分馏提纯的方法，由实验室回收提纯有机溶剂供再次使用。

将废液倒入废液回收桶时应注意：

(1) 禁止将无毒、无害或剧毒物质倒入废液桶，剧毒的废液应单独倒入专有容器，并放在剧毒化学品库房保存。

(2) 废液桶的废液体积不得超过桶体积的 90%，平时应将桶盖拧紧。

(3) 废液应按无机废液、一般有机废液、含卤有机废液、剧毒废液分类存放。倾倒废液时注意不能产生有害的化学反应，如过氧化物与有机物不能混合，氰化物、硫化物、次氯酸盐与酸不能混合等。

3. 废渣的处理

实验室使用过的滤纸等不能扔进下水道，碎玻璃及锐角的废物不可丢入废纸篓中，应放入专用废物箱。少量有毒废渣应集中后转移到指定地点。金属钠可回收处理：将金属钠放入圆底烧瓶中，加入液体石蜡或甲苯，加热回流，待金属钠完全熔融后，停止加热。趁热倒入蒸发皿冷却，待钠凝固后，倾去溶剂，将固化的金属钠切成块状放入盛有煤油或石蜡的试剂瓶中保存。

第 2 章　化学常用实验仪器及基本操作

2.1　基本实验仪器和常用测量仪器

2.1.1　基本实验仪器

化学实验常用仪器见表 2-1。

表 2-1　化学实验常用仪器

仪器	规格	用途	注意事项
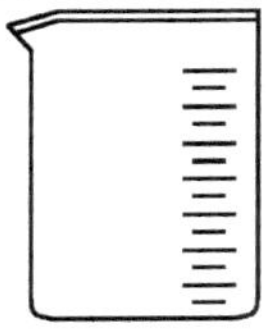 烧杯	以容积(mL)大小表示。外形有高低之分	用作反应物量较多时的反应容器。反应物易混合均匀	加热时应放置在石棉网上，使其受热均匀
 圆底烧瓶	以容积(mL)大小表示	反应物多，且需长时间加热时，常用它作反应容器	加热时应放置在石棉网上，使其受热均匀
 三口蒸馏烧瓶  蒸馏烧瓶	以容积(mL)大小表示	用于液体蒸馏，也可用于少量气体的发生	加热时应放置在石棉网上，使其受热均匀
 锥形瓶	以容积(mL)大小表示	用作反应容器，也可用于滴定操作	加热时应放置在石棉网上，使其受热均匀
 碘量瓶	以容积(mL)大小表示	用作反应容器，也可用于易挥发物质的滴定操作，可水封	加热时应放置在石棉网上，使其受热均匀

续表

仪器	规格	用途	注意事项
 广口瓶　细口瓶　滴瓶	以容积(mL)大小表示	广口瓶用于盛放固体药品。滴瓶、细口瓶用于盛放液体药品。不带磨口塞的广口瓶可作集气瓶	不能直接用火加热。瓶塞不要互换。盛放碱液时，要用橡胶塞，不能用磨口瓶塞，以免玻璃磨口瓶塞被腐蚀粘牢
 称量瓶	以外径(mm)×高(mm)表示。分扁形和高形两种	要求准确称取一定量的固体时用	不能直接用火加热。盖子和瓶子是配套的，不能互换
 表面皿	以口径(mm)大小表示	盖在烧杯上，防止液体迸溅或作其他用途	不能用火直接加热
 坩埚	以容积(mL)大小表示，有瓷、石英、铁、镍、铂等不同质地	用于灼烧固体。根据固体性质不同可选用不同质地的坩埚	可直接用火灼烧至高温。刚灼烧过的坩埚不要直接放在桌上(可放在石棉网上)
普通试管　离心试管 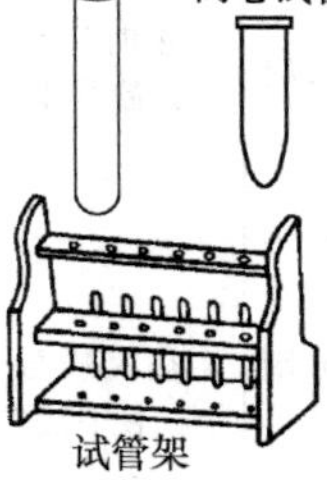 试管架	分硬质试管、软质试管；有普通试管、离心试管。普通试管以管口外径(mm)×长度(mm)表示。离心试管以容积(mL)大小表示。试管架有木、铝和塑料等不同质地	用作少量试剂的反应容器，便于操作和观察。离心试管还可用于定性分析中的沉淀分离。试管架用于放置试管	普通试管可直接用火加热，硬质试管可以加热至高温，但加热后不能骤冷，否则易破裂。离心试管只能用水浴加热
 比色管	以容积(mL)大小表示，常见规格有 10 mL、25 mL、50 mL	用于目视比色分析	不能用火直接加热，清洗比色管时不能用硬毛刷刷洗，以免磨伤管壁影响透光度
 托盘天平	最大荷载一般是 100 g、200 g 等，精确度一般为 0.1 g、0.2 g 等	用于固体的称量	需要称量的物品的质量不能超过天平最大承受范围。固体物品的称量应在托盘上放入相同大小的纸片，纸片应保持干净。易潮解物品必须置于玻璃器皿中测量
 电子天平	最大荷载一般是 100 g、200 g 等，精确度一般为 0.01 g、0.001 g 等	用于固体的称量	需要称量的物品的质量不能超过天平最大承受范围。易潮解物品必须置于玻璃器皿中测量

续表

仪器	规格	用途	注意事项
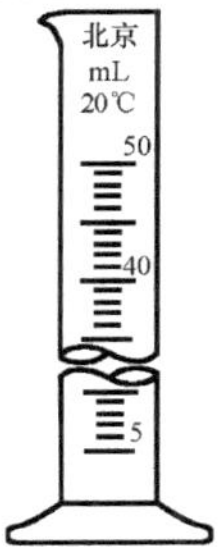 量筒	以所能量度的最大容积(mL)表示	用于量度一定体积的液体	不能加热。不能用作反应容器
 容量瓶	以刻度以下的容积(mL)大小表示	用于配制准确浓度的溶液。配制时液面应刚好在刻度上	不能加热。磨口瓶塞是配套的，不能互换或打碎
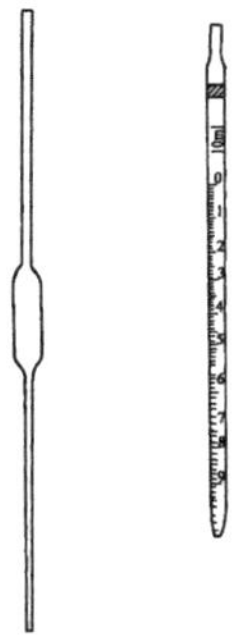 移液管　刻度吸量管	以其刻度为最大容积(mL)	用于移取或量取所需溶液	不能加热
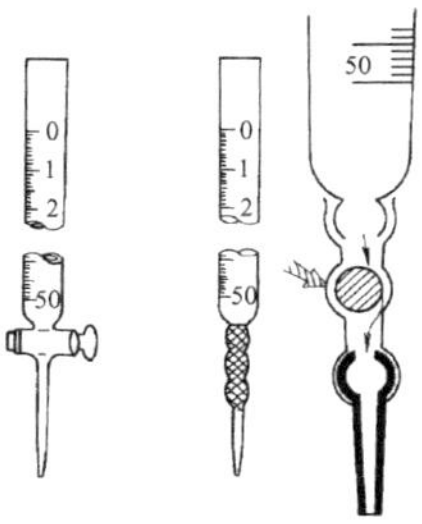 酸式滴定管　碱式滴定管	以所能量度的容量(mL)大小表示	用于量度一定体积的溶液，一般用于滴定分析	酸式滴定管下面为磨口玻璃塞，装酸性及氧化性溶液。碱式滴定管下面为带有玻璃珠的乳胶管加一个玻璃下嘴口，装碱性及无氧化性溶液。棕色滴定管用于装见光易分解的溶液
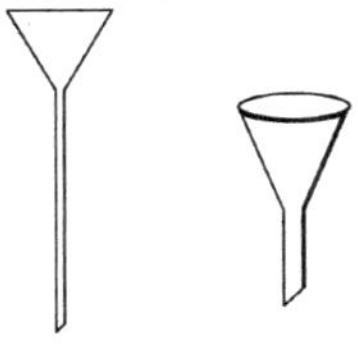 长颈漏斗　漏斗	以口径(mm)大小表示	用于过滤等操作。长颈漏斗特别适用于定量分析中的过滤操作	不能用火直接加热
 吸滤瓶　布氏漏斗	布氏漏斗为瓷质，以容量(mL)或口径(cm)大小表示。吸滤瓶以容积大小表示	两者配套用于无机制备中晶体或沉淀的减压过滤	不能用火直接加热

续表

仪器	规格	用途	注意事项
 分液漏斗	以容积(mL)大小和形状(球形、梨形)表示	用于互不相溶的液-液分离。也可用于少量气体发生器装置中加液	不能用火直接加热。磨口的漏斗塞不能互换
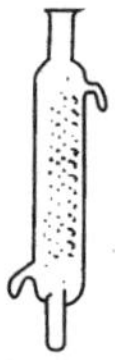 蛇形冷凝管 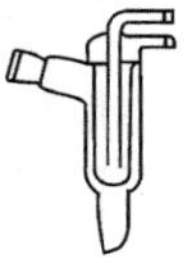 磨口直形冷凝管	玻璃制品	用于蒸馏	
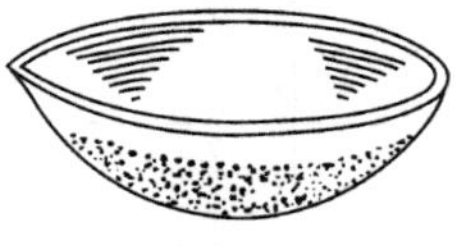 蒸发皿	以口径或容积(mL)大小表示，有瓷、石英、铂等不同质地	用于蒸发液体。根据液体性质不同可选用不同质地的蒸发皿	能耐高温，但不宜骤冷。蒸发溶液时，一般放在石棉网上加热，也可直接用火加热
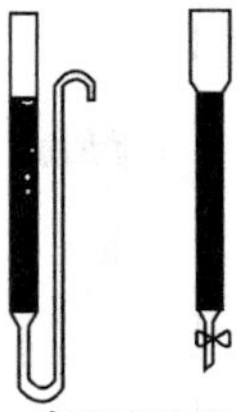 离子交换柱	玻璃制品	分别装入阴离子树脂、阳离子树脂，用于制作纯水	
 研钵	以口径大小表示。有瓷、玻璃、玛瑙、铁等不同质地	用于研磨固体物质。根据固体的性质和硬度选用不同的研钵	不能用火直接加热
 普通干燥器 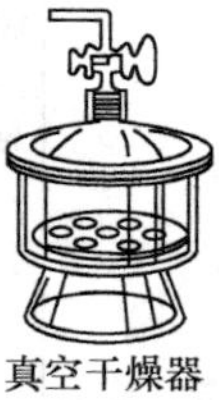 真空干燥器	以外径(mm)大小表示。分普通干燥器和真空干燥器	内放干燥剂，可保持样品或产物的干燥	防止盖子滑动而打碎。烘热的物品待稍冷后才能放入。未完全冷却前要每隔一定时间开一开盖子，以调节干燥器内的气压
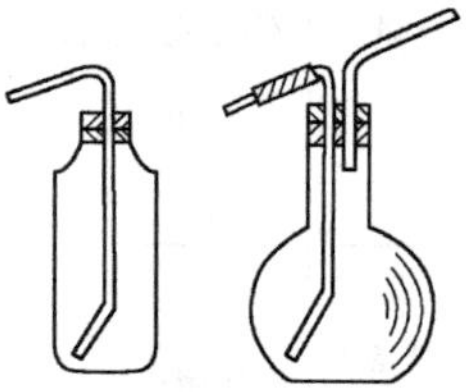 洗瓶	玻璃或塑料制品，橡胶瓶塞打孔插入玻璃弯管	用于盛放蒸馏水或其他洗涤液	

续表

仪器	规格	用途	注意事项
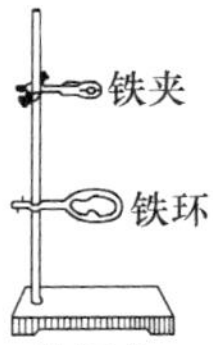 铁架台	铁制品	用于固定或放置反应容器。铁环还可以代替漏斗架使用	
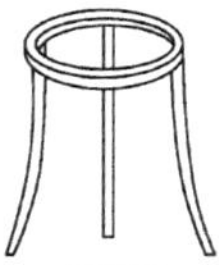 三脚架	铁制品，有大小、高低之分，比较牢固	放置较大或较重的加热容器	
 磁力搅拌器	有搅拌容量、加热功率之分	主要用于搅拌，或同时加热、搅拌低黏稠度的液体或固液混合物	搅拌时发现搅拌子跳动或不搅拌时，需切断电源检查烧杯底是否平、位置是否正。加热时间一般不宜过长，不搅拌时不加热
 点滴板	瓷板，有白色和黑色，窝穴有 6 穴、12 穴等	以点滴试剂观察化学反应溶液的 pH	保持穴孔内洁净
 坩埚钳	铁或不锈钢制品	用于夹取高温物体，如灼烧或经马弗炉高温处理后盛有样品的坩埚等	
 试管夹	由木料或粗钢丝制成	加热试管时用于夹持试管	防止试管夹烧损或锈蚀
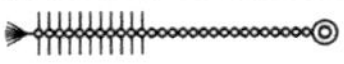 毛刷	以大小和用途表示，如试管刷、滴定管刷等	刷洗玻璃仪器	避免毛刷顶端的铁丝撞破玻璃仪器
 药匙	由牛角、瓷或塑料制成。现多数是塑料制品	用于拿取固体药品。有的药匙两端各有一个勺，一大一小，根据用药量多少选用	不能取灼热的药品
 泥三角	由铁丝弯成，套有瓷管。有大小之分	用于灼烧坩埚	
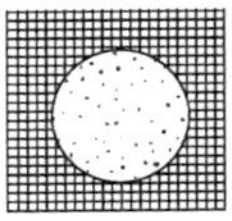 石棉网	由铁丝编成，中间涂有石棉。有大小之分	加热时，垫上石棉网，能使物体均匀受热，不致造成局部过热	不能与水接触，以免石棉脱落或铁丝锈蚀

2.1.2　称量仪器

准确称量物体的质量是化学实验最基本的操作之一。由于不同实验对物体质量称量的准确度要求不同，因此进行实验时需要选用不同精确度的称量仪器。常用的称量仪器有台秤、电子天平等。具体的仪器及操作介绍见 2. 4 节。

2.1.3　酸度计

酸度计(又称 pH 计)是一种通过测量电位差测定溶液 pH 的仪器，不仅可以测量溶液的 pH，还可以测量氧化还原电对的电极电势(mV)等。实验室常用的酸度计有 pHS-25 型、pHS-3C 型等。各种型号仪器的结构虽有所不同，但其工作原理基本相同。

1. 仪器工作原理

酸度计的基本工作原理是利用一对电极与被测溶液组成原电池，电池在不同 pH 溶液中能产生不同的电动势，将此电动势输入仪器，经过电子线路的一系列工作，最后在电位计上指示出测量结果(图 2-1)。

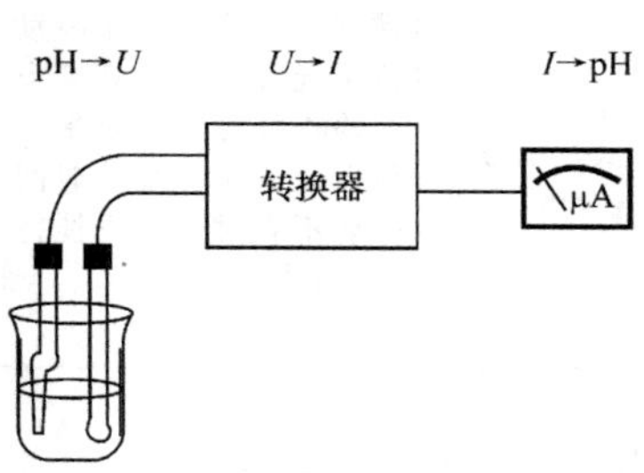

图 2-1　酸度计工作原理示意图

酸度计主要由指示电极、参比电极和与其相连的电位计组成。

指示电极通常采用玻璃电极(图 2-2)，其电极电势随被测溶液 pH 的变化而变化。玻璃电极的主要部分是由一种特殊导电玻璃吹制成的空心小球泡，这种玻璃薄膜对氢离子有敏感作用。球泡内装有 0.1 mol · L^{-1} HCl 溶液(或一定 pH 的内标准缓冲溶液)和作为内参比电极的 Ag/AgCl 电极(覆盖 AgCl 的 Ag 丝)。

参比电极通常采用饱和甘汞电极(图 2-3)，其由汞、甘汞(Hg_2Cl_2)和氯化钾饱和溶液组成。该电极的稳定性好，其电极电势值不随被测溶液 pH 的变化而变化，在一定温度下有一定值。

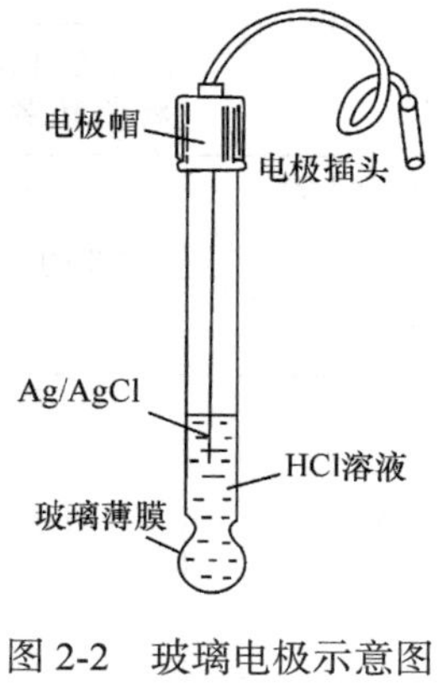

图 2-2　玻璃电极示意图

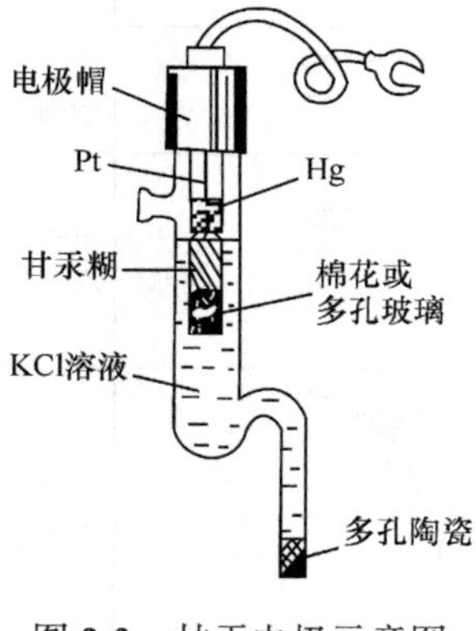

图 2-3　甘汞电极示意图

将玻璃电极和甘汞电极同时插入待测溶液中组成原电池，电池符号为：(−)Ag-AgCl｜HCl 溶液(0.1 mol · L^{-1})｜玻璃膜｜测试液 ‖ KCl(饱和溶液)｜Hg_2Cl_2-Hg(+)，与精密电位计连接可以测定该电池的电动势 E。在 25 ℃时，溶液 pH 与电动势 E 的关系为

$$E = \varphi_{+} - \varphi_{-} = \varphi_{甘汞} - \varphi_{玻璃} = \varphi_{甘汞} - (\varphi^{\ominus}_{玻璃} - 0.0592\text{pH}) \tag{2-1}$$

$$\text{pH} = \frac{E - \varphi_{甘汞} + \varphi^{\ominus}_{玻璃}}{0.0592} \tag{2-2}$$

式中，$\varphi_{甘汞}$ 表示甘汞电极电势，常用的是饱和甘汞电极，在 25 ℃时其电势为 0.2415 V；对于给定的玻璃电极，$\varphi^{\ominus}_{玻璃}$ 是一定的，其数值可用一已知 pH 的标准缓冲溶液代替待测溶液组成原电池，再根据所测原电池的电动势求得。为了使用的需要，酸度计将所测电动势读数直接用 pH 表示出来。

由于玻璃电极易破损，近年来常采用复合电极，即将 pH 玻璃电极和参比电极组合在一起形成复合电极，如图 2-4 所示。这种电极大多是由玻璃电极和 Ag/AgCl 参比电极合并制成的，相对于两个电极而言，复合电极最大的好处就是使用方便。pH 复合电极主要由电极球泡、电极支持杆、内参比电极、内参比溶液、外壳、外参比电极、外参比溶液、液接面、电极帽、电极导线等组成。

温度对 pH 测定值的影响可根据能斯特(Nernst)方程予以校正。酸度计中大多已配有温度补偿器补偿(校正)。

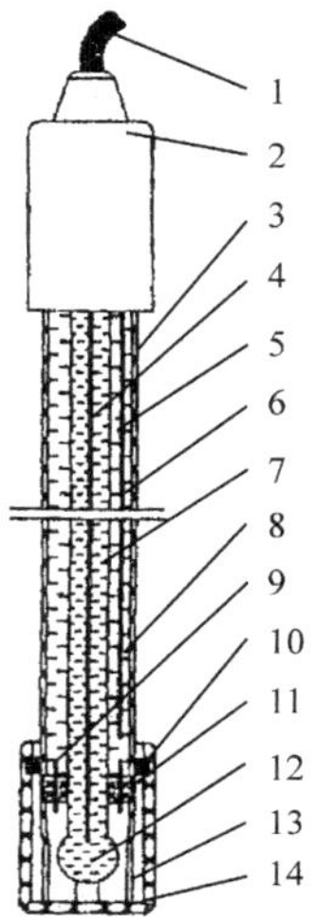

图 2-4 复合电极示意图

1. 电极导线；2. 电极帽；3. 外壳；4. 内参比电极；5. 外参比电极；6. 电极支持杆；7. 内参比溶液；8. 外参比溶液；9. 液接面；10. 密封圈；11. 硅胶圈；12. 电极球泡；13. 球泡护罩；14. 护套

2. 仪器操作方法

下面以 pHS-3C 型数字酸度计为例，简单介绍其操作方法。其他类型的酸度计可参考其使用说明书。

1) 仪器介绍

pHS-3C 型数字酸度计前、后面板的示意图分别如图 2-5、图 2-6 所示。

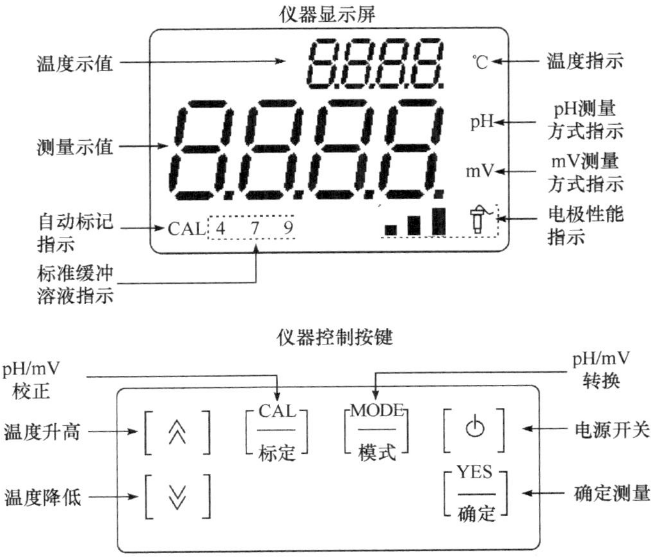

图 2-5 pHS-3C 型数字酸度计前面板示意图

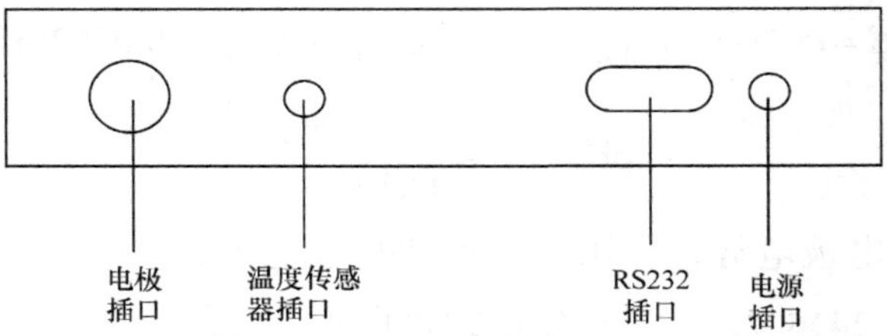

图 2-6　pHS-3C 型数字酸度计后面板示意图

2) 操作步骤

(1) 准备。

将复合电极接到仪器上，固定在电极夹中，插上电源，打开电源开关，预热 5 min 左右。

(2) 仪器标定(两点标定)。

(i) 按动“MODE”(模式)键，使仪器处于 pH 测量方式(此时显示屏上“pH”灯亮)，按“∧”或“∨”键将温度显示调节到标准缓冲溶液的温度值。

(ii) 用蒸馏水冲洗电极并用滤纸吸干，然后浸入 pH = 6.86 的标准缓冲溶液中，摇动烧杯使电极前端球泡与标准缓冲溶液均匀接触。

(iii) 按动“CAL”(标定)键，显示屏上“CAL”“AUTO”灯均闪烁，仪器此时正自动识别标准缓冲溶液的 pH；到达测量终点时，屏幕显示出相应标准缓冲溶液的标准 pH，对应的标准缓冲溶液“4”“7”“9”之一指示灯亮；“CAL”灯熄灭，“AUTO”灯停止闪烁。

(iv) 用蒸馏水冲洗电极，再将电极放入 pH 为 4.00 或 9.18 的标准缓冲溶液中(如果待测溶液呈酸性，选用 pH = 4.00 标准缓冲溶液；如果待测溶液呈碱性，则选用 pH = 9.18 标准缓冲溶液)。同样按(iii)操作，完成仪器的标定。

(3) pH 测定。

经过标定的仪器即可测量被测溶液的 pH。对于精密测量法，被测溶液的温度最好与标定溶液的温度保持一致。

(i) 将清洗后的电极浸入被测溶液，将温度调节至被测溶液的温度值。

(ii) 摇动烧杯，待示值稳定后，即可读取被测溶液的 pH。若要确认测试的值(重复测试)，可按动“YES”(确定)键，此时“pH”指示灯闪烁，当“pH”指示灯停止闪烁时，即可读取被测溶液的 pH。

2.1.4　分光光度计

分光光度计的基本原理是利用溶液中的物质对不同波长光的选择吸收现象进行物质的定性和定量分析，通过对吸收光谱的分析，判断物质的结构及化学组成。实验室常用的国产分光光度计有 72 型、721 型、722 型、724 型、751 型等。

1. 仪器工作原理

分光光度计的基本工作原理是溶液中的有色物质对光的吸收具有选择性。物质在光的照射下对光产生吸收，而且物质对光的吸收具有选择性，有着各自的吸收光谱。如图 2-7 所示，当某单色光通过溶液时，其能量被溶液吸收而减弱。在一定的波长下，光能量被吸收的减弱程度与溶液中物质的浓度 c 有一定的比例关系，服从朗伯-比尔(Lambert-Beer)定律：

$$T = I / I_0$$

$$A = \lg(I_0 / I) = \lg(1/T) = \varepsilon cL \qquad (2\text{-}3)$$

式中，T 为透光率；A 为吸光度，表示光通过溶液时被吸收的强度；c 为有色溶液的物质的量浓度；I_0 为入射光强度；I 为透射光强度；L 为液层厚度，也是光程长度；ε 为摩尔吸光系数，它与物质的结构、入射光的波长，以及溶液的性质、温度等有关。

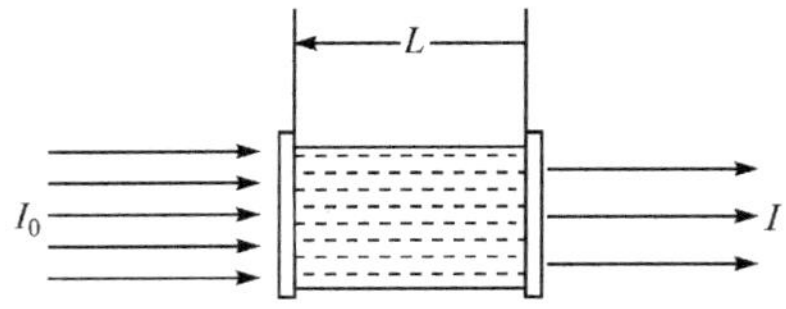

图 2-7　光吸收示意图

当入射光强度 I_0、摩尔吸光系数 ε 和液层厚度 L 不变时，透射光强度 I 只随溶液中物质的量浓度 c 而变化。因此，如果将透过溶液的光线通过测光仪器中的光电转换器接收，并转换成电信号，即可读出相应的透光率，从而推算出溶液的浓度(图 2-8)。

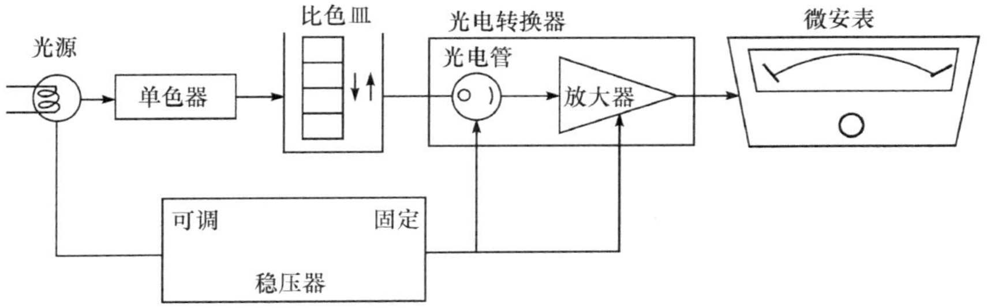

图 2-8　分光光度计工作原理示意图

2. 722 型光栅分光光度计

1) 仪器的外形构造

722 型光栅分光光度计是以碘钨灯为光源、衍射光栅为色散元件、端窗式光电管为光电转换器的单光束、数显式可见光区分光光度计。可用波长范围为 200～800 nm，波长精度为 ±2 nm，光谱带宽为 6 nm，吸光度的显示范围为 0～1. 999， 吸光度的精度为 ±0.004(在 0.5 处)。试样架可置放 4 个吸收池。附件盒配有 4 个 1 cm 吸收池及 1 块镨钕滤光片。仪器的外形如图 2-9 所示。

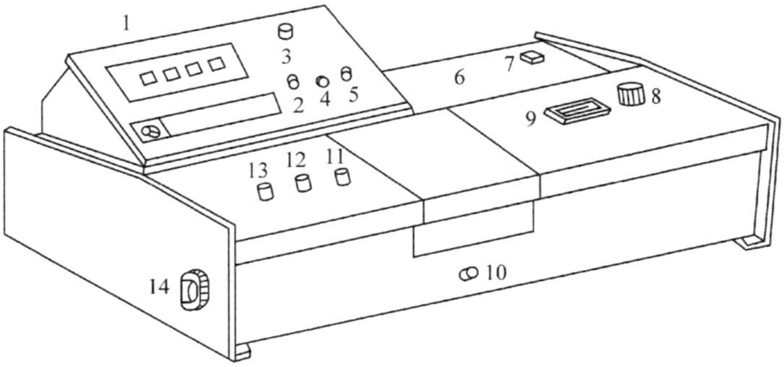

图 2-9　722 型光栅分光光度计外形示意图

1. 数字显示器；2. 吸光度调零旋钮；3. 选择开关；4. 调斜率电位器；5. 浓度旋钮；6. 光源室；7. 电源开关；8. 波长手轮；9. 波长刻度窗；10. 试样架拉手；11. 100%T 旋钮；12. 0%T 旋钮；13. 灵敏度调节；14. 干燥室

2) 仪器的使用方法

(1) 将灵敏度调节旋钮置于“1”挡(放大倍率最小)，选择开关置于“T”挡。

(2) 开启电源，指示灯亮，并将波长调节至测试所需波长，使仪器预热约 20 min，此时打开样品室盖(光门自动关闭)。

(3) 调节 0%T 旋钮，使数字显示为“0.00”。

(4) 将盛参比溶液的吸收池置于试样架第一格内，盛试样的吸收池置于第二格内，盖上样品室盖(此时光门打开，光电管受光)。将参比溶液推入光路，调节 100%T 旋钮，使数字显示为“100. 00”。如果显示不到“100.00”，则增大灵敏度挡到 2 或 3，再调节 100%T 旋钮，直到显示为“100.00”。

(5) 重复操作步骤(3)和(4)，直到仪器显示稳定。

(6) 将选择开关置于“A”挡，此时吸光度显示应为“0.00”；若不是，则调节吸光度调零旋钮使其显示为“0.00”。然后将试样推入光路，此时显示值即为试样的吸光度。

(7) 实验过程中，可随时将参比溶液推入光路，以检查吸光度零点是否有变化。若不是“0.00”，则可调节吸光度调零旋钮。若大幅度改变测试波长，应稍等片刻(因光能量急剧变化，光电管受光后响应缓慢，需一段光响应平衡时间)，待稳定后重新调节 0%T 旋钮和 100%T 旋钮后才可工作。

(8) 浓度的测量。选择开关由“A”旋至“C”，将已标定浓度的样品放入光路，调节浓度旋钮，使数字显示为标定值。然后将被测样品推入光路，即可读出被测样品的浓度值。

(9) 仪器使用完毕，关闭电源，取出吸收池，洗净后放回原处。

注意：不测试时，应及时打开样品室盖，断开光路，以免光电管老化。

3) 测量条件的选择

为了保证吸光度测定的准确度和灵敏度，在测量吸光度时还需注意选择适当的测量条件，如入射光波长、参比溶液和读数范围。

(1) 入射光波长的选择。

由于溶液对不同波长的光吸收程度不同，一般应选择最大吸收时的波长为入射光波长，此时摩尔吸光系数最大，测量的灵敏度较高。有干扰时可考虑使用其他波长为入射光波长。

(2) 参比溶液的选择。

入射光照射装有待测溶液的吸收池时，将发生反射、吸收和透射等情况，而反射及试剂、共存组分等对光的吸收也会造成透射光强度减弱。为使光强度减弱仅与溶液中待测物质的浓度有关，必须通过参比溶液对上述影响进行校正。选择参比溶液的原则是：若共存组分、试剂在所选入射光波长处均不吸收入射光，则以蒸馏水或纯溶剂作参比溶液；若试剂在所选入射光波长处吸收入射光，则以试剂空白作参比溶液；若共存组分吸收入射光，而试剂不吸收入射光，则以原试液作参比溶液；若共存组分和试剂都吸收入射光，则取原试液掩蔽被测组分，再加入试剂后作为参比溶液。

(3) 吸光度读数范围的选择。

进行光度测量时，当透光率读数范围为 10%～70%或吸光度读数范围为 0.10～1.0 时，读数误差较小。可应用调整称样量、比色皿厚度和稀释倍数等方法使样品溶液的吸光度读数在此范围内。

2.1.5　电导率仪

电导率仪是实验室测量电解质溶液电导率的仪器。目前国内广泛使用的是 DDS-11 型和 DDS-11A 型等，其特点是直读式、测量范围广、操作方便，若配上记录仪，可自动记录电导率值的变化情况。

1. 仪器工作原理

在电解质溶液中，离子在电场作用下移动而产生电流，其导电能力常以电导 G 表示，其值为电阻 R 的倒数，即

$$G=\frac{1}{R} \tag{2-4}$$

电导的单位为西门子(S)，电阻的单位为欧姆(Ω)。

若电导池电极间距离为 L、电极有效面积为 A，则该溶液的电导为

$$G=\kappa\frac{A}{L} \tag{2-5}$$

式中，κ 为电导率，表示在相距 1 cm、电极面积为 1 cm^2 的两极之间溶液的电导，单位为 $S \cdot cm^{-1}$。

在电导池中，电极间距离和电极面积是一定的，因此对于某支电极，其 L/A 是一个常数，称为电导池常数(电极常数)，用 J 表示。

电导率仪是实验室测量溶液电导率的仪器，由电导电极和电导仪组成。将两个电极插入溶液中，测定两极间的电阻即可得其电导，若电极常数已知、溶液的电阻已测得，则根据 $\kappa=GJ$ 可求得电导率。对于一个给定的电极，电极常数可用已知电导率的 KCl 溶液测定。

2. 仪器操作方法

下面以 DDS-307 型数字电导率仪为例，简单介绍其操作方法。其他类型的电导率仪可参考其使用说明书。

1) 仪器介绍

DDS-307 型数字电导率仪前、后面板的示意图分别如图 2-10、图 2-11 所示。

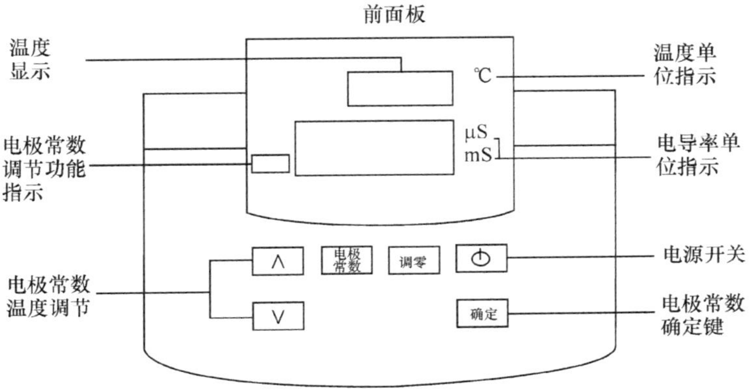

图 2-10　DDS-307 型数字电导率仪前面板示意图

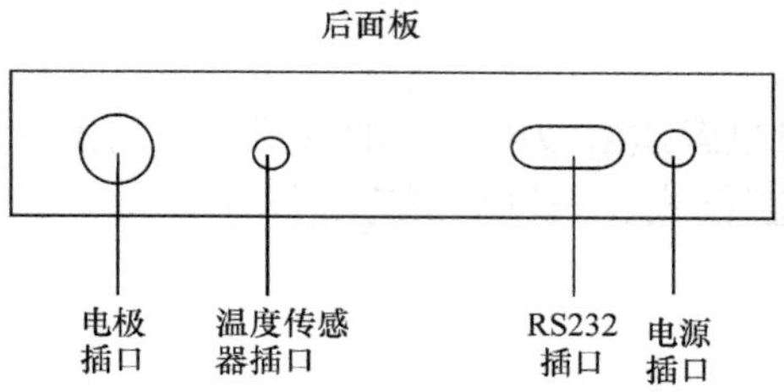

图 2-11　DDS-307 型数字电导率仪后面板示意图

“∧”或“∨”键：在“电极常数调节功能”状态下，用于调节电极常数；在测试状态下未插接温度传感器时，用于调节温度值。

“电极常数”键：用于启动“电极常数调节功能”或查看电极常数，需按“确定”键确认和退出。

“确定”键：调节电极常数后，用于确定本次操作有效，并退出本次操作进入测试状态。

“调零”键：当电极置于空气中时，用于仪器零点调整。

电极规格及适用范围：电导电极的电极常数包括 0.01、0.1、1.0、10 四种不同类型，使用时以电极上实际标注的常数为准。选用何种规格的电导电极，应根据被测溶液的电导率范围，参照表 2-2 选择相应电极常数的电极。

表 2-2　电极选择参照表

电极常数	0.01	0.1	1.0	10
适宜测试范围/(mS · cm^{-1})	0～3	0.1～30	1～3×10^{3}	1×10^{3} 以上

注：若被测溶液电导率大于 100 mS · cm^{-1}，建议使用铂黑电极以增大吸附面，减小电极极化影响。

2) 操作步骤

Ⅰ. 准备

根据所测溶液选用适当的电极，将电极插头插入插座，接通电源，打开电源开关，预热 10 min 左右。

Ⅱ. 常数校正

(1) 按动“电极常数”键，使面板上“电极常数”指示灯亮。如果此时仪器显示数与使用电极的规格常数不相符，多次按动“电极常数”键，在 0.01、0.1、1.0 和 10 四种规格间切换和选择，直到选择与使用电极相适应的电极常数。

(2) 按动“∧”或“∨”键，使仪器显示电极的实际常数值。

(3) 按“确定”键。

Ⅲ. 零点调节

当电极未放入测试样品时(置于空气中)，若仪器显示不是“0”，则按动“调零”键。

Ⅳ. 测量电导率值

(1) 按动“∧”或“∨”键，使温度显示为 25 ℃。

(2) 将清洗干净的电极插入被测溶液中，示值稳定后，仪器显示值即为被测溶液在当时温度下的电导率。

使用完毕后，清洗电极，关闭电源，拔下电源适配器。

2.1.6　电位差计

电位差计是测量电位差的仪器。它的精度高，是测量电动势最基本的仪器。电位差计的种类、型号很多，下面以化学实验室常用的 UJ-25 型电位差计为例予以介绍。

1. 仪器工作原理

UJ-25 型电位差计由标准电池、电位差计及灵敏检流计等组成，其工作原理是补偿法，将被测电动势与标准电动势相比较，如图 2-12 所示。

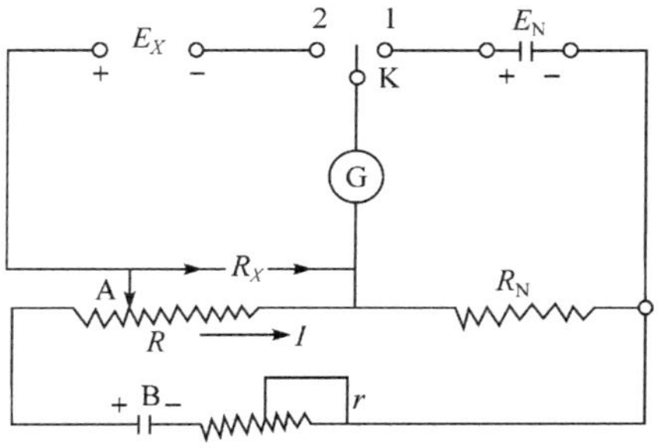

图 2-12　电位差计工作原理示意图

E_N. 标准电池电动势；E_X. 被测电池电动势；G. 检流计；R_N. 标准电池补偿电阻；R_X. 被测电动势补偿电阻；R. 调节电阻；A. 滑动触头；B. 工作电池；r. 调节工作电流的变阻器；K. 转换开关

测量 E_X 时，先将转换开关 K 合在 1 的位置，然后调节变阻器 r，使检流计 G 指示到零，此时式 (2-6)成立：

$$E_N = IR_N \tag{2-6}$$

工作电流调好后，将转换开关 K 合在 2 的位置，同时移动滑动触头 A，再次使检流计 G 指零。此时，A 在调节电阻 R 上的数值设为 R_K，因此可得

$$E_X = IR_K \tag{2-7}$$

由式(2-6)和式(2-7)可得

$$\frac{E_X}{R_K} = \frac{E_N}{R_N} \tag{2-8}$$

$$E_X = \frac{R_K}{R_N} E_N \tag{2-9}$$

由式(2-9)可以看出，应用补偿法测量电位差不需要测量线路内流过的电流 I，只要测得 R_K 与 R_N 之比即可。

2. 仪器操作方法

UJ-25 型电位差计面板示意图如图 2-13 所示。电压低于 1.911110 V 时，测量具体操作如下。

1) 测量前准备

先将“标准”“未知”“断”转换开关 K 放在“断”位置；将左下方的三个电极按钮(粗、细、短)全部松开；然后将工作电源、被测电池和标准电池接在相应的端钮上(接检流计时无极性要求)。

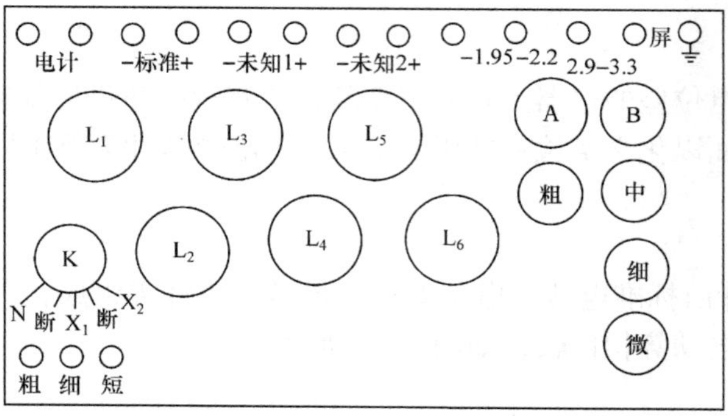

图 2-13　UJ-25 型电位差计面板示意图

2) 电位差计的校准

标准电池电动势 E_N 受温度的影响，在某一温度 T 时的电动势可按式(2-10)计算：

$$E_N = E_{20} - [39.94(T-20) + 0.929(T-20)^2 - 0.009(T-20)^3 + 0.00006(T-20)^4] \times 10^{-6}(V) \tag{2-10}$$

式中，E_N 为 T ℃时标准电池电动势；E_{20} 为 20 ℃时标准电池电动势；T 为测量时的室温。

按式(2-10)计算的数值，调整标准电池温度补偿旋钮 A 和 B 至该温度下电池电动势处，调后不再动。

将转换开关 K 置于“标准”位置，按下左下方“粗”按钮，转动调整工作电流旋钮(粗、中、细、微)使检流计指零；然后按下左下方“细”按钮，重复以上操作，使检流计再指零。松开全部按钮(当调节过程中发现检流计受到冲击时，应迅速按下左下方“短”按钮)，此时电位差计校准完毕。

3) 电动势的测量

电位差计校准好以后，将转换开关K置于“未知”位置。调节测量十进盘的 6 个大旋钮(L_1～L_6)，先将“粗”按钮按下，使检流计指零；然后将“细”按钮按下，使检流计指零。此时，6 个大旋钮下方小窗孔内出现的示数总和即是被测电动势值。

在测量过程中经常注意校准工作电流的准确度，校准时将转换开关 K 置于“标准”位置。另外，测量前预先估计被测电动势值，使大旋钮下方小窗孔中示出的数字与它接近。

若测量高于 1.911110 V 的电压，需配用分压箱，同时采用漏电屏蔽和静电屏蔽，这里不做详细介绍。

2.1.7　阿贝折射仪

阿贝折射仪(或阿贝折光仪)可用来测定液体的折射率，定量分析溶液的组成，鉴定液体的纯度。同时，物质的摩尔折射率、摩尔质量、相对密度、极性分子的偶极矩等也都可与折射率相关联，因此它也是研究物质结构的重要工具。

1. 仪器工作原理

光线从一种介质进入另一种介质时，若传播方向与两种介质的界面不垂直，就会在分界面上发生折射现象。物质使光线发生折射的性质可用折射率(折光率)表示。

根据折射定律，在一定的温度、压力下，波长一定的单色光从介质 A 进入介质 B 时，其入射角 α 和折射角 β 与两种介质的折射率 N(介质 A 的)和 n(介质 B 的)有下列关系：

$$\frac{\sin\alpha}{\sin\beta}=\frac{n}{N} \tag{2-11}$$

若介质 A 为真空，规定其 $N=1$，则 $n=\sin\alpha/\sin\beta$，此时介质 B 的折射率 n 称为绝对折射率。因为空气的折射率近似等于 1，所以通常测定的折射率都是以空气作为比较标准。

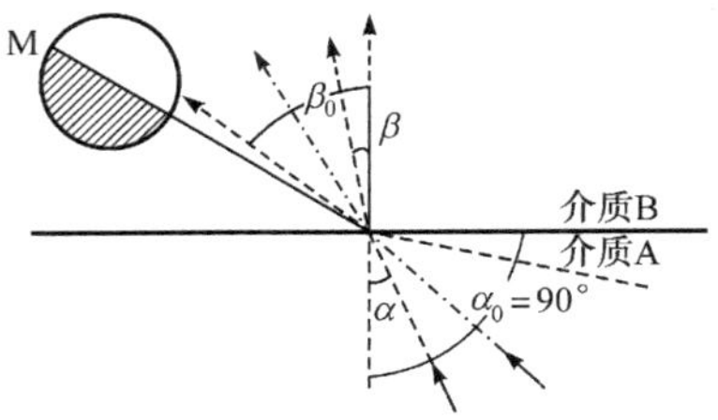

图 2-14　光的折射

单色光从介质 A 进入介质 B，若 $n_A < n_B$，则折射角 β 必小于入射角 α。故当入射角 α 增大时，折射角 β 也相应增大；当 α 达到极大值 $\alpha_0=90°$ 时，所得的最大折射角 β_0 称为临界折射角(图 2-14)。β_0 与折射率 n 的关系为

$$n=N\frac{\sin 90°}{\sin\beta_0}=N\frac{1}{\sin\beta_0} \tag{2-12}$$

因此，通过测定临界折射角，可得到折射率。

根据临界折射角确定折射率的原理设计成测定折射率的仪器，最常用的是阿贝折射仪。为了测定临界折射角，使单色光从 0°～90°的所有角度从空气射入介质 B，所有的折射线都应落在临界折射角 β_0 之内。此时，若在 M 处放置一目镜，则目镜内会出现半明半暗的图像，从而确定临界折射角。

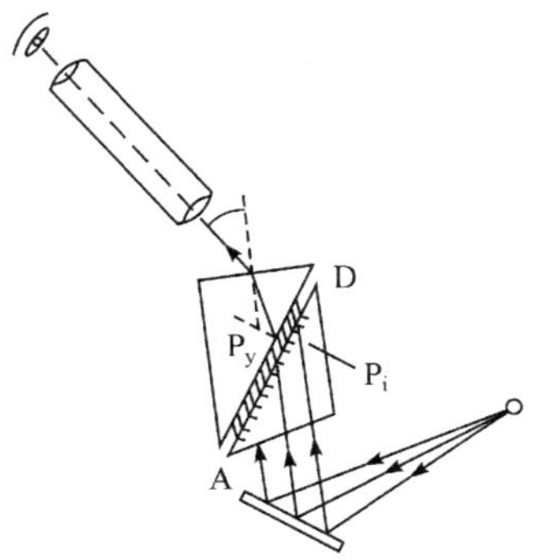

图 2-15　阿贝折射仪的光程

阿贝折射仪的主要部分为两个直角棱镜 P_i 和 P_y，如图 2-15 所示。两棱镜中间留有微小的缝隙，可以铺展一层待测液体。光线从反射镜进入棱镜 P_i 后，在 A、D 面上发生漫射(A、D 面为毛玻璃面)。漫射产生的光线透过缝隙的液层后，从各个方向进入折射棱镜 P_y。根据前面的讨论，从各个方向进入棱镜 P_y 的光线均产生折射，其折射角都落在临界折射角之内。具有临界折射角 β_0 的光射出棱镜 P_y，经阿米西棱镜消除色散，再经聚焦后射于目镜上。此时，转动棱镜组的手柄，调整棱镜组的角度，使临界线正好落在目镜视野的十字线交叉点上。由于刻度与棱镜组的转轴是同轴的，因此与试样折射率相对应的临界角位置能通过刻度盘反映出来。

2. 仪器操作方法

下面以 WAY-2S 数字阿贝折射仪为例，简单介绍其操作方法。其他类型的阿贝折射仪可参考其使用说明书。

1) 仪器介绍

WAY-2S 数字阿贝折射仪如图 2-16 所示。

2) 操作步骤

(1) 按下“POWER”电源开关，聚光照明部件中照明灯亮。

(2) 打开折射棱镜部件，将待测液体滴在洗净擦干的折射棱镜的毛玻璃面上，然后将上面的进光棱镜盖上锁紧。

(3) 旋紧聚光照明部件的转臂和聚光镜筒，使上面的进光棱镜的进光表面得到均匀照明。

(4) 通过目镜观察视场，同时旋转调节手轮，使明暗分界线落在十字线视场中。若从目镜中看到的视场是暗的，可将调节手轮逆时针旋转；若从目镜中看到的视场是明亮的，则将调节手轮顺时针旋转。在明亮视场情况下可旋转目镜，调节视度看见清晰的十字线。

(5) 旋转目镜方缺口中的色散校正手轮，同时调节聚光镜的位置，使视场中明、暗两部分具有良好的反差，明暗分界线具有最小的色散。

(6) 旋转调节手轮，使明暗分界线准确对准十字线交叉点，如图 2-17 所示。

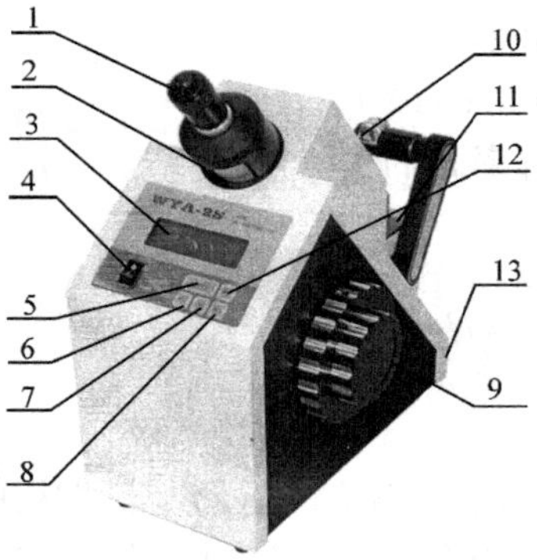

图 2-16　WAY-2S 数字阿贝折射仪外形图

1. 目镜；2. 色散校正手轮；3. 显示窗；4. “POWER”电源开关；5. “READ”读数显示键；6. “BX-TC”经温度修正锤度显示键；7. “n_D”折射率显示键；8. “BX”未经温度修正锤度显示键；9. 调节手轮；10. 聚光照明部件；11. 折射棱镜部件；12. “TEMP”温度显示键；13. RS232 接口

图 2-17　目镜中的图像

(7) 按“READ”读数显示键，显示被测样品的折射率。

(8) 样品测量结束后，必须用乙醇或水小心清洁仪器。

2.2　玻璃仪器的洗涤和干燥

2.2.1　玻璃仪器的洗涤

化学实验室中经常使用玻璃仪器。这些玻璃仪器若不干净，常会影响实验准确性。为保证实验获得准确、理想的结果，必须将所使用的玻璃仪器清洗干净。玻璃仪器的常见洗涤方法包括冲洗、刷洗、药剂洗涤等，可根据实验要求、污物性质及污染程度，合理选择洗涤方法。度量仪器的精密度要求高，有些仪器的形状特殊，不宜用毛刷刷洗，可采用洗液等洗涤。

1. 水洗

洗涤时，先用少量水润湿玻璃仪器，根据仪器口径大小，选用合适的毛刷刷洗，再用自来水冲洗，直至玻璃器壁透明且不黏附水珠，最后用蒸馏水淌洗一两次(少量多次原则)，即清洗干净。刷洗过程中，应注意选取合适的毛刷及恰当的清洗方式，以防止损坏玻璃仪器。

例如，清洗试管时，应将合适的毛刷伸入试管底部，一只手握住刷柄，另一只手的食指抵住试管底部，防止试管刷穿破试管。

此方法可以洗去玻璃仪器表面的尘土、可溶性物质和对玻璃器壁附着力不强的不溶性物质，但很难清洗干净油污、有机物等污染物。

2. 洗涤剂清洗

利用去污粉、肥皂或合成洗涤剂清洗玻璃仪器，可以除去玻璃器壁上沾有的油污及其他难以清洗的污染物。其中，肥皂和合成洗涤剂的清洗原理主要为表面活性剂作用，在此不做赘述。去污粉是由碳酸钠、白土、细沙等物质混合而成，碳酸钠是碱性物质，具有较强的去污能力，细沙的摩擦作用及白土的吸附作用均可增强去污粉的去污效果。使用时，首先用少量水润湿玻璃仪器，撒入少许去污粉后，再用毛刷由外向内刷洗，待玻璃器壁全部仔细刷洗后，用自来水清洗玻璃仪器内外，至无细微的白色颗粒状粉末为止，最后用蒸馏水淌洗一两次(少量多次原则)。将玻璃仪器倒置，若水珠不能黏附在玻璃器壁表面，即清洗干净。采用此方法清洗后，若仍有油污及其他有机污染物未能清洗干净，则可用热碱液进一步清洗。

3. 洗液清洗

对于形状特殊或对洁净程度要求较高的玻璃仪器，可采用铬酸洗液清洗。铬酸洗液由浓硫酸和重铬酸钾饱和溶液混合配制而成(将 25 g 重铬酸钾溶解于 50 mL 热水中，冷却后，缓慢加入 450 mL 浓硫酸，得到深褐色铬酸洗液)，具有极强的氧化性，对有机物及油污具有极强的去污能力。使用时，首先尽量抖去玻璃仪器中的液体，再向其中加入少量铬酸洗液，然后倾斜并缓慢转动玻璃仪器，使铬酸洗液润湿玻璃仪器内壁，旋转几圈后，将铬酸洗液倒回其原来容器中，再用自来水清洗玻璃仪器中的残留洗液，最后用蒸馏水淌洗至少三次(少量多次原则)。将玻璃仪器倒置，若水珠不能黏附在玻璃器壁表面，即清洗干净。用洗液浸泡玻璃仪器或用热的洗液清洗玻璃仪器，均可提高清洗效率，但须注意安全，防止灼伤。

铬酸洗液具有极强的氧化性和腐蚀性，且成本较高，在能采用其他清洗方式的情况下，尽量不采用铬酸洗液清洗玻璃仪器。若必须使用铬酸洗液清洗，则在使用过程中须注意安全，切忌将铬酸洗液溅在皮肤和衣物上。此外，铬酸洗液还具有较强的吸水性，储存时应盖紧瓶盖，防止洗液吸水后去污能力降低。当铬酸洗液呈现绿色时，表明重铬酸钾已被还原为硫酸铬，失去去污能力，无法使用。

4. 特殊物质清洗

根据污染物的性质，选用合适的试剂与其作用，将附着在玻璃器壁上的污染物转化为水溶性物质，进而除去。例如，铁盐类黄色污染物，可用少量盐酸或稀硝酸浸泡后清洗；附着在玻璃器壁上的铜、银等物质，可用稀硝酸加热后除去；高锰酸钾污染物，可用乙二酸溶液浸泡后清洗；二氧化锰污染物，可用浓硫酸浸泡清洗；若玻璃器壁上沾有碘，可用碘化钾溶液浸泡后清洗，或用热的氢氧化钠溶液清洗。

2.2.2　玻璃仪器的干燥

洗涤干净的玻璃仪器不能用布或纸擦拭，否则布或纸的纤维会残留在玻璃器壁上，从而污染玻璃仪器。因此，洗涤干净的玻璃仪器需选用合适的方法进行干燥。度量仪器，因仪器的精密度要求，不能采用加热的方法进行干燥。

1. 自然干燥

对于不急于使用的玻璃仪器，可将其清洗干净后，倒置于干净的玻璃仪器架上，使其表面黏附的水分自然蒸发干燥。

2. 烘干

对于需要迅速干燥的玻璃仪器，可将其清洗干净后，置于电热干燥箱(烘箱)或红外干燥箱等仪器内，加热烘干。采用这种方法干燥时，玻璃仪器在放入干燥仪器前需尽量沥干水分，以免水珠流下损坏干燥仪器。

3. 烤干

烧杯、蒸发皿等玻璃仪器可直接置于石棉网上，用小火烤干。试管可在灯焰上烤干，操作时，需注意将试管口向下(防止水珠倒流，导致试管炸裂)，应先均匀预热，从试管底部逐渐向试管口移动，直至试管内不见水珠后，再将试管口向上，赶尽水汽。

4. 有机溶剂干燥

有些玻璃仪器无法采用加热的方法干燥，如带有刻度的计量玻璃仪器(加热干燥会影响其精密度)。此类仪器可采用有机溶剂干燥。首先在玻璃仪器中加入少量易挥发有机溶剂(乙醇、丙酮等)，然后倾斜并旋转玻璃仪器，使有机溶剂完全润湿玻璃器壁，再将有机溶剂倒出，少量残留在玻璃仪器内的溶剂混合物会很快挥发，使玻璃仪器自然干燥，也可用吹风机向玻璃仪器内吹风，加速干燥。

2.2.3　常用干燥仪器

1. 电热干燥箱

电热干燥箱(烘箱)常用于烘干玻璃仪器及固体试剂，其采用电热丝隔层加热，借助自动控制系统(热胀式控制器)保持温度恒定，使放置于箱体内的物品干燥，其使用温度量程为5～200 ℃ (与仪器型号有关)。常见的烘箱多为鼓风式，其内部装有鼓风机，促使箱体内空气对流，使其内部温度保持均匀。

电热鼓风干燥箱示意图如图 2-18 所示。箱体内通常设有两层及两层以上搁板，可将需干燥物品置于搁板上，若待干燥物品体积较大，可将中间搁板抽去。使用时，首先接通电源，设置工作温度，再将待干燥物品妥善放入箱体中，关好箱门，打开加热开关，可从仪器显示屏上观察到温度逐渐升高，当温度升高至设定工作温度后，不再升高(有时会由于热惯性的作用，温度继续升高几摄氏度，但一段时间后会降低至设定工作温度并不再变化)。待干燥物品完全干燥后，首先关闭加热开关，待箱体温度降低至室温(防止烫伤)，再打开箱门，取出干燥物品，最后切断电源(防止发生火灾)。

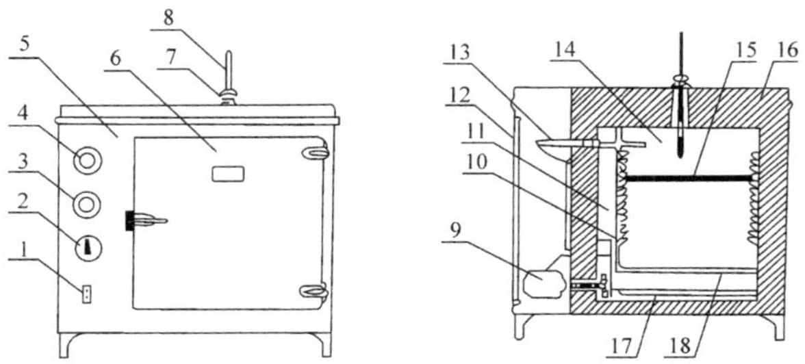

图 2-18　电热鼓风干燥箱示意图

1. 鼓风开关；2. 加热开关；3. 指示灯；4. 控温器旋钮；5. 箱体；6. 箱门；7. 排气阀；8. 温度计；9. 鼓风电动机；10. 搁板支架；11. 风道；12. 侧门；13. 温度控制器；14. 工作室；15. 试样搁板；16. 保温层；17. 电热器；18. 散热板

电热干燥箱使用过程中，须注意以下几点：

(1) 烘箱属于加热型仪器，放置时，其四周离墙体应有一定距离，且四周不能放置易燃物品。

(2) 清洗干净的玻璃仪器放入烘箱中时，需尽量将水沥干，将仪器口部朝下放入烘箱，并在烘箱底层放置一个搪瓷盘承接仪器上滴下的水珠，防止烘箱锈蚀。

(3) 易燃、易爆、易挥发物质不可放入电热干燥箱中加热，以免引发火灾或爆炸，如试剂标签纸、丙酮等。

(4) 使用过程中，尽量减少开关箱门的次数，使烘箱工作温度保持恒定。

(5) 电热干燥箱在使用过程中，需时刻有人照看，以免出现温度过热现象，进而引发火灾。

(6) 每次使用完后，需及时切断电热干燥箱的电源，且需定时检查烘箱的自动控温系统，以免此系统失效后，造成烘箱升温时失控，引发火灾。

2. 红外干燥箱

红外干燥箱即远红外干燥箱(图 2-19)，采用远红外加热技术，远红外元件被加热后，能辐射出 15 μm 以上的远红外线，此远红外线被待干燥物体吸收，转变为热能，达到干燥目的，借助智能温度控制系统保持温度恒定，其使用温度量程为 20～250 ℃ (与仪器型号有关)。通常情况下，加热系统装置在工作室顶部的风道中，箱体内部循环送风，保证箱体内温度均匀。

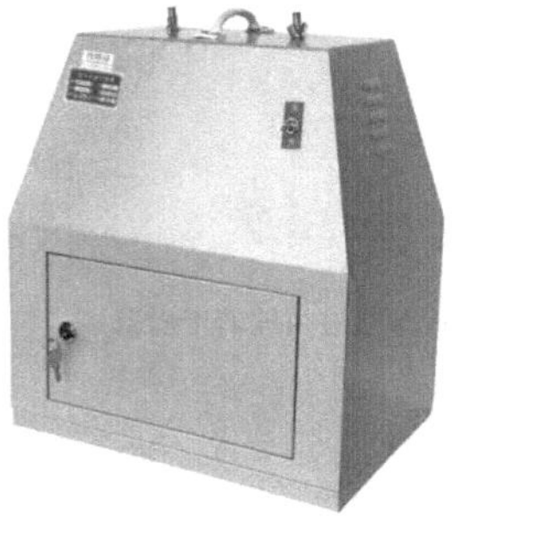

图 2-19　远红外干燥箱实物图

使用红外干燥箱时，首先接通电源，查看红外线灯泡是否正常工作，若正常工作，则将待干燥物品妥善置于箱体中干燥，关闭箱门。待干燥物品完全干燥后，必须先切断电源，然后打开箱门，利用专用工具或隔热手套取出干燥物品，或待箱体内温度降低至室温再取出干燥物品，以免烫伤。使用过程中，须注意以下几点：

(1) 红外干燥箱属于加热型仪器，放置时，其四周离墙体应有一定距离，且四周不能放置易燃物品。

(2) 待干燥物品不可排列太过密集，且底部(散热板)不可放置待干燥物品，以免影响热风循环，造成局部过热现象，引发火灾。

(3) 易燃、易爆、易挥发、腐蚀性物品不可放入红外干燥箱中加热，以免引发火灾或爆炸，如试剂标签纸、丙酮等。

(4) 使用过程中，需时刻有人照看，以免出现温度过热现象，进而引发火灾。

(5) 使用完毕后，必须先切断电源，再打开箱门，切记不能直接用手接触干燥物品，需用专用工具或隔热手套拿取，或等待温度降低至室温再拿取，以免烫伤。

3. 电吹风机

图 2-20　电吹风机示意图

电吹风机(图 2-20)属于可以局部加热的快速干燥仪器，通常分为三挡，冷热两用。对于不能高温加热烘干的玻璃仪器(带有刻度的计量玻璃仪器，如容量瓶、量筒等)，常利用电吹风机冷风吹干。使用过程中，需首先打开冷风开关，检查电吹风机是否能正常工作，若能正常工作，再调整所需挡位；若无法正常工作，则需切断电源，及时排除故障。此外，使用完毕后，需及时切断电源。

4. 干燥器

干燥器是保持物品干燥的仪器，用于储存已经干燥但易吸水的物品或物质；此外，需较长时间保持干燥的物质也应储存于干燥器中。常见的干燥器(图 2-21)由较厚的玻璃制成，根据其是否需要避光，分为透明干燥器和棕色干燥器。根据是否能抽真空，可分为普通玻璃干燥器和真空干燥器。

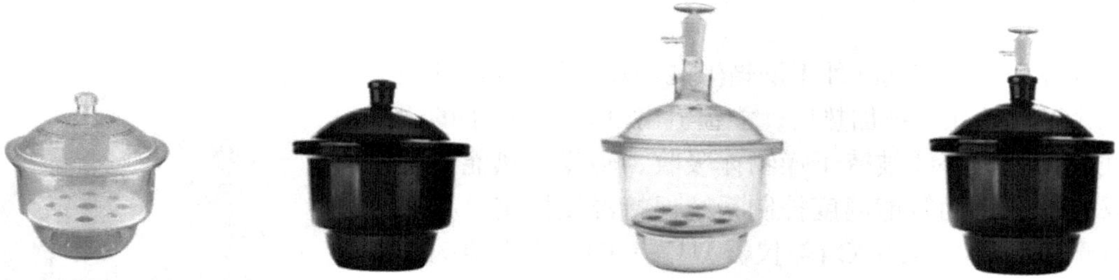

(a) 普通透明玻璃干燥器　(b) 普通棕色干燥器　(c) 真空干燥器　(d) 真空棕色干燥器

图 2-21　干燥器实物图

干燥器盖子边缘为磨口玻璃，使用前，需在盖子边缘的磨口玻璃表面涂抹一层较薄的密封油膏(如真空硅油)。干燥器底部通常用来放置具有吸收性能的干燥剂(如氯化钙、变色硅胶、分子筛等)。干燥器内部有一个可取出的带孔瓷板，用于放置待干燥物品。

使用时，若需打开干燥器，应用一只手扶住干燥器，另一只手握住盖子顶部，沿水平方向推动盖子，打开干燥器，如图 2-22 所示。打开盖子后，需将盖子翻过来置于桌面上，防止污染磨口玻璃表面的密封油膏，降低干燥器的密封性。放取物品后，需立即盖好盖子，此时也应将盖子沿水平方向推动至盖子边缘的磨口玻璃与干燥器边缘吻合。搬动干燥器时，需用拇指压住盖子，以防盖子滑落而打碎(图 2-23)。此外，在使用过程中需注意，对于温度较高的物品，需待其冷却至略高于室温后，再放入干燥器。否则，干燥器内空气受热膨胀，可能会将盖子冲开，或者造成干燥器内空气冷却后压力降低，盖子难以打开。

图 2-22　打开干燥器示意图

图 2-23　搬动干燥器示意图

2.3　化学试剂的规格和取用

2.3.1　化学试剂的规格

根据国家标准及部颁标准，化学试剂按其纯度和杂质含量的高低分为四种等级，列于表 2-3。

表 2-3　化学试剂等级对照

<table>
<tr><th colspan="2">质量次序</th><th>1</th><th>2</th><th>3</th><th>4</th><th>5</th></tr>
<tr><td rowspan="5">我国化学试剂等级标志</td><td>级别</td><td>一级品</td><td>二级品</td><td>三级品</td><td>四级品</td><td></td></tr>
<tr><td rowspan="2">中文标志</td><td>保证试剂</td><td>分析纯试剂</td><td>化学纯试剂</td><td>实验试剂</td><td rowspan="2">生物试剂</td></tr>
<tr><td>优级纯</td><td>分析纯</td><td>化学纯</td><td>化学用</td></tr>
<tr><td>符号</td><td>GR</td><td>AR</td><td>CP</td><td>LR</td><td>BR</td></tr>
<tr><td>瓶签颜色</td><td>绿色</td><td>红色</td><td>蓝色</td><td>棕色等</td><td>黄色等</td></tr>
</table>

优级纯试剂，也称保证试剂，为一级品，纯度高，杂质极少，主要用于精密分析和科学研究，常用 GR 表示。分析纯试剂，也称分析试剂，为二级品，纯度略低于优级纯，杂质含量略高于优级纯，适用于重要分析和一般性研究工作，常用 AR 表示。化学纯试剂为三级品，纯度较分析纯差，但高于实验试剂，适用于工厂、学校等一般性的分析工作，常用 CP 表示。实验试剂为四级品，纯度比化学纯差，但比工业品纯度高，主要用于一般化学实验，不能用于分析工作，常用 LR 表示。除常用规格外，还有一些特殊用途试剂，如基准试剂(PT)、特纯试剂(EP)、超纯试剂(UP)、生物试剂(BR)等。

选用化学试剂时，应既不超规格引起浪费，又不随意降低规格影响实验结果，可参考下列原则：①标定滴定溶液用基准试剂；②制备滴定溶液可采用分析纯或化学纯试剂，但不经标定直接按称量质量计算浓度时，应采用基准试剂；③制备杂质限度检查用的标准溶液，采用优级纯或分析纯试剂；④制备试液与缓冲溶液等，可采用分析纯或化学纯试剂。

2.3.2　固体试剂的取用

固体药品一般放在广口瓶中。光照易分解的试剂(如 $AgNO_3$、$KMnO_4$ 等)需装在棕色瓶中。取用粉末或小粒状固体应用药匙，药匙不能混用，必须清洁、干燥。为避免粉末黏附在管口和管壁，可将药匙小心送入试管中，或将药品放在对折的纸片上(图 2-24)，伸进略倾斜的试管中约 2/3 处，然后直立试管使药品全部滑落至试管底部。较大的块状固体用镊子夹出，将试管稍微倾斜，使固体沿管壁缓慢滑落至试管底部，不得垂直投入，以免击破管底。固体颗粒较大时，可先在洁净、干燥的研钵中研碎，然后取用。用过的药匙和镊子要立即用滤纸擦干净，以备下次使用。

图 2-24　向试管中加入粉末状固体

2.3.3　液体试剂的取用

液体试剂一般盛放在细口玻璃瓶中，瓶上贴有标签，标明试剂的名称、浓度和纯度等。一般试剂用无色透明的玻璃瓶，见光易分解的试剂用棕色瓶，瓶塞有平顶的和带滴头的两种。取药品前注意瓶上标签标明的内容是否符合实验的要求。

1. 从平顶瓶塞试剂瓶中取用试剂

从平顶瓶塞的试剂瓶中取药品时，先取下瓶塞反放在桌面上，拿试剂瓶时注意使瓶身的标签朝向手心，以防液体腐蚀标签，用洁净的玻璃棒引流取出所需量的液体，如图 2-25 所示。若不用玻璃棒引流而直接倾注，应在液体倒完后将试剂瓶口在容器壁上靠一下，再将试剂瓶竖直，以免液滴沿外壁流下。一旦有试剂流到瓶外，要立即擦净，切记不允许试剂沾染标签。取完试剂应立即盖好瓶塞，防止盖错瓶塞。

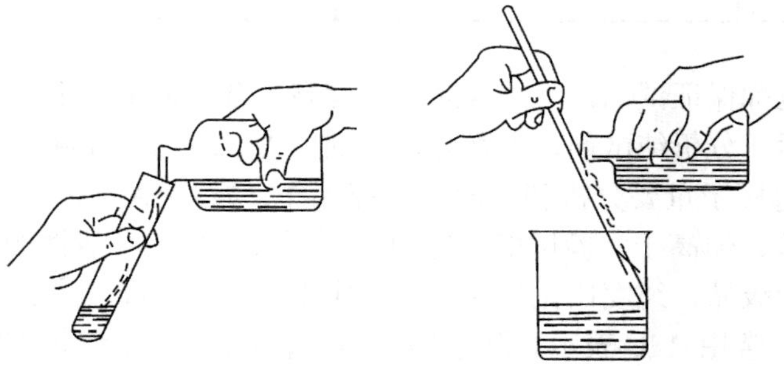

图 2-25　取用液体试剂

2. 从滴瓶中取用试剂

需少量液体时可用滴瓶盛取试剂。从滴瓶中取用试剂时，应先提起滴管离开液面，排除橡胶头内的空气(若滴管内已有试剂，则无需排除)，再插入溶液中吸取试剂。向试管中滴加试剂时滴管要垂直，滴管口应距试管口 0.5 cm 左右，以免碰到试管壁而使滴管污染；吸满试剂的滴管只能竖放，不能横卧或倒置，否则试剂会流入橡胶头腐蚀橡胶，污染试剂；滴加完试剂后的滴管应立即放回原试剂瓶中，不要错放；绝对不能用不干净的滴管在试剂瓶中吸取试剂。滴加完毕，拇指和食指拿试管中上部，试管略微倾斜，手腕用力左右振荡试管，如图 2-26 所示。

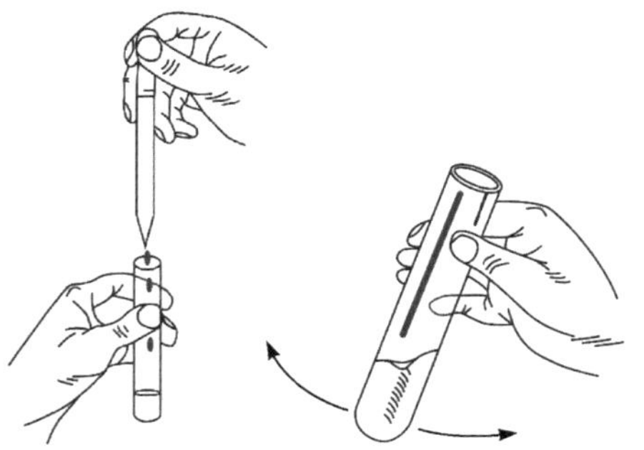
图 2-26　用滴管滴加溶液

在试管实验中经常要取“少量”溶液，对常量实验是指 0.5～1.0 mL，对微型实验一般指 3～5 滴，可根据实验的要求增减用量。需准确量取溶液时，可根据准确度和量的要求选用量筒、移液管或滴定管，参见 2.5 节。

2.4　天平的使用和称量方法

准确称量物体的质量是化学实验最基本的操作之一。由于不同实验对物体质量称量的准确度要求不同，因此进行实验时需要选用不同精度的称量仪器。常用的有台秤、分析天平等。

2.4.1　台秤

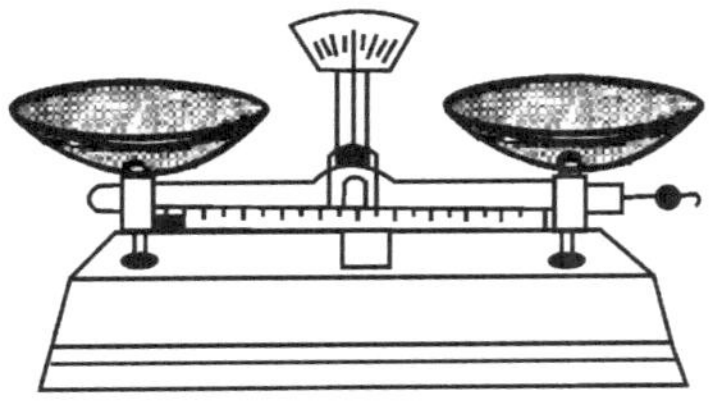
图 2-27　台秤

台秤又称为台式天平或托盘天平(图 2-27)，用于粗略的称量，一般能准确称量 0.1 g 物体的质量。

称量前先调节台秤的零点，使指针指零。称量时，将称量物品放在左盘，砝码放在右盘，添加 10 g 以下的砝码时，可移动标尺上的游码。当最后的停点与零点重合时，砝码加游码的质量就是称量物的质量。

2.4.2　电子天平

分析天平是指称量精度为 0.0001 g 的天平。分析天平是精密仪器，使用时要认真、仔细，按照天平的使用规则操作，做到准确快速完成称量而又不损坏天平。常用分析天平有电光分析天平和电子天平。近年来因电子天平的普及，电光分析天平已逐渐被淘汰。在此只介绍电子天平及其使用方法。

电子天平是基于电磁学原理制造的新一代天平，直接称量，无需砝码(图 2-28)。要使天平在稳定的环境中，需防止灰尘、湿气或有害气体的侵入，并在称量时减少外界因素的影响，如湿度的变化、空气流、人的呼吸等，称量精密度要求高的天平安装在镶有玻璃的天平箱内。天平箱设有三个玻璃门，前门可以向上开启，供安装、修理天平用，称量时不允许打开；两侧各有一个玻璃推门，供取放称量物和砝码用，但是在读取天平零点、停点时，两侧的推门必须关好。

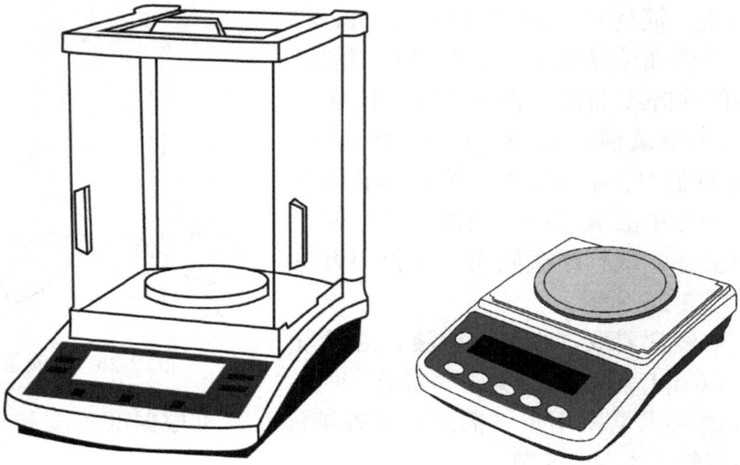

图 2-28　电子天平

电子天平按结构可分为上皿式和下皿式两种。秤盘在支架上面的为上皿式，秤盘吊挂在支架下面的为下皿式。目前，广泛使用的是上皿式电子天平。尽管电子天平种类繁多，但其使用方法大同小异，具体操作可参阅各仪器的使用说明书。

1. 电子天平使用方法

(1) 水平调节。观察水平仪，如水平仪水泡偏移，需调整地脚螺栓高度，使水平仪内空气气泡位于圆环中央。

(2) 开机。接通电源，按开关键直至全屏自检。轻按“ON”键，显示器全亮，约 2 s 后，显示天平的型号，然后是称量模式 0.0000 g。

(3) 预热。天平在初次接通电源或长时间断电后至少需要预热 30 min。为获得理想的测量结果，天平应保持在待机状态。

(4) 校正。首次使用天平必须进行校正，按“校正”键，天平将显示所需校正底码质量，放上砝码直至出现“g”，校正结束。

(5) 称量。按“TAR”键，即去除皮重。显示为零后，将称量物置于秤盘上，读出称量物的质量。读数时应关上天平门。

(6) 关机。称量结束后，关闭显示器，切断电源。若短时间(如 2 h)内还使用天平，可不切断电源，再使用时可省去预热时间。

2. 电子天平使用注意事项

(1) 电子天平应避免阳光直射，远离震动源，无法避免时应采取防震措施；称量过程中请勿按压实验台。

(2) 天平应远离热源和高强电磁场等环境。

(3) 称量易挥发和具有腐蚀性的物品时，要将其盛放在密闭容器中，以免腐蚀和损坏天平。

(4) 不可过载超出量程使用范围，以免损坏天平。

(5) 若长时间不用天平，应拔下电源插头。

(6) 保持天平清洁干净。样品撒落时，应及时关闭电源，清理样品。

2.4.3　称量方法

常用的称量方法有直接称量法、固定质量称量法和递减称量法。

1. 直接称量法

天平调好零点后，将称量物直接放在秤盘上，所得读数即为被称物的质量，这种称量方法称为直接称量法。在空气中稳定、不易潮湿的试样或试剂(如金属)可在表面皿(或 50 mL 烧杯、经特殊处理的硫酸纸)上直接称取。将称量纸置于秤盘上，去皮后，用药匙取出一定量的固体药品，用食指轻敲药匙柄使少量药品落于称量纸上，同时观察质量变化，重复上述操作，直至试剂质量符合指定要求为止。严格要求时，取出的多余试剂应弃去，不可放回原试剂瓶中。操作时不能将试剂撒落在秤盘等容器以外的地方，称好的试剂必须定量地由表面皿等容器直接转入接收容器。

2. 固定质量称量法

固定质量称量法又称增量法，用于称量固定质量的试剂或样品，如图 2-29(a)所示。此法操作速度慢，适用于不易吸潮、不易与空气反应的样品。若加入样品超过指定质量，应用药匙取出多余样品，直至达到要求质量为止。称好的样品须由称量容器直接定量转移至接收容器。

3. 递减称量法

递减称量法又称减量法，适合称量易吸水、易氧化或易吸收二氧化碳的物质。一般试样或基准试剂都是盛于称量瓶中用递减称量法称取。递减称量法步骤如下[图 2-29(b)]：用纸带夹住称量瓶，用纸片夹住称量瓶盖柄，打开瓶盖(注意：不要让手指直接触及称量瓶和瓶盖)，用药匙加入适量试样，称出称量瓶加样品后的准确质量。将称量瓶从天平上取出，然后将称量瓶置于准备好盛放试样的烧杯(或锥形瓶)上方，将瓶盖轻轻打开，慢慢将称量瓶口向下倾斜，用盖轻敲瓶口，使试样落入烧杯中，绝对不能将试样撒落在杯外。当倒出的试样接近所需量时，仍在烧杯上方一边用瓶盖轻轻敲打称量瓶，一边将称量瓶慢慢竖起，使粘在瓶口和内壁的试样落入称量瓶或烧杯中，然后盖好盖子，再准确称量，两次称量之差即为试样的质量。

(a) 固定质量称量法　　(b) 递减称量法

图 2-29　称量方法

2.5　液体体积的量度

实验室中常用来量度液体体积的量器有量杯、量筒、移液管、吸量管、容量瓶和滴定管等。量筒、量杯可量取体积较大但不太准确的液体体积，其他量器量取液体可精确到 0.01 mL，应根据实验对液体体积准确性的要求不同而选用各种量器。

2.5.1　量筒

量筒用于量取一定体积的液体，常见有 10 mL、25 mL、50 mL、100 mL 等规格。取液体时，先取下试剂瓶塞并倒置在桌面上，一只手拿量筒，另一只手拿试剂瓶，倒出所需量的试剂。完毕后将瓶口在量筒上靠一下，竖直试剂瓶，以免液滴流到瓶的外壁。读数时应使视线与量筒内液体凹液面的最低处齐平，偏高或偏低都会造成较大的误差，如图 2-30 所示。

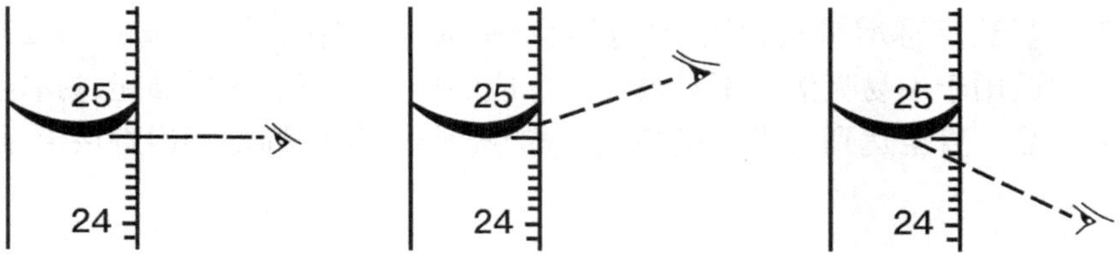

(a) 读数正常　　(b) 读数偏大　　(c) 读数偏小

图 2-30　视线对量筒读数的影响

注意：多取的试液不允许再倒回试剂瓶，以免造成污染。对液体体积要求不严格的定性实验，可用数滴数的方法取少量液体，一般情况下，滴管取水溶液 18～20 滴约为 1 mL。

2.5.2　移液管和吸量管

移液管和吸量管均为有刻度的玻璃仪器，用于量取准确体积的液体。二者的区别仅在于移液管只有一条刻度线，量取的液体体积固定，常用的有 1 mL、5 mL、10 mL、25 mL、50 mL 等规格，吸量管像量筒一样有分刻度，可量取非整数体积的液体。

取液的方法是(图 2-31)：用一只手的拇指、食指、中指握持住移液管刻度线的上端，下端深深地伸入待取液面下，另一只手持洗耳球，排除球中空气后将球的尖口插入移液管上端孔内，慢慢将手指松开，使液体吸入管内。当移液管内液面上升到刻度线上(约 2 cm)以后，移开洗耳球，立即用食指按住管口，然后用拇指和中指转动移液管并使按住的食指稍微松动，慢慢地让液体流下，直至液体弯月面的底部与刻度线相切，再压紧食指，不让液体继续流下。取出移液管，置于接收容器内，使移液管尖端紧靠接收容器内壁，然后松开食指使液体自然流完，停留约 15 s 再将移液管拿开。此时，移液管下端出口处剩余的少量溶液不可吹入接收容器内。注意，在移取溶液前，应将移液管用少量移取液润洗三次。润洗移液管时，为避免溶液稀释或沾污，可将溶液转移至小烧杯中吸取。首先吸入少量溶液至移液管中，将移液管慢慢放平，并旋转移液管使内壁全部润湿。然后将移液管直立，将管中液体沿烧杯内壁放出弃去。

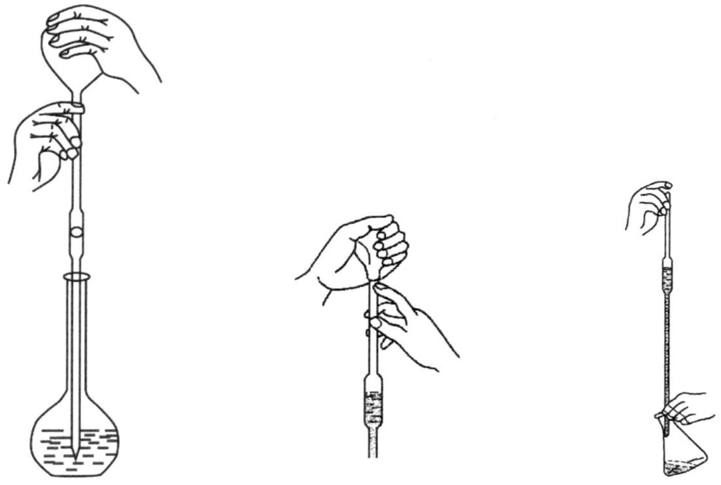

(a) 移液管量取溶液　(b) 用洗耳球吸溶液　(c) 放出液体

图 2-31　吸取溶液和放出溶液

2.5.3　容量瓶

容量瓶用于配制体积一定、浓度准确的溶液，也可用于准确稀释溶液。容量瓶只有一个刻度。容量瓶使用方法如下。

1. 检查瓶塞是否严密

在容量瓶内加水，塞上瓶塞，用右手食指按住瓶盖，其余手指拿瓶颈标线以上部分，用左手指尖托住瓶底边缘，将容量瓶倒置 2 min，若不漏水，将容量瓶直立，瓶盖旋转 180°后重复操作，若不漏水方能使用。

2. 洗涤

容量瓶的洗涤方法与移液管相似。使用前用少量洗液润洗后，依次用自来水洗三次、蒸馏水洗三次。

3. 配制溶液

用容量瓶配制溶液，首先将准确称量的溶质在烧杯中用少量水完全溶解，将溶液转入容量瓶中。再用少量去离子水冲洗烧杯后转入容量瓶(图 2-32)，重复三次。加水稀释时，在近刻度线处(约 1 cm)需改用滴管逐滴加至刻度，以免加水过量。盖好瓶塞，如图 2-33 所示，用左手握住瓶颈，食指压住瓶塞，右手托住瓶底将容量瓶倒转并振荡液体后竖立，反复数次使溶液混合均匀。若固体是经加热溶解的，则待溶液冷却后才能转入容量瓶内；用浓溶液配制稀溶液时，用移液管(或吸量管)准确量取溶液后放入容量瓶中，再用去离子水稀释至刻度。但用浓硫酸配制稀硫酸时，应先在烧杯中加适量的水稀释成较稀硫酸并冷却后再转入容量瓶，最后用水稀释至刻度摇匀。

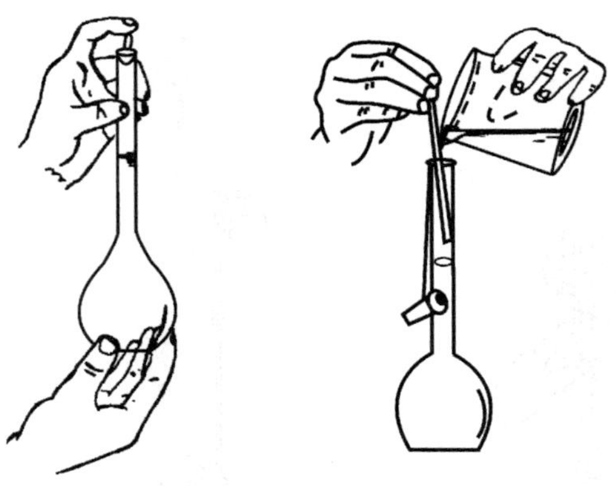

图 2-32　容量瓶的使用

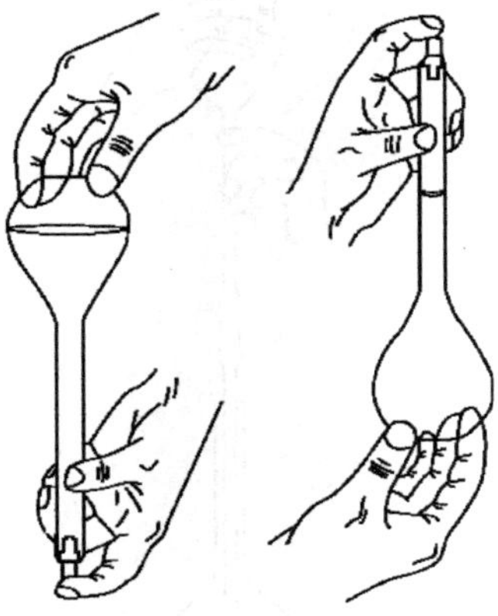

图 2-33　容量瓶的翻动

2.5.4　滴定管

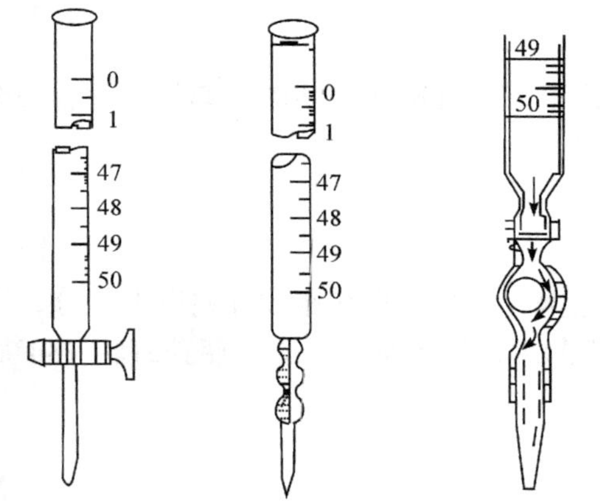

(a) 酸式滴定管　(b) 碱式滴定管　(c) 玻璃管嘴

图 2-34　滴定管

滴定管是滴定分析中用来准确测量管中流出液体体积的量器。它的刻度由上而下，读数时与量筒相反，常用的滴定管最大容量为 50 mL，每一大格为 1 mL，每一小格为 0.1 mL，可估读到 0.01 mL，是常用的定量分析仪器。

滴定管分为酸式滴定管和碱式滴定管两种。下端有玻璃活塞的是酸式滴定管[图 2-34(a)]，用于装酸性或氧化性溶液；下端橡皮管内装有玻璃小球、尖端有玻璃嘴的是碱式滴定管[图 2-34(b)、(c)]，用于装碱性或非氧化性溶液。可根据取用液体的量和液体的性质选择滴定管的容量和类型。

滴定操作包括以下几个方面。

1. 检查滴定管

使用前要检查滴定管是否漏液，酸式滴定管还要检查旋塞转动是否灵活。如果酸式滴定管漏水或旋塞转动不灵活，可先取下旋塞，洗净并用滤纸擦干旋塞和旋槽，在旋槽小口端的内壁和旋塞大头端的表面均匀地涂抹一薄层凡士林，将旋塞装好，转动旋塞，使旋塞与塞槽接触处从外面看完全呈透明状，使用时转动灵活且不漏水。碱式滴定管的下端有橡皮管连接带有尖嘴的小玻璃管，橡皮管内装一个玻璃球，用以堵住溶液。使用时，用左手拇指和食指捏住玻璃球部位稍上的地方，向一侧挤压橡皮管，溶液即可流出。碱式滴定管使用前，应检查橡皮管及管段中装的玻璃球大小是否合适，玻璃球太小易漏液，太大则不易操作。

2. 装液和排气泡

洗净的滴定管在装液前还应用滴定液润洗两三次，然后直接向滴定管内注入溶液。装液时溶液先装到管的零刻度线以上，然后转动旋塞或挤压橡皮管，使液体流出一部分，观察滴定管尖端部分有无气泡，若有气泡，一定要排除。其方法是：酸式滴定管将管体倾斜约 30°，然后迅速打开旋塞，使溶液冲出而排尽气泡；碱式滴定管将橡皮管向上弯曲，用手挤压橡皮管，使液体冲出而排尽气泡，如图 2-35 所示。

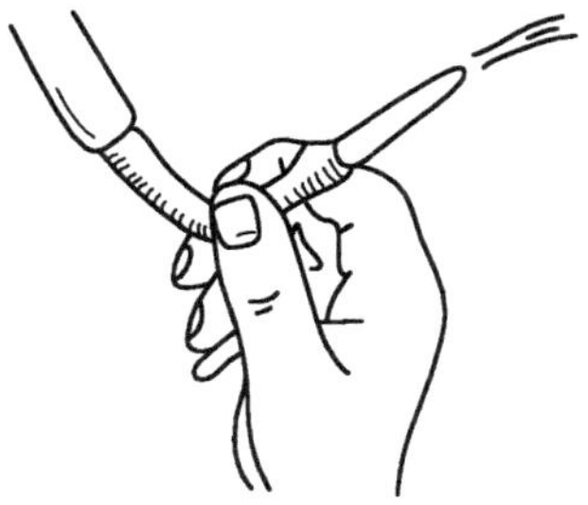

图 2-35　碱式滴定管排气泡

3. 滴定

装好溶液的滴定管竖直地夹在滴定管夹上，在铁架台上放一张白纸或一块白瓷板，以便更清楚地观察滴定过程中的颜色改变。滴定前，调节滴定管内液面在 0.00～1.00 mL 的某一刻度。读数时，视线必须与液面在同一水平上，准确读小数点后两位数字。为便于读数，可在滴定管刻度面的对面衬一张白纸。读数时滴定管尖端应无液滴悬挂，若有则应除去后再读数。滴定操作如下：用左手拇指、食指和中指旋转旋塞或挤压玻璃球，使溶液逐渐滴入被滴定液中，右手握住锥形瓶颈并不断转动，或用玻璃棒不断搅拌盛于烧杯中的被滴定液，使滴定的液体尽快均匀混合(图 2-36)。接近终点时要逐滴加液，每加一滴要等溶液混合均匀后再加。终点时停止滴液，等 1～2 min 后再读数并记录，滴定前后两次读数之差即为滴定用去的溶液体积。滴定完毕后，倒掉溶液，洗净滴定管备用。

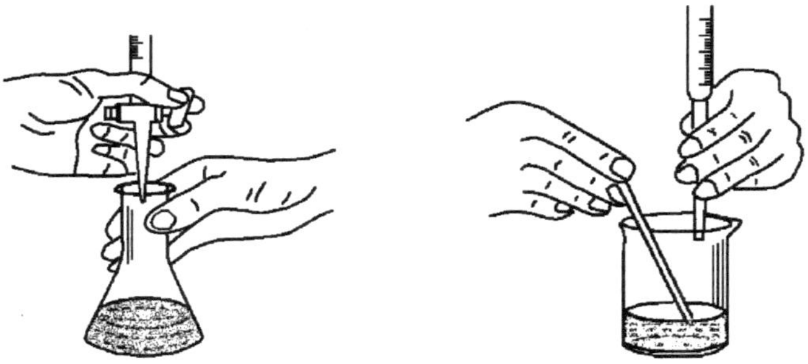

图 2-36　滴定操作

注意：滴定过程中，左手不能离开旋塞使液体无控制地流下；要随时注意观察液滴周围溶液的颜色，当颜色改变或褪去较慢时，表明已接近终点，应逐滴甚至半滴加入液体。半滴液体的加入方法：控制液滴在尖嘴口悬而不落，用容器内壁沾下悬挂的液体，再用少量去离子水将附在瓶壁的试液洗入瓶内。

2.6　固液分离、蒸发、结晶

实验中经常会遇到沉淀和溶液分离或晶体与母液分离等情况，其分离方法有倾析法、过滤法、离心分离等。

2.6.1　倾析法

当沉淀的相对密度较大或晶体颗粒较大时，沉淀容易很快沉降到容器底部，此时可用倾析法进行固液分离。其操作方法是待沉淀完全沉降后，将沉淀上层清液慢慢倾入另一容器

图 2-37　倾析法

中，倾倒时用一支洁净的玻璃棒在容器上引流(图 2-37)。如果沉淀需洗涤，则另加适量洗涤液(如蒸馏水)搅拌均匀，静置沉降后再倾析，如此反复几次，直至符合要求为止。

2.6.2　过滤法

过滤法是固液分离最常用的一种方法。过滤法是利用沉淀和溶液在过滤器上穿透能力的差异实现固液分离。根据沉淀的性状、大小，可选用滤纸、砂芯漏斗等过滤器。常用的过滤法有常压过滤、减压过滤(吸滤)和热过滤三种。

1. 常压过滤

根据漏斗角度大小，采用四折法折叠滤纸(图 2-38)。将漏斗展开为圆锥形后，平整地放入干燥、洁净的漏斗中，使滤纸的圆锥面与漏斗吻合。为了使漏斗与滤纸之间贴紧而无气泡，可将三层厚的外层撕下一小块。用食指将滤纸按在漏斗的内壁上，用去离子水润湿，再用干净的玻璃棒(或手指)轻压滤纸，使其紧贴漏斗壁，中间不应有气泡，以保证溶液能快速通过滤纸。一般滤纸边应低于漏斗边约 5 mm。

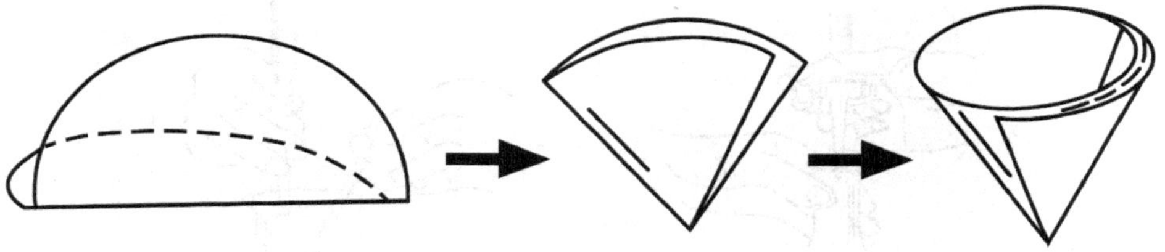

图 2-38　滤纸的折叠

常压过滤(图 2-39)时，先将清液倾入漏斗中，使沉淀尽可能地留在烧杯内，避免沉淀过早堵塞滤纸而影响过滤速度。倾入溶液时，需用玻璃棒引流。玻璃棒指向滤纸三层的一边。倾入液体的高度应比滤纸边缘低 0.5～1 cm；待漏斗中液体流尽时再逐渐将液体倾入漏斗。溶液倾倒完后，用倾析法洗涤沉淀三次，倾入过滤器中。

2. 减压过滤

减压过滤(吸滤)是采用水泵或真空泵抽气，使滤器两边产生压差而快速过滤，并抽干沉淀上溶液的过滤方法。它不适合过滤细小颗粒的晶体沉淀和胶状沉淀，前者会堵塞滤纸孔而难以过滤，后者会透过滤纸且堵塞滤纸孔。

减压过滤装置如图 2-40 所示，由吸滤瓶、布氏漏斗、安全瓶和玻璃抽气管组成。玻璃抽气管是一个简单的减压水泵，其内部有一窄口，当水急速流经窄口时，将装置内的空气带出而形成真空，使吸滤瓶内的压力减小，瓶内与布氏漏斗液面间产生压差而使过滤速度大大加快。

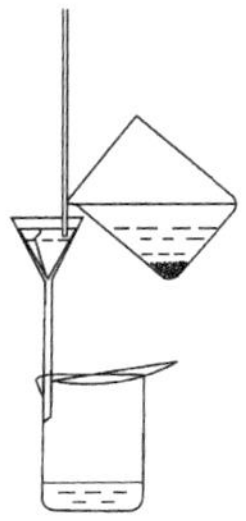

图 2-39　常压过滤

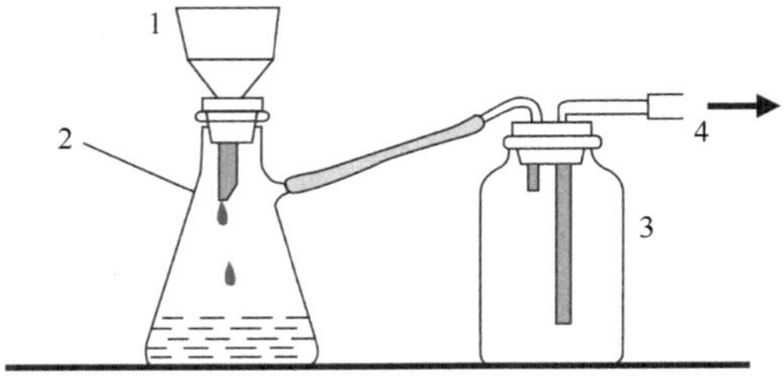

图 2-40　减压过滤装置

1. 布氏漏斗；2. 吸滤瓶；3. 安全瓶；4. 玻璃抽气管

减压过滤操作步骤如下：

(1) 剪贴滤纸。将滤纸剪成圆形，比布氏漏斗略小但又能盖住瓷板上所有的小孔，平铺在瓷板上，用少量去离子水将滤纸润湿，微开水阀，轻轻抽吸，使滤纸紧贴在瓷板上。

(2) 过滤。先将澄清的溶液用玻璃棒引流倒入布氏漏斗中，溶液量不要超过漏斗容积的2/3，开大水阀，待溶液滤完后再将沉淀转入漏斗，抽滤至干，沉淀平铺在瓷板的滤纸上。注意：吸滤瓶内液面不能达到支管的水平位置，否则滤液会被水泵抽出。因此，滤液过多时，中途应拔掉吸滤瓶上的橡皮管，取下漏斗，将吸滤瓶的支管向上，从瓶口倒出滤液，再装好继续过滤。

(3) 关闭水阀。在抽滤过程中不能突然关闭水阀，停止抽滤时应先拔掉吸滤瓶支管上的橡皮管，使吸滤瓶与安全瓶脱离，再关闭水阀，否则水会倒吸。

沉淀的洗涤和抽干：在布氏漏斗内洗涤沉淀，首先应停止抽滤，然后加入少量洗涤液，使其缓缓通过沉淀，再接上吸滤瓶的橡皮管，微开水阀抽吸，最后开大水阀抽干，此时可用一个干净的平顶瓶塞挤压沉淀，帮助抽干。如此反复数次，直至达到要求为止。

(4) 沉淀的取出。沉淀抽干以后，先将吸滤瓶与安全瓶拆开，然后关闭水阀，再取下漏斗，将漏斗的颈口向上，轻轻敲打漏斗边缘，或用洗耳球在漏斗颈口用力一吹，即可使沉淀脱离漏斗，倒在预先准备好的滤纸或容器上。欲得干燥沉淀，可用干燥滤纸将水分吸干或放入恒温烘箱内烘干。

对于强酸性、强碱性及强腐蚀性溶液，可用尼龙布或熔砂玻璃漏斗过滤，但熔砂玻璃漏斗不适合过滤碱性太强的物质。

3. 热过滤

如果溶质的溶解度明显随温度的降低而降低，但又不希望它在过滤过程中析出晶体，可采用热过滤。其方法是将玻璃漏斗放在铜质的热漏斗内(图 2-41)，热漏斗内装热水以维持溶液的温度，趁热过滤。也可以在过滤前将玻璃漏斗放在水浴上，用蒸气加热后快速过滤。

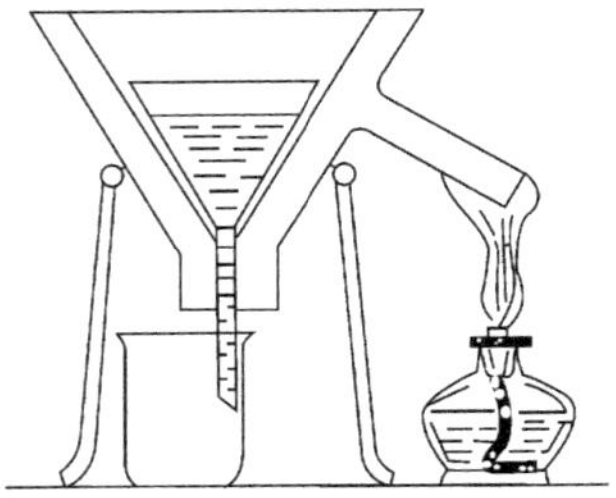

图 2-41　热过滤装置

2.6.3　离心分离

将少量的溶液与沉淀分离，或沉淀颗粒太小不宜过滤时，可采用离心分离。固体颗粒较大时可使用电动离心机，固体颗粒小时通常使用高速离心机，如图 2-42 所示。

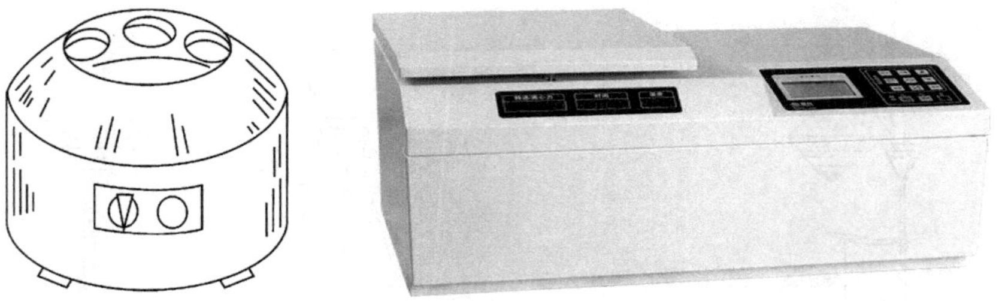

(a) 电动离心机　　(b) 高速离心机

图 2-42　离心机

1. 离心机的使用

(1) 选用大小相同、混合物质量大致相等的离心试管，对称放置在离心机管套内，以保持离心机的平衡。否则在旋转时发生震动，会损坏离心机。若只离心一个样品时，可在对称位置放一支大小相同、盛有等量水的离心试管。

(2) 放置好离心试管后，盖好离心机盖。启动离心机时先调到变速器的最低挡，待离心机转动后再逐渐加速。保持匀速离心 2～5 min。

(3) 离心结束后，断开电源，将变速器调回零挡，待离心机自然停止，切不可加以外力使其停止转动。打开离心机盖，小心地从两侧捏住离心试管口边缘，将其从管套中取出。不要摇动离心试管，用一支干净的滴管慢慢吸取清液，不可触及沉淀。

(4) 若在离心过程中发现离心试管损坏，必须立刻停机，取出管套，清除碎玻璃片并小心用水洗净，用布擦干，以免腐蚀离心机。

2. 沉淀的分离

离心沉降后，可直接用倾析法倒出上层清液，也可用滴管将离心液吸出：将离心试管倾斜，先将滴管中的空气挤出，再将滴管尖端伸入离心液液面下，注意不可触及沉淀。然后，慢慢将溶液吸入滴管，将滴管中的液体放入另外的容器中，完成沉淀与溶液的分离。

3. 沉淀的洗涤

欲得到较纯净的沉淀，还需对沉淀进行洗涤，方法如下：用滴管吸数滴洗涤液，沿内壁加入离心试管中，用搅拌棒充分搅拌后再离心分离。反复数次直至达到要求。第一次洗涤液并入离心液中，第二、第三次洗涤液可弃去。

2.6.4　蒸发和浓缩

溶液经蒸发、浓缩成浓溶液后，冷却则析出晶体，冷却速度慢有利于长成大晶体。根据需要一般采用水浴加热或直接加热的方法进行蒸发浓缩，若溶质易被氧化或水解，最好采用水浴加热的方法。

如果晶体中含有其他杂质，可用重结晶的方法除去。先将晶体加入一定量的水中，加热至完全溶解为饱和溶液，过滤除去不溶性杂质；滤液冷却后析出被提纯物的晶体，再次过滤，得到较纯的晶体，而可溶性杂质大部分在滤液中。根据被提纯物质的纯度要求，进行多次重结晶操作。

2.6.5　结晶和重结晶

晶体析出的过程称为结晶。当溶液蒸发到一定浓度后冷却，即有晶体析出。结晶时要求物质溶液的浓度达到饱和程度。物质在溶液中的饱和程度与物质的溶解度和温度有关。晶体的大小与溶质的溶解度、溶液浓度、冷却速度等因素有关。如果希望得到较大颗粒状的晶体，则不宜蒸发至太浓，此时溶液的饱和程度较低，结晶的晶核少，晶体易长大。反之，溶液饱和程度较高，结晶的晶核多，晶体快速形成，得到的是细小晶体。从纯度来看，缓慢生长的大晶体纯度较低，而快速生成的细小晶体纯度较高。因为大晶体的间隙易包裹母液或杂质，影响纯度；当晶体太小且大小不均匀时，易形成糊状物，夹带母液较多，不易洗净，也影响纯度。因此，要求晶体颗粒大小适中且均匀，才有利于得到纯度较高的晶体。

如果第一次结晶所得物质的纯度不符合要求，可进行重结晶。其方法是在加热的情况下使被纯化的物质溶于尽可能少的水中，形成饱和溶液，并趁热过滤，除去不溶性杂质，然后使滤液冷却，被纯化物质结晶析出，而杂质留在母液中，过滤即得到较纯净的物质。若一次重结晶达不到要求，可以再次重结晶。重结晶是提纯固体物质常用的重要方法之一，它适用于溶解度随温度有显著变化的化合物的提纯。

第 3 章　实验误差与数据处理

在化学实验中，常需使用仪器对一些物理量进行测量，从而对系统中的某些化学性质和物理性质做出定量描述，以通过实验来发现、验证、总结规律。要得到正确的测量结果，不仅需要进行认真规范的实验操作，还应该准确无误地记录实验数据。实验操作结束后，根据原始数据记录进行数据整理和分析，在此基础上进行正确的计算，以得到合理准确的测定结果。实践证明，即使经验再丰富的实验者也会因某些因素导致测量结果与真值不完全一致，或者说实验结果一定存在某种程度上的不可靠性，这种不可靠性称为实验误差。因此，有必要采取有效措施以减小可能产生的误差，使结果和结论更可信。

3.1　误差及其表示方法

3.1.1　误差类别及减少误差的方法

实验误差是实验测量值(包括直接和间接测量值)与真值(客观存在的准确值)之差。根据误差产生的原因及性质，误差可分为系统误差、偶然误差和粗大误差三种。

1. 系统误差

系统误差也称可测误差、恒定误差，是由某些固定的因素造成的，它对测定结果的影响有规律，可重复。产生系统误差的原因是实验方法、实验条件、测量仪器，以及实验者本人不可避免地存在一定局限性。

常见的系统误差简述如下。

1) 方法误差

方法误差是由测试方法本身不完善造成的。例如，实验设计不周全，没有考虑到化学反应不完全，有副反应发生，某些反应速率很慢或未定量地完成、干扰离子的影响、沉淀溶解、共沉淀和后沉淀、灼烧时沉淀的分解和称量形式的吸湿性等，都会系统地导致测定结果偏高或偏低。

2) 仪器误差

仪器误差是由仪器本身不准确或未经校准引起的误差。例如，移液管、滴定管、容量瓶等玻璃仪器的实际容积和标称容积不符；天平未校准(如灵敏度欠佳)；砝码磨损或腐蚀等；在电学仪器中，如电池电压下降、接触不良造成电路电阻增加、温度对电阻和标准电池的影响等。

3) 试剂误差

试剂误差是由试剂纯度不够或者有其他杂质混入而引起的误差。

4) 操作误差

操作误差是由操作者本身操作不熟练或一些主观因素造成的误差。例如，在读取仪器刻度值时，习惯偏高或偏低；在鉴定分析中辨别滴定终点颜色时，习惯偏深或偏浅；操作计时有的偏快，有的偏慢。有时操作误差也称为主观误差。

系统误差的特征是：①单向性，即误差的符号及大小恒定或按一定规律变化；②系统性，即在相同条件下重复测量时，误差会重复出现，因此一般系统误差可进行校正或设法予以消除。对于不可避免的实验误差，实验者应了解其产生的原因、性质及有关规律，从而在实验中设法控制和减小误差，并对测量的结果进行适当的处理，以获得可接受的数据，得出结论。

可采取下列措施减少系统误差：

(1) 对照实验。用公认的标准方法与采用的测定方法对同一试样进行测定，或将已知含量的标准试样和待测试样同时用同一方法进行分析测定，求出校正因子，减少方法误差。对照实验是检查系统误差的最有效方法。

当试样的组成不清楚时，还可以采用“加标回收法”进行试验，也就是向试样内加入已知量的被测组分的标准物质，然后进行对照试验，根据加入已知量的被测组分的定量回收情况，判断实验方法是否有系统误差。

(2) 空白实验。在不加待测组分的情况下，按照与待测试样相同的测定步骤和条件进行测定，所得结果称为空白值。从试样的测定结果中扣除空白值，就可消除由环境、试剂差异、所用器皿引入杂质所造成的系统误差。

(3) 校准仪器。实验前对所使用的砝码、容量器皿或其他仪器进行校正，求出校正值，提高测量准确度。

2. 偶然误差

偶然误差又称随机误差或不定误差。在相同条件下对同一物理量进行多次测量，会出现时而偏大、时而偏小的误差。偶然误差是由一些偶然因素造成的，往往是测定过程中各种因素不可控制的随机变动所引起的误差，产生的直接原因往往难以发现和控制。观测时环境温度、压力、湿度的小波动，机械振动，磁场的干扰，以及个人辨别的差异等都可能引起偶然误差。在各种测量中，偶然误差总是不可避免地存在，并且不可能用一致的手段加以消除。

以横坐标表示偶然误差的值、纵坐标表示误差出现的概率大小，则偶然误差的出现呈正态分布，如图 3-1 所示。

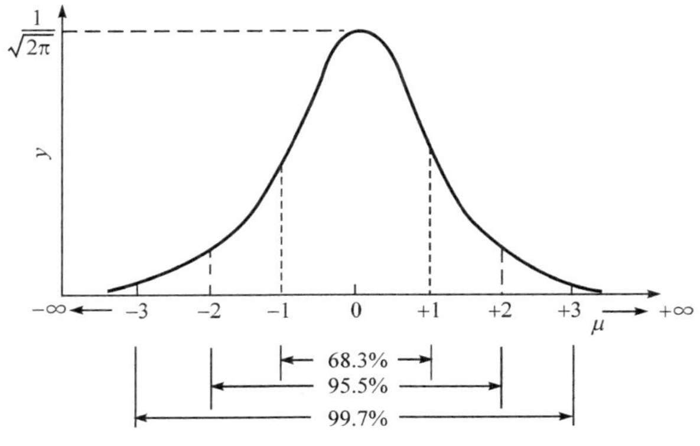

图 3-1　偶然误差的正态分布曲线

由图 3-1 可知，偶然误差的规律如下：

(1) 绝对值相等的正误差、负误差出现的概率几乎相等，真值是单峰的。

(2) 小误差出现概率大，大误差出现概率小。

(3) 误差不会超出一定范围，很大误差出现的概率近于零，出现真值的概率最大。

(4) 适当增加测定次数，在消除系统误差的情况下，平行测定的次数越多，测量值的平均值越接近真值，偶然误差难以消除，但具有可补偿性。

3. 粗大误差

除上述两类误差外，还有粗大误差，又称过失误差、疏忽误差。粗大误差是由操作者疏忽大意、操作不当，没有完全按照操作规程进行实验等造成的误差，如丢损试液、加错试剂、看错读数、记录出错、计算错误等。这种误差使测量结果与事实出现明显差异，有大的偏离且无规律可循。有人认为粗大误差的“过失”其本质是一种错误，甚至不能算作误差，含有粗大误差的测量值不能作为一次实验值引入平均值的计算。

通过增强操作者的责任心，加强培训可以避免粗大误差，但判断是否发生粗大误差必须慎重，应有充分的依据，可以通过重复实验来检查。如果经过细致实验后仍然出现相似数据，需要仔细分析与反思，根据已有的科学知识判断问题所在，判断是否有新的问题产生，甚至可能因此使实验出现新的契机，这在实践中是可能发生的。

3.1.2 误差的表示方法

1. 准确度

准确度表示某一测定结果与真值接近的程度，差值越小，结果的准确度越高。

2. 误差

实际上在化学实验中，绝对准确的实验结果是无法得到的。研究中真值是指由有经验的研究人员用可靠的测定方法进行多次平行测定得到的平均值，或者以公认的手册上的数据作为真值。

误差就是衡量测量值与真值的偏离程度。

误差分为绝对误差与相对误差。

绝对误差 E 表示为

$$E = \text{测量值} - \text{真值} \tag{3-1}$$

绝对误差有正负之分。当测量值大于真值，E 为正值，说明测定结果偏高；反之，E 为负值，说明测定结果偏低。它具有与测量值相同的量纲，如克、毫升等。例如，对于质量为 0.1000 g 的某物体，在分析天平上称得其质量为 0.1001 g，则称量的绝对误差为+0.0001 g。

相对误差 E_r 表示为

$$E_r = \frac{\text{测量值} - \text{真值}}{\text{真值}} \times 100\% \tag{3-2}$$

只用绝对误差不能说明测量结果与真值接近的程度。分析误差时，除要考虑绝对误差的大小外，还须顾及测量值本身的大小，这就是相对误差。

相对误差是绝对误差与真值的商，表示绝对误差在真值中所占的比例，常用百分数表示。由于相对误差是比值，因此是量纲 1 的量。它也有正负之分，能反映绝对误差在测定结果中所占的百分数，更能反映测定结果的准确程度。

例如，某物体的真实质量为 42.5132 g，测量值为 42.5133 g，则

$$\text{绝对误差} = 42.5133\ \text{g} - 42.5132\ \text{g} = 0.0001\ \text{g}$$

$$\text{相对误差} = \frac{42.5133\ \text{g} - 42.5132\ \text{g}}{42.5132\ \text{g}} \times 100\% = 10^{-4}\%$$

而对于质量为 0.1000 g 的某物体，称量得 0.1001 g，其绝对误差也是 0.0001 g，但相对误差为

$$\text{相对误差} = \frac{0.1001\ \text{g} - 0.1000\ \text{g}}{0.1000\ \text{g}} \times 100\% = 0.1\%$$

可见，上述两种物体称量的绝对误差虽然相同，但被称量物体的质量不同，相对误差，即绝对误差在被测物体质量中所占份额并不相同。显然，当绝对误差相同时，被测量的量越大，相对误差越小，测量的准确度越高。

3. 精密度

精密度是指在同一条件下，对同一样品多次进行平行测定，获得的测量值彼此之间相互接近的程度。重复性和再现性都可以表示不同情况下分析结果的精密度。常用重复性表示同一实验人员在同一条件下所得测量结果的精密度，用再现性表示不同实验人员之间或不同实验室在各自的条件下所得测量结果的精密度。

精密度可用各类偏差来量度。

1) 绝对偏差和相对偏差

各次测量值 x_i 与平均值 $\bar{x}$ 之差称为绝对偏差 d_i，它的量纲与测量值相同。绝对偏差与平均值之比称为相对偏差。可见，绝对偏差和相对偏差都是用来衡量某个测量值与平均值的偏离程度的。

$$\text{绝对偏差}\ d_i = x_i - \bar{x} \tag{3-3}$$

$$\text{相对偏差} = \frac{d_i}{\bar{x}} \times 100\% \tag{3-4}$$

2) 平均偏差和相对平均偏差

为了说明分析结果的精密度，可用平均偏差 $\bar{d}$ 和相对平均偏差 $\overline{d_r}$ 表示。

平均偏差是各绝对偏差的绝对值的平均值。

$$\text{平均偏差}\ \bar{d} = \frac{1}{n}\sum_{i=1}^{n}|d_i| \tag{3-5}$$

$$\text{相对平均偏差}\ \overline{d_r} = \frac{\bar{d}}{\bar{x}} \times 100\% \tag{3-6}$$

3) 标准偏差和相对标准偏差

用数理统计方法处理数据时，常用标准偏差 s 和相对标准偏差 s_r 来衡量精密度。

$$标准偏差s=\sqrt{\frac{\sum_{i=1}^{n}(x_i-\overline{x})^2}{n-1}} \tag{3-7}$$

实际使用时常采用其简便的等效式：

$$s=\sqrt{\frac{\sum x_i^2-\left(\sum x_i\right)^2/n}{n-1}}=\sqrt{\frac{\sum x_i^2-n(\overline{x})^2}{n-1}} \tag{3-8}$$

$$相对标准偏差s_r=\frac{S}{\overline{x}}\times 100\% \tag{3-9}$$

例如，测定某矿石中铁的质量分数(%)得到下列结果：10.1，10.5，9.9，9.5，10.6，9.4，11.5，9.5，10.0，9.5，9.5。其测量平均值$\overline{x}$、平均偏差$\overline{d}$、相对平均偏差$\overline{d_r}$、标准偏差s、相对标准偏差s_r分别为

$$\overline{x}=\frac{\sum x_i}{n}=\frac{110.0}{11}=10.0$$

$$\overline{d}=\frac{\sum\left|x_i-\overline{x}\right|}{n}=\frac{5.4}{11}=0.49$$

$$\overline{d_r}=\frac{\overline{d}}{\overline{x}}\times 100\%=\frac{0.49}{10.0}\times 100\%=4.9\%$$

$$s=\sqrt{\frac{\sum x_i^2-\left(\sum x_i\right)^2/n}{n-1}}=\sqrt{\frac{1104.24-(110.0)^2/11}{11-1}}=0.65$$

$$s_r=\frac{S}{\overline{x}}\times 100\%=\frac{0.65}{10.0}\times 100\%=6.5\%$$

4. 准确度和精密度的关系

准确度和精密度是两个完全不同的概念，它们既有区别，又有联系。准确度表示测量的正确性，精密度则表示测量的重现性。图 3-2 表示四位测试者各四次测量结果的准确度与精密度的关系。黑点表示四位测试者所得结果数值，短竖线表示测试者结果平均值。从图中可见，甲的结果准确度和精密度都好，结果可靠，是一组好的测试数据。乙的结果精密度好，但准确度低，只能说明偶然误差较小，但存在较大的系统误差。丙的结果准确度和精密度都低，存在较大的偶然误差和系统误差。丁的结果精密度不好，其平均值接近真实值纯属偶然，没有精密度的准确度结果谈不上可靠，测试结果数据也不好。

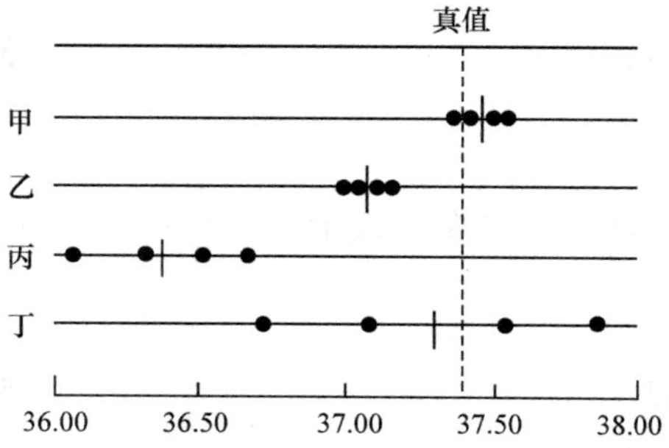

图 3-2　精密度与准确度

综上所述，要提高分析结果的准确度和精密度，可选择合适的方法，酌情采用增加测量次数、减少测量误差、对照试验、加标回收法、减除空白值、校准仪器等一系列手段。

3.2　有效数字及其运算规则

除正确选用实验方法和实验仪器测定各种量的数值之外，科学实验要得到准确的结果，还要求正确地对数据进行记录和运算。实验获得的数值不仅表示某个量的大小，还应反映测量这个量的准确程度。一般来说，任何一种仪器标尺读数的最低一位应该用内插法估计到两刻度线之间距离的 1/10。例如，最小刻度为 1 mm 的直尺，可以记录的数据为 0.0001 m。因此，实验中各种数值的记录应采用几位数字，运算结果应保留几位数字都是有严格要求的，不能随意书写记录和增减有效数字。实验数值表示的正确与否直接关系到实验的最终结果，还可用于判断实验结果是否可信。

3.2.1　有效数字及其位数

有效数字就是实验中实际能够测出的数字。规定一个由有效数字构成的数值只能最后一位数值是可疑的，其余数字需要确定。例如，用最小刻度为 1 mL 的量筒测量溶液的体积为 10.5 mL，其中 10 是准确的，0.5 是估计的，有效数字是 3 位。如果用精度为 0.1 mL 的滴定管量度同一液体，读数可能是 10.52 mL，其有效数字为 4 位，小数点后第二位 0.02 才是估计值。有效数字的位数取决于测量仪器的精确程度。因此，1.00 和 1.000 这两个数据有不同的含义，不可混写混用。

有效数字的位数还反映了测量的误差。例如，某铜片用分析天平称量为 0.5000 g，表示该铜片的实际质量为(0.5000±0.0001)g，测量的相对误差为 0.02%，若记为 0.500 g，则表示该铜片的实际质量为(0.500±0.001)g，测量的相对误差为 0.2%，准确度比前者低了一个数量级。

有效数字的位数是整数部分和小数部分位数的组合，可以通过下面几个数字来说明。

数字	0.0650	0.0036	81.36	5.036	6.000	6.00%	7.36×10^5	6000
有效数字位数	3 位	2 位	4 位	4 位	4 位	3 位	3 位	不确定

从上面几个数中可以看到，“0”在数字中可以是有效数字，也可以不是。当“0”在数字中间或有小数的数字之后时都是有效数字，如果“0”在数字的前面，则只起定位作用，不是有效数字。但像 6000 这样的数字，有效数字位数不好确定，应根据实际测定的精确程度来表示，可写成 6×10^3、6.0×10^3、6.00×10^3 等。

pH、lg$K$ 等对数值的有效数字仅取决于小数部分数字的位数，因为整数部分只代表这个数的方次，不是有效数字。例如，pH = 3.48，有效数字是 2 位而不是 3 位。分数、π 等数字视为有无穷多有效数字。不能因为变换单位而改变有效数字的位数。

3.2.2　有效数字的运算规则

对一些有效数字位数不相同的数进行计算时，按有效数字运算规则计算，可节省时间，减少错误，保证数据的准确度。

1. 加减运算

加减运算结果的有效数字的位数应由各数中小数点后有效数字位数最少者决定。计算时可先不考虑有效数字的问题直接进行加减运算，再将运算结果按数字中小数点后有效数字位数最少的数进行处理。例如，0.7643、25.42、2.356 三个数相加，小数点后只需要保留 2 位，其余数字皆不可信，则有

$$0.7643+25.42+2.356=28.5403\approx 28.54$$

数值的修约按“四舍六入五成双”的原则进行。以小数点后有效数字位数最少的数值为标准处理各数据，使小数点后有效数字位数相同，然后再计算，如上例可变化为

$$0.76+25.42+2.36=28.54$$

因为在 25.42 中精确度只到小数点后第二位，即为 25.42 ± 0.01，其余的数再精确到第三位、第四位就无意义了。

可见，对于加减运算，先修约还是先加减，对数值的结果几乎没有影响。

2. 乘除运算

乘除运算结果的有效数字位数应与各数中有效数字位数最少者相同，与小数点的位置或小数点后的位数无关。例如，0.98 与 1.644 相乘，有效数字的最低值就是 0.98 的两位数字，故得数也保留两位有效数字，应为 1.6。计算时一般可以先按四舍六入五成双修约后再计算，但在几个数连乘或除的运算中，取舍时应保留比最小位数多一位数字的数来运算。例如，0.98、1.644、46.4 三个数连乘，有

$$0.98\times 1.64\times 46.4=74.57\approx 75$$

如果先计算后修约，计算为 $0.98\times 1.644\times 46.4=74.76\approx 75$，与上面结果一致。如果先修约再计算，只保留最小位数的数相乘，则有

$$0.98\times 1.6\times 46=72.13\approx 72$$

此计算结果与前面的计算结果不吻合，误差扩大了。当然，如果在连乘、除的数中被修约的数离“5”较远，或有的数入，有的数舍，也可取最小位数的有效数字简化后再运算。例如

$$0.121\times 23.64\times 1.0578=3.0257734\approx 3.03$$

若简化后再运算，则有

$$0.121\times 23.6\times 1.06=2.86\times 1.06=3.0316\approx 3.03$$

与前面的计算结果相同。

3.3 实验数据的处理与结果表达

3.3.1 实验数据的统计与处理

1. 置信度与平均值的置信区间

绝对偏差 d 和标准偏差 s 都是讨论测量值与平均值之间的偏差问题，为了表示出测定结果与真值间的误差情况，还应进一步了解平均值与真值之间的误差。

在平行条件下多次测定结果的偶然误差的分布遵循正态分布规律。

正态分布曲线(图 3-1)中，若将曲线与横坐标从$-\infty$到$+\infty$所包围的面积(代表所有偶然误差出现的概率的总和)定为 100%，由计算可知，在 $\mu-\sigma$ 到 $\mu+\sigma$ 区间，曲线所包围的面积为 68.3%，即真值落在 $\mu\pm\sigma$ 区间的概率为 68.3%，还可算出真实值落在 $\mu\pm2\sigma$ 和 $\mu\pm3\sigma$ 区间的概率分别为 95.5%和 99.7%。该概率就称为置信度或置信水平，上述 68.3%、95.5%和 99.7%即为置信度，其意义为某一定范围的测量值(或误差值)出现的概率。$\mu\pm\sigma$、$\mu\pm2\sigma$ 和 $\mu\pm3\sigma$ 等称为置信区间，其意义为真值在指定概率下分布在某一个区间。置信度选得高，置信区间就宽。

在分析测试中，测定次数是有限的，一般平行测定 3～5 次，而有限次测定的偶然误差并不完全服从正态分布，而是服从类似于正态分布的 t 分布。t 分布曲线如图 3-3 所示。由图可见，t 分布曲线与正态分布曲线相似，t 分布曲线随自由度 f ($f = n - 1$)而变，当 $f>20$ 时，二者很相似，当 $f\to\infty$时，二者就一致了。

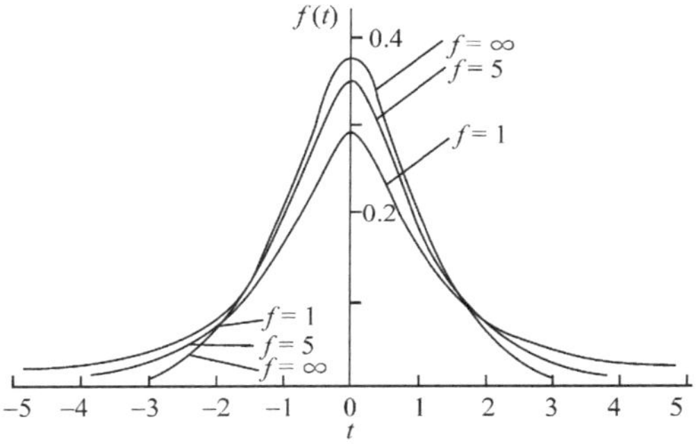

图 3-3　t 分布曲线

对于有限次数的测定，只计算平均值是不够的，还应指出真值 μ 与平均值 $\bar{x}$ 之间的关系：

$$\mu = \bar{x} \pm \frac{ts}{\sqrt{n}} \tag{3-10}$$

式中，s 为标准偏差；n 为测定次数；t 为在选定的某一置信度下的概率系数，可根据测定次数从表 3-1 查得。

表 3-1　t 值表

测定次数 n	置信度				
	50%	90%	95%	99%	99.5%
2	1.000	6.314	12.706	63.657	127.32
3	0.816	2.292	4.303	9.925	14.089
4	0.765	2.353	3.182	5.841	7.453
5	0.741	2.132	2.276	4.604	5.598
6	0.727	2.015	2.571	4.032	4.7873
7	0.718	1.943	2.447	3.707	4.317
8	0.711	1.895	2.365	3.500	4.029
9	0.706	1.860	2.306	3.355	3.832

续表

测定次数 n	置信度				
	50%	90%	95%	99%	99.5%
10	0.703	1.833	2.262	3.250	3.690
11	0.700	1.812	2.228	3.169	3.581
21	0.687	1.725	2.086	2.845	3.153
∞	0.674	6.314	12.706	63.657	127.32

利用式(3-10)可以计算在选定的置信度下，总体平均值(真值)在以测定平均值 $\bar{x}$ 为中心的多大范围内出现，这个范围称为平均值的置信区间。

从表 3-1 还可看出，在一定测定次数范围内，适当增加测定次数，可使 t 值减小，因而求得的置信区间的范围越窄，即测定平均值与总体平均值 μ 越接近。

例 3-1 测定试样中 SiO_2 的质量分数(w)得到下列数据：0.2865，0.2862，0.2854，0.2851，0.2855，0.2866。求平均值、标准偏差及置信度分别为 90%和 95%时平均值的置信区间。

解

$$\bar{x}=\frac{0.2865+0.2862+0.2854+0.2851+0.2855+0.2866}{6}=0.2859$$

$$s=\sqrt{\frac{0.0006^2+0.0003^2+0.0005^2+0.0008^2+0.0004^2+0.0007^2}{6-1}}=0.0006$$

查表 3-1，置信度为 90%，$n=6$ 时，$t=2.015$，则有

$$\mu=0.2859\pm\frac{2.015\times0.0006}{\sqrt{6}}=0.2859\pm0.0005$$

同理，置信度为 95%，$n=6$ 时，$t=2.571$，则有

$$\mu=0.2859\pm\frac{2.571\times0.0006}{\sqrt{6}}=0.2859\pm0.0006$$

计算结果说明，置信度为 90%时，$\mu=0.2859\pm0.0005$，即说明 SiO_2 含量的平均值为 0.2859，而且有 90%的把握认为 SiO_2 的真值 μ 为 0.2854～0.2864。将两种置信度下的平均值置信区间相比较可知，如果真值出现的概率为 95%，则平均值的置信区间将扩大为 0.2853～0.2865。

2. 可疑数据的取舍

不同人、不同机构或采用不同分析方法对同一试样进行分析，所得结果会有一定差异，这时要用科学的统计方法来检验分析结果之间是否存在实质性差异，这一过程称为显著性检验。T 检验法、F 检验法和卡方检验法用于比较两组数据的两个平均值的差异是否显著，可以用于不同检测方法或不同检测单位、不同检测者之间的多次结果间比较差异性。

对同一方法、同一检测单位或同一实验者，为了测量更准确，常对同一实验进行多次重复测定，取多次测定结果求出平均值。但是重复测定的每个数据是否都能进入平均值的计算，要根据具体情况进行判断。在消除系统误差的前提下，如果所得数据差别不大(因偶然误差引起)，则都可以参加平均值的计算，但如果数据差异显著，则特大或特小的数据就值

得怀疑。值得怀疑的结果称为可疑值。如果可疑值已知由某个粗大误差引起，则应立即弃用；如果分析实验结果时找到了可疑的原因，数值也应弃用，如果找不到可疑值出现的原因，不应随意弃用数据或保留数据，应根据统计原则计算后处理。

Q 检验法(Dixon 检验法)、格鲁布斯(Grubbs)法常用于剔除一组数据中的异常值。其中，Q 检验法简单易行，应用最多，适用于样本量小(3～10 次)的检验；格鲁布斯法计算稍复杂，但准确度高，应用范围广。

Q 检验法简要介绍如下：

(1) 将测定值由小到大排列：x_1，x_2，…，x_n，其中 x_1 为最小值，x_n 为最大值，x_i 为可疑值，其左、右相邻的值分别为 x_{i-1}、x_{i+1}。

(2) 用下列公式计算 Q 值：

$$Q=\frac{x_i-x_{i-1}}{x_n-x_1} \tag{3-11}$$

或

$$Q=\frac{x_{i+1}-x_i}{x_n-x_1} \tag{3-12}$$

式中，x_n-x_1 称为极差。

(3) 根据测定次数 n 和要求的置信度(如 90%)，查表 3-2 得出 $Q_{0.90}$。

表 3-2 Q 值表

测定次数 n	$Q_{0.90}$	$Q_{0.95}$	$Q_{0.99}$
3	0.94	0.98	0.99
4	0.76	0.85	0.93
5	0.64	0.73	0.82
6	0.56	0.64	0.74
7	0.51	0.59	0.68
8	0.47	0.54	0.63
9	0.44	0.51	0.60
10	0.41	0.48	0.99

(4) 将 Q 与 $Q_{0.90}$ 相比，若 $Q>Q_{0.90}$，则弃去可疑值，否则应予保留。

例 3-2 测定某试样中 Fe 的质量分数(w)，结果如下：35.40%、37.20%、37.30%、37.40%、37.50%，用 Q 检验法判断，在 90%置信水平下，数据 35.40%是否应该保留。

解 分析测定数据，35.40%是可疑值，有

$$Q=\frac{37.20-35.40}{37.50-35.40}=0.86$$

由表 3-2 查得，当 $n=5$ 时，$Q_{0.90}=0.64$，因 $Q>Q_{0.90}$，故 35.40%应弃去。

3.3.2 实验结果的表达

用简明的方法表达实验结果，通常有列表法、作图法和方程式法。

1. 列表法

列表法是表达实验数据最常用的方法之一。将各种实验数据列入设计得体、形式紧凑的表格内，可起到化繁为简的作用，有利于对获得的实验结果进行比较，有利于分析和阐明某些实验结果的规律性。

设计数据表总的原则是简单明了。作表时要注意以下几个问题：

(1) 正确地确定自变量和因变量。一般先列自变量，再列因变量，将数据一一对应地列出。不要将毫不相干的数据列在一张表内。

(2) 表格应有序号和简明完备的名称，使人一目了然。如果实在无法表达，也可在表名下用不同字体作简要说明，或在表格下方用附注加以说明。

(3) 习惯上表格的横排称为“行”，竖行称为“列”，即“横行竖列”，自上而下依次为第 1、2、…行，自左向右依次为第 1、2、…列。变量可根据其含义安排在列首(表格顶端)或行首(表格左侧)，称为“表头”，应包括变量名称及量的单位。凡有国际通用符号或为大多数读者熟知的，应尽量采用代号，以使表头简洁醒目。但勿将量的名称和单位符号相混淆。

(4) 表中同一列数据的小数点对齐，数据按自变量递增或递减的次序排列，以便显示出变化规律。如果表列值是特大或特小的数，可用科学计数法表示。如果各数据的数量级相近，为简便起见，可将 10 的指数写在表头中量的名称或单位旁边。

2. 作图法

作图是将实验原始数据通过正确的作图方法画出合适的曲线(或直线)，从而形象、直观、准确地表现出实验数据的特点、相互关系和变化规律，如极大、极小和转折点等，并能够进一步求解，获得斜率、截距、外推值、内插值等。因此，作图法是一种十分有用的实验数据处理方法。

作图法也存在作图误差，要获得良好的图解效果，首先要获得高质量的图形。因此，作图技术的好坏直接影响实验结果的准确性。下面简要介绍作图法处理数据的一般步骤和作图技术。

1) 正确选择坐标轴和比例尺

作图必须在坐标纸上完成。坐标轴的选择和坐标分度比例的选择对获得一幅良好的图形十分重要，一般应注意以下几点：

(1) 以自变量为横坐标、因变量为纵坐标，横、纵坐标原点不一定从零开始，需视具体情况确定。坐标轴应注明所代表的变量的名称和单位。

(2) 坐标的比例和分度应与实验测量的精度一致，并全部用有效数字表示，不能过分夸大或缩小坐标的作图精确度。

(3) 坐标纸每小格所对应的数值应能迅速、方便地读出和计算。一般多采用 1、2、5 或 10 的倍数，而不采用 3、6、7 或 9 的倍数。

(4) 实验数据各点应尽量分散、匀称地分布在全图，不要使数据点过分集中于某一区域。当图形为直线时，应尽可能使直线的斜率接近于 1，使直线与横坐标夹角接近 45°，角度过大或过小都会造成较大的误差(图 3-4)。

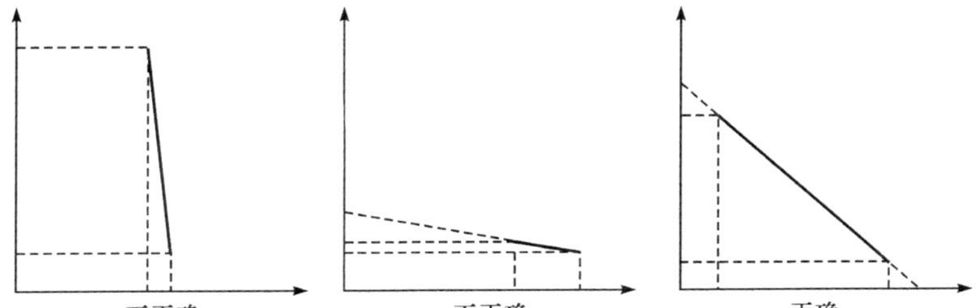

图 3-4　绘制直线图形

(5) 图形的长、宽比例要适当，最高不要超过 3/2，以力求表现出极大值、极小值、转折点等曲线的特殊性质。

2) 图形的绘制

在坐标纸上明显地标出各实验数据点后，应用曲线尺(或直尺)绘出平滑的曲线(或直线)。绘出的曲线或直线应尽可能接近或贯穿所有的点，并使两边点的数目和点离线的距离大致相等。这样描出的线才能较好地反映实验测量的总体情况。若有个别点偏离太远，绘制曲线时可不予考虑。一般情况下，不允许绘成折线。描线方法如图 3-5 所示。

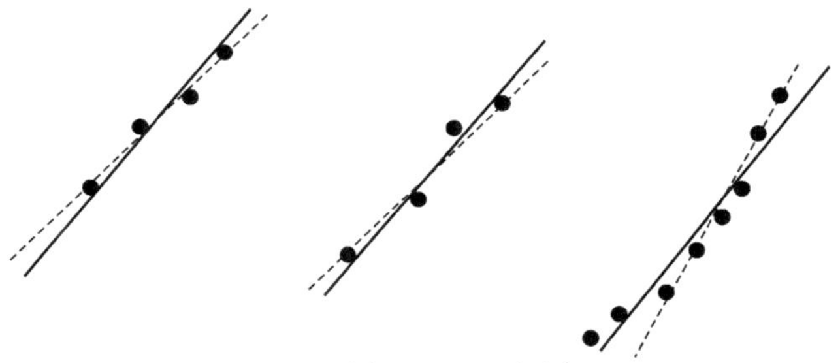

图 3-5　线的描绘

3. *方程式法*

作图法可以形象地表现出某一被测物理量随其影响因素而变化的趋势或规律。有时为了表达因变量与自变量之间的数量关系，要用数学方程式。一般是根据所得的图形，凭借已有的知识和经验，试探选择某函数关系式，并确定其中各参数值，最后对所得的函数关系式进行验证。

在各种实验曲线中，以直线最为简单，有时通过坐标变换可将其他函数关系式直线化。确定直线方程常数的方法有 3 种，即图解法、平均值法和最小二乘法。

1) 图解法

直线方程式的斜率和截距可从图的直线直接求得，也可用方程式 $y = kx+b$ 表示。由直线上两点(x_1，y_1)、(x_2，y_2)的坐标求出斜率，再求出截距：

$$k = \frac{y_2 - y_1}{x_2 - x_1} \tag{3-13}$$

为使求得的 k 值更准确，所选的两点距离不要太近，还要注意代入 k 表达式的数据是两点的坐标值，k 是两点纵、横坐标差之比，而不是纵、横坐标线段长度之比。

图解法所得常数的精度通常不能满足要求，因此常用平均值法或最小二乘法进行计算，求得较精确的数学方程式。

2) 平均值法

$$y = mx + b \tag{3-14}$$

只要有两对变量(x_1，y_1)、(x_2，y_2)，便可确定 m、b，但实际上通常用更多的数据。根据平均值法，正确的 m、b 值应使残差之和为零。

残差定义为

$$u_i = mx_i + b - y_i \tag{3-15}$$

式中，i 表示第 i 次测量。可得两个方程式：

$$\sum_{i=1}^{k} u_i = m\sum_{i=1}^{k} x_i + kb - \sum_{i=1}^{k} y_i = 0$$

$$\sum_{i=k+1}^{n} u_i = m\sum_{i=k+1}^{n} x_i + kb - \sum_{i=k+1}^{n} y_i = 0$$

联立求解可得 m、b 值。

3) 最小二乘法

最佳结果能使残差的平方和为最小。设残差的平方和为 s，则

$$s = \sum_{i=1}^{n} u_i^2 = \sum_{i=1}^{n} (mx_i + b - y_i)^2 = m^2\sum_{i=1}^{n} x_i^2 + 2bm\sum_{i=1}^{n} x_i - 2m\sum_{i=1}^{n} x_i y_i + nb^2 - 2b\sum_{i=1}^{n} y_i + \sum_{i=1}^{n} y_i^2$$

使 s 为极小值的必要条件为

$$\frac{\partial s}{\partial m} = 0 = 2m\sum_{i=1}^{n} x_i^2 + 2b\sum_{i=1}^{n} x_i - 2\sum_{i=1}^{n} x_i y_i$$

$$\frac{\partial s}{\partial m} = 0 = 2m\sum_{i=1}^{n} x_i + 2bn - 2\sum_{i=1}^{n} y_i$$

由上式解出 m 和 b 分别为

$$m = \frac{n\sum_{i=1}^{n} x_i y_i - \sum_{i=1}^{n} x_i \sum_{i=1}^{n} y_i}{n\sum_{i=1}^{n} x_i^2 - \left(\sum_{i=1}^{n} x_i\right)^2}$$

$$b = \frac{\sum_{i=1}^{n} x_i^2 \sum_{i=1}^{n} y_i - \sum_{i=1}^{n} x_i \sum_{i=1}^{n} x_i y_i}{n\sum_{i=1}^{n} x_i^2 - \left(\sum_{i=1}^{n} x_i\right)^2}$$

以上计算用计算机处理。

3.4　实验报告示例

实验完毕后，学生必须在进行实验的基础上，将实验的目的、原理、步骤、结果等用简洁的语言写成书面报告，在指定的时间内交给指导教师。化学实验报告均应包括实验目的、

实验原理、仪器与试剂、实验操作过程、实验原始数据或实验现象记录、实验数据的处理、实验结果与讨论反思这几个要素。实验数据处理应在明确原理、方法步骤、计算公式和有效数字的基础上，按国际单位进行列表、运算、作图等数据处理，从而得出结果，对有确切数值结果的实验一般还需进行误差分析。

实验报告要记载清楚、结论明确、文字简练、书写整洁。由于化学反应条件对反应至关重要，特别是测量实验，温度、压强对实验影响很大，故各种化学实验报告均一般包括下列内容：

实验课程：　　所在班级：　　指导教师：

学生姓名：　　学号：　　同组人：

实验条件：温度　℃　　压强　kPa　　湿度　%

实验时间：　年　月　日

各种实验报告的书写大致相同，但因实验内容类型的不同有所差异，现举三种例子如下。其中，例 1 类型的报告书写是最基础的，是可用于几乎全部实验报告的基础格式，其完整包含实验目的、原理、过程、原始数据、数据分析、结果、结论等实验要素。如果是试管实验，也就是实验内容以试管中混合试剂，观察化学反应颜色、状态等变化为主，则通常要求将实验步骤写作实验报告例 2 中的表格，三列表头分别为实验步骤(操作)、实验现象、解释和结论(包括反应式)。如果是制备实验，实验步骤一般可以写作实验报告例 3 中的流程图样式，也就是用不同的方框和箭头串起实验操作步骤，并注明条件和注意事项，简明扼要。

3.4.1 测量实验——乙酸解离度和解离平衡常数的测定(例 1)

一、实验目的

(1) 掌握移液管、吸量管、pH 计的使用方法。

(2) 了解用 pH 计法测弱电解质的解离平衡常数和解离度的原理与方法。

(3) 理解弱电解质解离平衡，掌握解离度 α、解离平衡常数 K_a 与浓度 c 的关系。

二、实验原理

乙酸在水中存在如下解离平衡：

	$HAc(aq) \rightleftharpoons$	$H^+(aq)+$	$Ac^-(aq)$
起始浓度/($mol \cdot L^{-1}$)	c	0	0
平衡浓度/($mol \cdot L^{-1}$)	$c-c\alpha$	$c\alpha$	$c\alpha$

解离常数为

$$K_a = \frac{c(H^+)c(Ac^-)}{c(HAc)} = \frac{(c\alpha)^2}{c - c\alpha}$$

式中，α 为乙酸的解离度。

在一定温度下，可以使用 pH 计测量一系列已知浓度的乙酸的 pH，然后由 $pH = -\lg c(H^+)$ 求得 $c(H^+)$，再由 $c(H^+) = c\alpha$ 求出对应的解离度 α 和解离平衡常数 K_a。

三、实验步骤

1. 配制溶液

取四个干燥的 100 mL 烧杯，用移液管或吸量管按表 3-3 中四组数据分别准确移取 HAc 标准溶液和去离子水加入相应烧杯(取 HAc 溶液与去离子水的移液管、吸量管要严格分开，一次取完所有的HAc溶液后再取去离子水)，并混合均匀。计算各烧杯中HAc溶液的精确浓度，填入表3-3中。

表3-3　不同浓度乙酸溶液的配制

HAc溶液编号	1	2	3	4
HAc溶液体积/mL	50.00	25.00	15.00	5.00
H_2O体积/mL	0.00	25.00	35.00	45.00
HAc溶液浓度/($mol \cdot L^{-1}$)				

2. 测定乙酸溶液的pH

使用酸度计，按照浓度由低到高的顺序测定各组的pH，并计算各组溶液的解离度 α 和解离平衡常数 K_a，填入表3-4中。

表3-4　不同浓度乙酸溶液的pH、α和K_a

实验编号	V(HAc)/mL	$V(H_2O)$/mL	c(HAc)/($mol \cdot L^{-1}$)	pH	$c(H^+)$/($mol \cdot L^{-1}$)	α/%	K_a(HAc)	K_a平均值
1	50.00	0						
2	25.00	25.00						
3	15.00	35.00						
4	5.00	45.00						
实验室温 T=　　K								

3. 计算

根据实验数据，计算一定温度下浓度 c、解离度 α 和解离平衡常数 K_a 的关系，比较 K_a 的平均值与标准值，进行误差分析。

四、思考及讨论

本实验测试结果 K_a=(　　)，与室温下乙酸的标准平衡常数 1.8×10^{-5} 相比(偏大/偏小)，相对误差为(　　)，出现误差可能的原因有(　　)。

3.4.2　性质实验——解离平衡(例2)

一、实验目的

(1) 掌握指示剂、广范pH试纸和精密pH试纸的使用方法与缓冲溶液的配制。

(2) 验证解离平衡、同离子效应、缓冲溶液、盐类水解理论，能通过平衡及其移动的观点对这些现象进行解释。

二、实验原理

弱酸或弱碱在水中存在解离平衡：$AB \rightleftharpoons A^+ + B^-$。当增大 $c(A^+)$或 $c(B^-)$时，平衡向生成AB的方向移动，这种影响称为同离子效应。利用同离子效应将弱酸(或弱碱)及其盐组成混合溶液，这种混合溶液可以抵抗外来少量酸碱或稀释的影响，pH基本保持不变，称为缓冲溶液。缓冲溶液的缓冲能力是有限的，大量外来酸碱或稀释会破坏其缓冲能力。

弱酸强碱盐溶液发生水解呈碱性，强酸弱碱盐溶液发生水解呈酸性，弱碱弱酸盐溶液的酸碱性则取决于相应生成的弱酸、弱碱的 K_a、K_b 的相对大小。水解反应是吸热反应，因此温度升高可以使平衡向水解方向移动；在系统中加入酸，$c(H^+)$增大，可以使平衡左移，抑制水解。当强碱弱酸盐和强酸弱碱盐相遇，由于水解后各显碱性和酸性，可以互相加剧水解。例如，$Al_2(SO_4)_3$ 溶液与 Na_2CO_3 溶液混合，发生下列反应：

$$2Al^{3+} + 3CO_3^{2-} + 6H_2O \longrightarrow 2Al(OH)_3\downarrow + 3CO_2\uparrow + 3H_2O$$

反应十分彻底。

三、实验步骤

实验步骤	实验现象	解释和结论(包括反应式)
1. 同离子效应 ①在试管中加入 10 滴 0.1 mol · L^{-1} 氨水，滴入 1 滴酚酞，观察颜色变化。再加入少量 NH_4Ac 固体，振荡试管，观察颜色变化 ②在试管中加入 10 滴 0.1 mol · L^{-1} HAc 溶液，滴入 1 滴甲基橙，观察颜色变化。再加入少量 NH_4Ac 固体，振荡试管，观察颜色变化		
由 1.可见，随着与弱电解质 NH_3 具有相同离子的 NH_4^+ 浓度增加，K_b 值的变化趋势是(　)，原因为(　)		
2. 缓冲溶液的配制和性质 ①10 mL 2 mol · L^{-1} HAc + 10 mL 2 mol · L^{-1} NaAc 组成缓冲溶液 A，用 pH 试纸测其 pH ②10 mL 0.1 mol · L^{-1} HAc + 10 mL 0.1 mol · L^{-1} NaAc 组成缓冲溶液 B，用 pH 试纸测其 pH ③2 mL A + 0.5 mL H_2O，用 pH 试纸测其 pH 2 mL A + 0.5 mL 0.1 mol · L^{-1} HCl，用 pH 试纸测其 pH 2 mL A + 0.5 mL 0.1 mol · L^{-1} NaOH，用 pH 试纸测其 pH 2 mL A + 0.5 mL 6 mol · L^{-1} HCl，用 pH 试纸测其 pH 2 mL A + 0.5 mL 6 mol · L^{-1} NaOH，用 pH 试纸测其 pH ④2 mL B + 0.5 mL H_2O，用 pH 试纸测其 pH 2 mL B + 0.5 mL 0.1 mol · L^{-1} HCl，用 pH 试纸测其 pH 2 mL B + 0.5 mL 0.1 mol · L^{-1} NaOH，用 pH 试纸测其 pH 2 mL B + 0.5 mL 6 mol · L^{-1} HCl，用 pH 试纸测其 pH 2 mL B + 0.5 mL 6 mol · L^{-1} NaOH，用 pH 试纸测其 pH ⑤2 mL H_2O，用 pH 试纸测其 pH 2 mL H_2O + 0.5 mL 0.1 mol · L^{-1} HCl，用 pH 试纸测其 pH 2 mL H_2O + 0.5 mL 0.1 mol · L^{-1} NaOH，用 pH 试纸测其 pH 2 mL H_2O + 0.5 mL 6 mol · L^{-1} HCl，用 pH 试纸测其 pH 2 mL H_2O + 0.5 mL 6 mol · L^{-1} NaOH，用 pH 试纸测其 pH		
由 2.可见，缓冲溶液 A、缓冲溶液 B 与水相比，加入同等量的少量酸碱，pH 的变化较小；但加入大量酸碱后 pH 仍会出现较大变化，但变化依然小于水。说明缓冲溶液的性质为(　)		
3. 盐类水解 ①在试管中加入 2 mL 2 mol · L^{-1} NaAc 溶液，滴入 1 滴酚酞，观察溶液颜色。再将试管缓慢加热至沸，观察溶液颜色变化，冷却试管，观察溶液颜色变化 ②在试管中加入 1 mL 去离子水，滴入 5 滴 $BiCl_3$ 溶液并观察现象，再滴加 0.1 mol · L^{-1} HCl 溶液 ③取两支试管，分别加入 0.5 mL 0.1 mol · L^{-1} $Al_2(SO_4)_3$ 溶液和 0.5 mL 0.5 mol · L^{-1} $NaHCO_3$ 溶液，用 pH 试纸测定其 pH，然后将两种溶液混合		
由 3.可见，(　)		

四、思考及讨论

(略)

3.4.3 制备实验——硫酸亚铁铵的制备(例 3)

一、实验目的

(1) 掌握水浴加热、常压过滤和减压过滤、蒸发、结晶等基本操作。
(2) 了解复盐的特征和制备方法。
(3) 了解用目测比色法，进行粗略浓度分析，判断产品质量。

二、实验原理

将过量铁与稀硫酸作用生成硫酸亚铁：

$$Fe + H_2SO_4 \xlongequal{\quad} FeSO_4 + H_2\uparrow$$

向硫酸亚铁溶液中加入硫酸铵并使其全部溶解，加热浓缩制得的混合溶液再冷却，即可得到溶解度较小的硫酸亚铁铵盐晶体：

$$FeSO_4 + (NH_4)_2SO_4 + 6H_2O \xlongequal{\quad} Fe(NH_4)_2(SO_4)_2 \cdot 6H_2O$$

由于 Fe^{3+}能与 SCN^-生成红色的$[Fe(SCN)]^{2+}$，因此用目测比色法可估计产品中所含杂质Fe^{3+}的量。

三、实验步骤

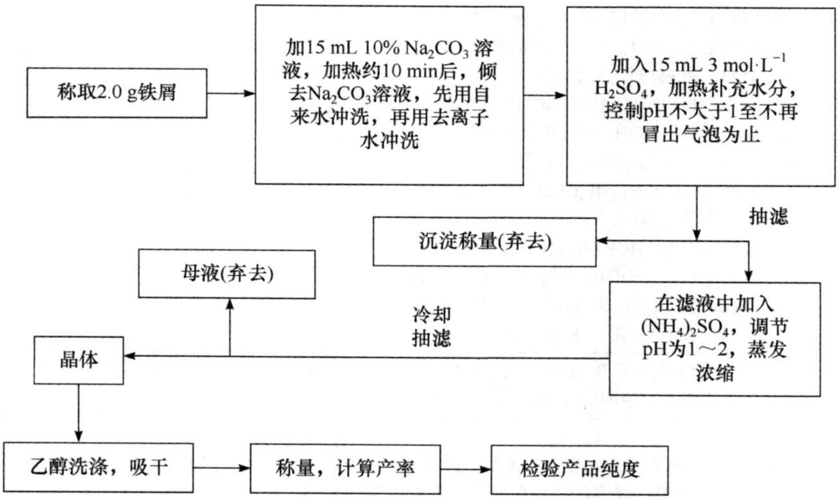

四、实验结果

(1) 产品：外观描述。
(2) 本实验称取铁的量为(　　)g，最后得到的硫酸亚铁铵产量为(　　)g；产率为(　　)%。

五、思考题及讨论

(略)

3.4.4 分析实验——溶液配制和滴定操作练习(例 4)

一、实验目的

(1) 掌握溶液配制方法，学习吸量管(移液管)、容量瓶的使用方法。
(2) 验证酸碱滴定的基本原理和实际操作。

二、实验原理

强酸滴定强碱时，通常选用甲基橙为指示剂进行酸碱滴定；强碱滴定强酸时，通常选用酚酞为指示剂进行酸碱滴定。

三、实验步骤

1. 溶液配制

称取 0.4 g NaOH，加 100 mL H_2O，得到 0.1 mol · L^{-1} NaOH 溶液。
量取 4.2 mL 浓 HCl，加 500 mL H_2O，得到 0.1 mol · L^{-1} HCl 溶液。
准确称取 2.1～2.2 g Na_2CO_3，溶解、稀释至 100 mL，得到 0.1 mol · L^{-1} Na_2CO_3 溶液。
准确量取 10.00 mL 2.000 mol · L^{-1} HAc，稀释至 100 mL，得到 0.1 mol · L^{-1} HAc 溶液。

2. 酸碱滴定

准确量取 25.00 mL 0.1 mol · L^{-1} NaOH 溶液，加入 1～2 滴甲基橙，用 0.1000 mol · L^{-1} HCl 溶液滴至由黄色变为橙色。

准确量取 25.00 mL 0.1 mol · L^{-1} HCl 溶液，加入 1～2 滴酚酞，用 0.1000 mol · L^{-1} NaOH 溶液滴至由无色变为浅红色。

四、实验记录和结果处理

NaOH 溶液浓度的标定

测定序号		1	2	3
NaOH 溶液的浓度/(mol · L^{-1})				
NaOH 溶液的净用量/mL		25.00	25.00	25.00
HCl 操作液的用量	终读数/mL			
	初读数/mL			
	净用量/mL			
NaOH 溶液的浓度/(mol · L^{-1})				
平均值/(mol · L^{-1})				
相对平均偏差				

HCl 溶液浓度的测定

测定序号		1	2	3
NaOH 溶液的浓度/($mol \cdot L^{-1}$)				
NaOH 操作液的用量	终读数/mL			
	初读数/mL			
	净用量/mL			
HCl 溶液的净用量/mL		25.00	25.00	25.00
HCl 溶液的浓度/($mol \cdot L^{-1}$)				
平均值/($mol \cdot L^{-1}$)				
相对平均偏差				

五、思考及讨论

例：本实验必须准确称量的物质是(　　)，原因是(　　)。再由它的浓度判定其他物质的浓度。本实验的不足为(　　)。

第4章 基础实验

实验1 分析天平称量

一、实验目的

(1) 了解分析天平的构造，并熟悉分析天平的使用规则。
(2) 掌握正确的称量方法。
(3) 学会正确使用称量瓶。

二、实验原理

准确测定物体的质量是化学实验的基本操作之一。在不同的实验中，由于对物体质量的准确度要求不同，因此需使用不同精确度的天平进行称量。对于定量分析实验，要求物体质量的称量准确到 0.1 mg，则需要选用精确度高的分析天平。

分析天平是称量范围与读数能力适合于多种分析用天平的总称。分析天平的种类很多，如机械式、电子式、手动式、半自动式、全自动式等。现代实验室多用电子式分析天平(电子天平)。电子天平是根据电磁力补偿原理设计并由微计算机控制，将被测的质量转换成电信号(电压或电流)，经模数转换后，以数字和符号显示出称量的结果。

本实验采用电子天平，如图 4-1 所示。电子天平是根据电磁平衡原理直接称量，全量程不需要砝码，对物体质量可以精确称量到 0.1 mg。根据称量物品的性质不同，可采用直接称量法和减量称量法。

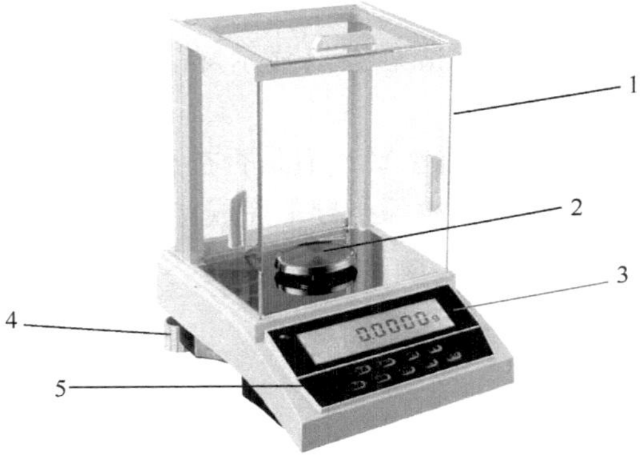

图 4-1 电子天平
1. 侧窗；2. 秤盘；3. 显示屏；4. 水平调节螺丝；5. 按键

1. 直接称量法

在空气中稳定、不易吸潮的试样或试剂(如金属)可用直接称量法在表面皿(或 50 mL 烧杯、经特殊处理的硫酸纸)上直接称取。其方法是：戴上手套，将称量容器直接放在秤盘上，将天平校正为零点，然后用药匙将试样放在表面皿中央，观察显示屏，用食指轻敲(或摩擦)匙柄将试样慢慢抖入直至到达称量质量，显示屏所显示的数值即为质量读数。称量完毕，将试样全部转移到准备好的容器中。

2. 递减称量法

递减称量法用于称取易吸水、易氧化或易与CO_2反应的试样。由于称取的质量是由两次称量之差求得，故也称减量法。其称量方法(见 2. 4. 3 小节，图 2-29)如下：戴上手套，从干燥器中用纸带(或纸片)夹住称量瓶后取出称量瓶(注意：不要让手指直接接触称量瓶和瓶盖)，用纸片夹住称量瓶盖柄，打开瓶盖，用药匙加入适量试样(一般为所称样品量的整数倍)，盖上瓶盖。称出称量瓶加样品后的准确质量。将称量瓶从天平上取出，在接收容器的上方倾斜瓶身，用称量瓶盖轻敲瓶口上部使样品慢慢落入容器中。当倾出的样品接近所需量(可从体积上估计或试重得知)时，一边继续用瓶盖轻敲瓶口，一边逐渐将瓶身竖直，使黏附在瓶口上的样品落回称量瓶，然后盖好瓶盖，准确称其质量。两次质量之差即为样品的质量。按上述方法连续递减，可称量多份样品。有时一次很难得到符合质量范围要求的样品，可重复上述称量操作 1～2 次。

三、仪器和试剂

仪器：电子天平，称量瓶，烧杯，药匙。

试剂：$CaCO_3$，NaCl。

四、实验内容

1. 称量前仪器检查和校准

(1) 取下天平防尘罩并叠放整齐，检查天平内是否干净，秤盘是否正常，用软毛刷清扫秤盘。

(2) 预热。接通电源，预热 30 min 后开启显示屏(此步骤在预备实验室事先完成)，进行操作。

(3) 水平调节。观察水平仪，查看水平气泡是否在正中，若不水平，可调节天平箱下的两个水平调节螺丝，调至水平(建议在教师指导下完成)。

(4) 插好电源，按“ON/OFF”键开启天平，等待天平显示屏幕读数为“0.0000 g”，即可开始称量工作。

2. 直接法称量

要求：所称物体洁净、干燥，不易潮解、升华，无腐蚀性。

将电子天平回零后，戴上手套，将称量瓶放在秤盘中央，关好天平门，待显示屏上的数字稳定，即为所称称量瓶的质量，将该数据(W_1)记录在记录本上。

同法称量小烧杯的质量(W_2)。

3. 固定质量称量法(增量法)称量

要求：试样不吸水，在空气中性质稳定，颗粒细小(粉末)。

将一个干燥、洁净的 50 mL 烧杯放在秤盘上，回零。戴上手套，用药匙将 NaCl 固体放入烧杯内，直至显示 0.5000 g(误差不超过 0.0003 g)。

4. 减量法称量

本实验要求用减量法从称量瓶中准确称量出 0.2～0.3 g 的 $CaCO_3$(称准到小数点后第四位)。

在称量瓶中装入 1 g 左右的 $CaCO_3$(此步骤可以在电子天平上进行)，盖上瓶盖，放在秤盘上，回零。戴上手套，取出称量瓶，用其瓶盖轻轻地敲打瓶口上方，使样品落到一个干净的烧杯中。估计取出的试样在 0.2 g 左右时，边敲打边慢慢竖起称量瓶，盖上瓶盖，将称量瓶再放回秤盘，此时显示屏显示负值，其绝对值为倾入小烧杯中的样品质量。如果倾出的样品质量小于 0.2 g，则取出称量瓶，再次倾出样品，直至符合要求(W_3)；如果样品质量大于 0.3 g，则应倒掉重新称量。

天平回零后，将烧杯连同第一份样品放在秤盘上，称其质量(W_4)。

用同样操作，再倾出一份样品至烧杯中，使其质量为 0.2～0.3 g(W_5)，并核对烧杯及样品质量(W_6)。

用减量法称取每一份试样时，最好在 1～2 次内能倒出所需要的量，以减少试样的损失和吸湿。

5. 数据记录

将所有数据记录在表 4-1 中。

表 4-1 实验 1 数据记录

被称量物质	被称量物质质量/g	试样质量/g
称量瓶	$W_1 =$	
烧杯	$W_2 =$	
第一份试样	$W_3 =$	$m_1 = W_3 =$
烧杯 + 第一份试样	$W_4 =$	$m_1' = W_4 - W_2 =$
第二份试样	$W_5 =$	$m_2 = W_5 =$
烧杯 + 两份试样	$W_6 =$	$m_2' = W_6 - W_4 =$

五、思考题

(1) 什么情况下用直接称量法？什么情况下用减量法？
(2) 热物体能否直接称量？称量时若天平门漏一条小缝隙，称量结果准确吗？
(3) 用减量法称量时，有样品撒落在台面上，称量还有意义吗？

实验 2 溶液配制和滴定操作练习

一、实验目的

(1) 掌握溶液配制方法，学习吸量管(移液管)、容量瓶的使用方法。

(2) 学习和掌握酸碱滴定的基本操作方法，学会正确判断滴定终点。

二、实验原理

溶液的配制一般是将固体试剂溶于水(或其他溶剂)配制成溶液或将液态试剂(或浓溶液)加水稀释为所需的稀溶液。化学实验中的溶液有两类，一类是用来测定物质含量的具有准确浓度的溶液，即标准溶液；另一类用来控制化学反应条件，在样品处理、分离、掩蔽等操作中使用，其浓度不必准确到四位有效数字，这类溶液称为一般溶液，也称为辅助溶液。无论是标准溶液还是一般溶液的配制，首先要计算所需试剂的用量，包括固体试剂的质量或液体试剂的体积，然后再进行配制。

滴定分析原理是将滴定剂(已知准确浓度的标准溶液)滴加到含有被测组分的试液中，直到化学反应完全为止，然后根据滴定剂的浓度和消耗的体积计算被测组分的含量。因此，在滴定分析实验中，必须学会标准溶液的配制和标定、滴定管的正确使用和滴定终点的正确判断。

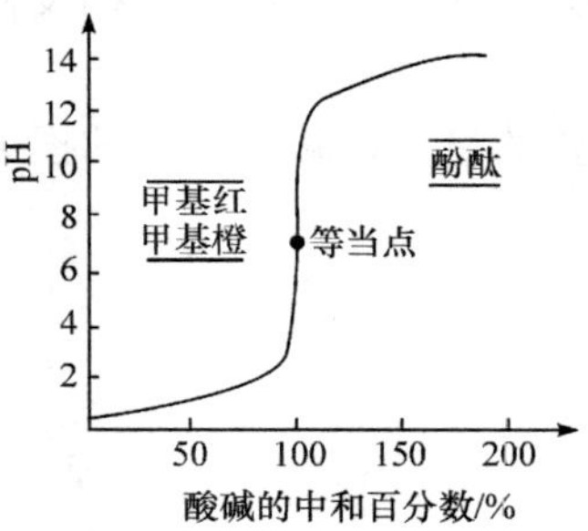

图 4-2 0.1000 mol · L^{-1} NaOH 滴定 0.1000 mol · L^{-1} HCl 的滴定曲线

酸碱滴定法是一种重要的滴定分析方法。在化学分析中，酸度通常是影响分析工作的关键因素之一。

强碱滴定强酸时，如果以酸碱的中和百分数为横坐标、pH 的变化为纵坐标绘制关系曲线，就得到酸碱滴定曲线(图 4-2)。当溶液中 $c(H^+) = c(OH^-)$时，溶液呈中性(滴定等当点)，即为滴定终点。最理想的指示剂应恰好在等当点时变色，以指示反应终点。可选用酚酞(变色范围 pH 8.00～9.60)和甲基橙(变色范围 pH 3.10～4.40)等作指示剂。

三、仪器和试剂

仪器：烧杯，容量瓶，吸量管，移液管，酸式滴定管，碱式滴定管，量筒，试剂瓶，台秤，电子天平，玻璃棒，锥形瓶，洗瓶。

试剂：HCl(浓)，HAc(2 mol · L^{-1})，NaOH(s)，无水 Na_2CO_3，酚酞(0.2%乙醇溶液)，甲基橙(0.2%水溶液)。

四、实验内容

1. 溶液配制

1) 一般溶液的配制

(1) 由固体试剂配制溶液：配制 100 mL 0.1 mol · L^{-1} NaOH 溶液。计算配制 100 mL

0.1 mol · L^{-1} NaOH 溶液需用 NaOH 的量。在台秤上称取后，置于有刻度的烧杯中，加入少量去离子水，用玻璃棒搅拌，溶解后稀释至 100 mL，转入试剂瓶，用橡胶塞塞好瓶口，摇匀，贴上标签。

(2) 由液体试剂配制溶液：配制 500 mL 0.1 mol · L^{-1} HCl 溶液。首先计算配制该体积该浓度需用浓 HCl(12 mol · L^{-1}，相对密度 1.19)多少毫升。用量筒量取浓 HCl 并倒入 500 mL 试剂瓶中，加入约 300 mL 去离子水，摇匀，然后用去离子水稀释至 500 mL，盖上玻璃塞，摇匀，贴上标签。

2) 标准浓度溶液的配制

(1) 由固体试剂(基准物质)配制准确浓度溶液：配制 100.00 mL 0.2000 mol · L^{-1} Na_2CO_3 溶液。在电子天平上准确称量所需的基准物质无水 Na_2CO_3(称样时称量瓶要带盖，以免吸潮)，放在干净的烧杯中，加适量的去离子水使其完全溶解，用玻璃棒引流转移到 100 mL 容量瓶中，用少量去离子水洗涤烧杯、玻璃棒，洗涤液也移入容量瓶中，如此反复两三次，然后加去离子水稀释至容量瓶刻度线，摇匀，最后将溶液倒入试剂瓶中，贴上标签备用。

(2) 由较浓的准确浓度溶液配制较稀的准确浓度溶液：用 2.000 mol · L^{-1} HAc 溶液配制 100.00 mL 0.2000 mol · L^{-1} HAc 溶液。计算所需浓溶液的用量，用吸量管(或移液管)吸取所需体积的浓溶液放入 100 mL 容量瓶中，再加去离子水稀释至容量瓶刻度线，摇匀，倒入试剂瓶，贴上标签。

2. 酸碱滴定

(1) 称取 1.5 g 固体 NaOH，置于 250 mL 烧杯中，用去离子水迅速洗涤两三次，每次用 10～20 mL 去离子水作为洗涤溶液，这样可除去 NaOH 表面少量的 Na_2CO_3。留下的固体 NaOH 用去离子水溶解后，转入试剂瓶中，加去离子水稀释至 250 mL，用橡胶塞塞好瓶口，充分摇匀。

(2) 用洁净的量杯(或量筒)量取约 9 mL 浓 HCl，倒入试剂瓶中，用去离子水稀释至 100 mL，盖上玻璃塞，摇匀。

(3) 用 0.1 mol · L^{-1} NaOH 溶液润洗碱式滴定管两三次，每次 5～10 mL，然后将溶液倒入碱式滴定管中，调好零点。

(4) 用 0.1 mol · L^{-1} HCl 溶液润洗酸式滴定管两三次，每次 5～10 mL，然后将溶液倒入酸式滴定管中，调好零点。

(5) 从碱式滴定管中放出 20.00～25.00 mL NaOH 溶液，注入 250 mL 锥形瓶中，加入 1～2 滴甲基橙指示剂，用 0.1 mol · L^{-1} HCl 溶液滴定至溶液由黄色变为橙色。然后滴入少量 NaOH 溶液，溶液由橙色又变为黄色。再用酸式滴定管滴定少量 HCl 溶液，使溶液由黄色再变成橙色即为终点。如此反复练习操作和观察终点。读准最后所用 HCl 和 NaOH 溶液的体积，并求出滴定时两溶液的体积比 V(HCl)/V(NaOH)。平行滴定 3 份，计算平均结果和相对平均偏差(要求相对平均偏差不大于 0.2%)。

(6) 用移液管吸取 25.00 mL 0.1 mol · L^{-1} HCl 溶液于 250 mL 锥形瓶中，加 1～2 滴酚酞指示剂，用 NaOH 溶液滴定至微红色，30 s 不褪色即为终点。读取所用 NaOH 溶液的体积，准确至 0.01 mL。平行滴定 3 份，要求所用 NaOH 溶液的体积的差值不超过±0.02 mL。

3. HCl 溶液浓度的标定

(1) 将洁净的酸式滴定管用少量上述配制好的近似 0.1 $mol \cdot L^{-1}$ 的 HCl 溶液润洗 2～3 次。然后装入该 HCl 溶液，使液面恰好在刻度“0”或稍低于刻度“0”处。静置 1 min，在实验报告上准确记录滴定管的最初读数。

(2) 取 25 mL 吸量管，用少量上述准确配制的 Na_2CO_3 溶液润洗 2～3 次后，吸取 25.00 mL Na_2CO_3 溶液置于锥形瓶中，加 2 滴甲基橙指示剂，混合均匀。

(3) 从滴定管中将 HCl 溶液滴入锥形瓶中，不断振摇。滴定近终点时，用洗瓶冲洗容器内壁，加热煮沸除去 CO_2，再继续逐滴加入 HCl 溶液，滴至锥形瓶中溶液由黄色恰好变为橙色。静置 1 min，记录滴定管最终读数，前后两次读数之差即为滴定时消耗 HCl 溶液的体积。

(4) 按照上述方法重复两次(两次滴定中，消耗 HCl 溶液的体积相差不超过 0.05 mL)，分别计算出 HCl 溶液的浓度。

(5) 由前面得到的 HCl 溶液和 NaOH 溶液的体积比，以及 HCl 溶液的浓度，计算 NaOH 溶液的准确浓度。

五、思考题

(1) 能否在电子天平上准确称取固体 NaOH 直接配制标准溶液？为什么？

(2) 在滴定分析中，滴定管、移液管为什么需用操作溶液润洗几次？滴定中使用锥形瓶或烧瓶是否也要用操作溶液润洗？

(3) 滴定中指示剂的选择原则是什么？如何操作和判断滴定终点？

实验 3　配位化合物的生成和性质

一、实验目的

(1) 了解配位化合物的生成、组成和解离。

(2) 加深对配位化合物解离平衡及其平衡移动的理解。

(3) 了解螯合物的形成和特性。

(4) 比较配离子和简单离子的性质。

二、实验原理

1. 配位化合物

由中心离子(或原子)与一定数目的离子(或中性分子)以配位键结合成的复杂的化学质点称为配离子(或分子)，含有配离子或分子的化合物称为配位化合物(配合物)，如硫酸四氨合铜(Ⅱ)$[Cu(NH_3)_4]SO_4$、六氰合铁(Ⅲ)酸钾 $K_3[Fe(CN)_6]$等。周期表中的副族元素容易形成配合物。配合物的形成使原物质的某些性质(如颜色、溶解度、pH 等)发生改变。

许多配合物是强电解质，在水中能完全解离成配离子(内界)和外界离子。例如

$$[Cu(NH_3)_4]SO_4 \rightleftharpoons [Cu(NH_3)_4]^{2+} + SO_4^{2-}$$

配离子是一类弱电解质，在溶液中同时存在配位过程和解离过程，即存在配位平衡。

例如

$$[Cu(NH_3)_4]^{2+} \rightleftharpoons Cu^{2+} + 4NH_3$$

$$K_{稳} = \frac{c\{[Cu(NH_3)_4]^{2+}\}/c^{\ominus}}{[c(Cu^{2+})/c^{\ominus}][c(NH_3)/c^{\ominus}]^4}$$

$K_{稳}$ 称为稳定常数，表示配离子的稳定程度，数值越大表示解离程度越小。

配离子的解离平衡可因外界条件(如介质的酸度，加入氧化剂、还原剂或配位剂等)的变化而向生成更难解离或更难溶物质的方向移动。例如

$$[FeF_6]^{3-} + 3OH^- = Fe(OH)_3\downarrow + 6F^-$$

2. 螯合物

螯合物是由中心离子和多齿配体组成的环状配合物，难溶于水而易溶于有机溶剂，常具有特征颜色，可用于检验离子。

三、仪器和试剂

仪器：试管，试管夹，洗瓶，烧杯。

试剂：H_2SO_4(1 mol · L^{-1}、2 mol · L^{-1})，HCl(浓)，氨水(2 mol · L^{-1}、6 mol · L^{-1})，NaOH(2 mol · L^{-1})，$(NH_4)_2C_2O_4$(饱和)，Na_2S(0.1 mol · L^{-1})，KBr(0.1 mol · L^{-1})，$FeCl_3$(0.1 mol · L^{-1})，$CuSO_4$(0.1 mol · L^{-1})，$CuCl_2$(1 mol · L^{-1})，$MgCl_2$(0.1 mol · L^{-1})，$BaCl_2$(1 mol · L^{-1})，NaF(0.1 mol · L^{-1})，NaCl(0.1 mol · L^{-1})，$AgNO_3$(0.1 mol · L^{-1})，KI(0.1 mol · L^{-1})，$Na_2S_2O_3$(1 mol · L^{-1})，KSCN(0.1 mol · L^{-1})，EDTA(0.1 mol · L^{-1})，镁试剂 I 。

四、实验内容

1. 配合物的生成与组成

(1) 向一支试管中加入 5 滴 1 mol · L^{-1} $CuCl_2$ 溶液，然后逐滴加入浓 HCl，观察溶液的颜色变化，写出离子反应方程式，并解释变化原因。

(2) 在一个烧杯中加入约 10 mL 0.1 mol · L^{-1} $CuSO_4$ 溶液，然后逐滴加入 6 mol · L^{-1} 氨水至产生的沉淀溶解并生成深蓝色溶液。再多加几滴氨水，溶液保留做后面实验。

取两支试管，各加入几滴 0.1 mol · L^{-1} $CuSO_4$ 溶液，再分别加入 2 滴 1 mol · L^{-1} $BaCl_2$ 溶液和 2 mol · L^{-1} NaOH 溶液(分别是检验 SO_4^{2-} 和 Cu^{2+}的方法)，观察现象。

取两支试管，各加入几滴前面制备的深蓝色溶液，然后分别加入 2 滴 1 mol · L^{-1} $BaCl_2$ 溶液和 2 mol · L^{-1} NaOH 溶液，观察现象。

比较上面实验现象的差别，写出深蓝色生成物的内界与外界的组成。

(3) 向一支试管中加入 5 滴 0.1 mol · L^{-1} $AgNO_3$ 溶液和 7 滴 1 mol · L^{-1} $Na_2S_2O_3$ 溶液，充分振荡后加入 2 滴 0.1 mol · L^{-1} NaCl 溶液，观察发生的现象。

写出 $AgNO_3$ 与 $Na_2S_2O_3$ 反应生成物的内界和外界。

2. 配离子的解离平衡及其移动、配离子的稳定性

(1) 取前面制备的深蓝色溶液于两支试管中，向一支试管中加入 1～2 滴 0.1 mol · L^{-1} Na_2S 溶液，另一支试管中加入 5 滴 2 mol · L^{-1} H_2SO_4 溶液，观察现象，写出离子方程式，并简单解释原因。

(2) 向一支试管中加入 5 滴 0.1 mol · L^{-1} $FeCl_3$ 溶液，然后加入$(NH_4)_2C_2O_4$饱和溶液至溶液呈淡黄绿色，再加 3 滴 0.1 mol · L^{-1} KSCN 溶液，观察溶液颜色有无变化。最后逐滴加入 1 mol · L^{-1} H_2SO_4 溶液，观察现象，写出离子反应方程式。

(3) 向两支试管中各加入 4 滴 0.1 mol · L^{-1} $FeCl_3$ 溶液，加水稀释，一支加入 1 滴 0.1 mol · L^{-1} KSCN 溶液，另一支滴加 0.1 mol · L^{-1} EDTA 溶液，观察溶液颜色有无变化。再分别逐滴加入 0.1 mol · L^{-1} NaF 溶液，观察溶液颜色有无变化。比较配合物的稳定性。

(4) 向两支试管中各加入 5 滴 0.1 mol · L^{-1} $AgNO_3$ 溶液，然后分别加入 0.1 mol · L^{-1} $Na_2S_2O_3$ 溶液和 2 mol · L^{-1} 氨水，至两种配合物生成。再各加 2 滴 0.1 mol · L^{-1} KBr 溶液，观察沉淀是否变化，比较两种配离子的稳定性，并与稳定常数相对照，得出结论。

(5) 自行设计实验，一步步完成以下转变，写出每步的条件和现象。

$$AgNO_3 \rightarrow AgCl \rightarrow [Ag(NH_3)_2]^+ \rightarrow AgBr \rightarrow [Ag(S_2O_3)_2]^{3-} \rightarrow AgI \rightarrow Ag_2S$$

注意：加溶液要逐滴进行，并边滴边摇，以恰好溶解为宜。

3. 螯合物及其应用

(1) 螯合物的稳定性：取前面制备的深蓝色溶液，逐滴加入 0.1 mol · L^{-1} EDTA 溶液，观察溶液颜色有无变化，比较$[Cu(NH_3)_4]SO_4$和 CuY^{2-}的稳定性。

(2) 鉴定 Mg^{2+}：向试管中加入 2 滴 0.1 mol · L^{-1} $MgCl_2$ 溶液，稍稀释后加入 2 滴 2 mol · L^{-1} 氨水(使溶液呈碱性)，再滴入 3 滴镁试剂Ⅰ，观察生成的蓝色螯合物，证明 Mg^{2+} 的存在。

五、思考题

(1) 配位化合物是怎样形成的？与复盐有什么区别？配离子与简单离子有什么区别？如何证明？

(2) 有哪些因素可使配位化合物的解离平衡发生移动？举例说明。

(3) 什么是螯合物？有什么特征？

实验 4　解 离 平 衡

一、实验目的

(1) 深化对解离平衡的理解。

(2) 掌握缓冲溶液的原理与配制方法。

(3) 掌握同离子效应、盐类水解现象，并会用平衡移动的原理解释现象。

(4) 进一步了解指示剂及 pH 试纸的使用方法。

二、实验原理

1. 弱电解质的解离平衡

弱酸或弱碱在水中部分解离：$AB \rightleftharpoons A^+ + B^-$。温度、弱电解质浓度 $c(AB)$ 及水溶液中 A^+、B^- 的浓度等因素可以影响其解离平衡的移动。解离反应是吸热反应，升高温度可以使平衡向解离方向移动；增大 A^+、B^- 浓度则使平衡向生成 AB 的方向移动，这种影响称为同离子效应。利用同离子效应可以使弱电解质的解离度减小，也可以使难溶电解质的溶解度减小。

2. 缓冲溶液

弱酸、弱碱及其盐可以组成缓冲溶液，缓冲溶液的特点是能抵御少量外来酸碱而保持 pH 基本不变。其相应的计算公式为

$$pH = pK_a + \lg(c_{盐} / c_{酸}) \qquad pOH = pK_b + \lg(c_{盐} / c_{碱})$$

当 $c_{盐} / c_{酸}$ 或 $c_{盐} / c_{碱}$ 的值为 0.1～10 时，缓冲溶液才具有较大的缓冲作用。因此，配制缓冲溶液选择的弱电解质的 K 和缓冲溶液的 pH 的关系为

$$pH = pK_a \pm 1 \qquad pOH = pK_b \pm 1$$

缓冲溶液的缓冲能力是有限的，大量的、超出范围的酸碱会使溶液的缓冲能力丧失。

3. 盐类水解

盐类会因为水解而显出酸碱性，强碱弱酸盐呈碱性，强酸弱碱盐呈酸性，弱酸弱碱盐的酸碱性则由其正、负离子各自所对应的共轭酸碱的 K_b、K_a 的相对大小决定。例如，NH_4Ac 呈中性($K_b \approx K_a$)，而$(NH_4)_2S$ 呈碱性($K_b < K_a$)。盐类水解相应生成的弱酸弱碱越弱，则水解越强烈。弱酸弱碱盐的正、负离子可以发生双水解，使水解平衡强烈正向移动。

水解反应是吸热反应，因此升高温度可以使平衡向水解方向移动。在水解平衡中增加或减少反应物或生成物的量也能使平衡移动。例如

$$BiCl_3 + H_2O \xlongequal{} BiOCl\downarrow(白色) + 2HCl$$

为了防止水解，可以在系统中加入酸，使 $c(H^+)$增大，从而抑制平衡右移。

当强酸弱碱盐和强碱弱酸盐相遇，可以相互促进水解。例如

$$2Al^{3+} + 3CO_3^{2-} + 6H_2O \xlongequal{} 2Al(OH)_3\downarrow + 3CO_2\uparrow + 3H_2O$$

反应进行得十分彻底。

三、仪器和试剂

仪器：试管，试管夹，量筒，烧杯，酒精灯，点滴板，药匙，玻璃棒。

试剂：氨水($0.1\ mol \cdot L^{-1}$)，NaOH($0.1\ mol \cdot L^{-1}$、$6\ mol \cdot L^{-1}$)，HCl($0.1\ mol \cdot L^{-1}$、$6\ mol \cdot L^{-1}$)，HAc($0.1\ mol \cdot L^{-1}$、$2\ mol \cdot L^{-1}$)，NaAc($0.1\ mol \cdot L^{-1}$、$2\ mol \cdot L^{-1}$)，$Al_2(SO_4)_3$($0.1\ mol \cdot L^{-1}$)，$NaHCO_3$($0.5\ mol \cdot L^{-1}$)，$BiCl_3$ 溶液，NH_4Ac(s)，酚酞，甲基橙。

四、实验内容

1. 弱电解质的解离平衡

(1) 在试管中加入 10 滴 0.1 mol · L^{-1} 氨水，滴入 1 滴酚酞，观察颜色变化。再加入少量 NH_4Ac 固体，振荡试管，观察颜色变化。解释原因。

(2) 在试管中加入 10 滴 0.1 mol · L^{-1} HAc 溶液，滴入 1 滴甲基橙，观察颜色变化。再加入少量 NH_4Ac 固体，振荡试管，观察颜色变化。解释原因。

2. 缓冲溶液

(1) 按表 4-2 中数据在烧杯 1 和烧杯 2 中配两组缓冲溶液，搅拌均匀后，用 pH 试纸分别测定两组溶液的 pH，并与计算值进行比较。

表 4-2　缓冲溶液的 pH

实验编号	酸(10 mL)	盐(10 mL)	计算 pH	实测 pH
1	2 mol · L^{-1} HAc	2 mol · L^{-1} NaAc		
2	0.1 mol · L^{-1} HAc	0.1 mol · L^{-1} NaAc		

(2) 将上述两组溶液等分为 5 份，各取组一、组二及等量去离子水，按照表 4-3 中的操作加入不同液体并测其 pH，填入表 4-3 中。

表 4-3　待测溶液及其 pH 测定值

实验内容	pH 测定值		
	组一	组二	去离子水
加入 0.5 mL 去离子水			
加入 0.5 mL 0.1 mol · L^{-1} HCl			
加入 0.5 mL 0.1 mol · L^{-1} NaOH			
加入 0.5 mL 6 mol · L^{-1} HCl			
加入 0.5 mL 6 mol · L^{-1} NaOH			

比较表 4-3 的数据并与表 4-2 中的 pH 对比，体会缓冲溶液浓度与缓冲能力的关系，体会“缓冲能力是有限的”。

(3) 自行设计实验，配制 pH = 9 的缓冲溶液，并证明其 pH 和缓冲能力。

3. 盐类水解

(1) 在试管中加入 2 mL 2 mol · L^{-1} NaAc 溶液，滴入 1 滴酚酞，观察溶液颜色。再将试管缓慢加热至沸，观察溶液颜色变化，冷却试管，再观察溶液颜色变化。解释实验现象。

(2) 在试管中加入 1 mL 去离子水，滴入 5 滴 $BiCl_3$ 溶液并观察现象，再滴加 0.1 mol · L^{-1} HCl 溶液，又出现什么现象？解释原因，并由此说明如何防止盐类水解。

(3) 取两支试管，分别加入 0.5 mL 0.1 mol · L^{-1} $Al_2(SO_4)_3$ 溶液和 0.5 mL 0.5 mol · L^{-1} $NaHCO_3$ 溶液，用 pH 试纸测定其 pH，然后将两种溶液混合，观察并解释实验现象。

五、思考题

(1) 什么是同离子效应？哪些情况会产生同离子效应？在 $CaCO_3$ 饱和溶液中加入 Na_2CO_3 是否产生同离子效应？有什么现象？

(2) 什么是缓冲溶液？NaH_2PO_4 与 Na_2HPO_4 的混合溶液是否是缓冲溶液？

(3) 盐类水解是怎样产生的？可以采取哪些措施防止盐类发生水解？

(4) 欲配制 $BiCl_3$ 溶液，能否将 $BiCl_3$ 固体直接溶于水？

实验 5 溶解平衡

一、实验目的

(1) 理解难溶电解质的溶解平衡，熟练掌握溶度积规则。

(2) 了解难溶电解质的转化规律。

(3) 掌握离心机的操作方法。

二、实验原理

在难溶电解质的饱和溶液中，如果还有未溶解的难溶电解质固体，则溶解后的离子与未溶解的固体之间存在沉淀溶解平衡。例如，在含有 AgCl 固体的 AgCl 饱和溶液中存在如下平衡：

$$AgCl(s) \rightleftharpoons Ag^+(aq) + Cl^-(aq)$$

其标准平衡常数表达式为

$$K_{sp}^{\ominus} = [c^{eq}(Ag^+)/c^{\ominus}][c^{eq}(Cl^-)/c^{\ominus}] \quad (饱和溶液)$$

式中，$K_{sp}^{\ominus}$ 为标准溶度积。

当溶液处于非饱和态(未饱和或过饱和)时，则用 Q_c 表示离子积，其表达式为

$$Q_c = [c(Ag^+)/c^{\ominus}][c(Cl^-)/c^{\ominus}] \quad (非饱和溶液)$$

可比较离子积与溶度积的大小判断沉淀的生成和溶解，这一判断称为溶度积规则，即

$Q_c > K_{sp}^{\ominus}$，有沉淀生成；

$Q_c = K_{sp}^{\ominus}$，饱和溶液；

$Q_c < K_{sp}^{\ominus}$，溶液不饱和或沉淀溶解。

从溶度积规则可知：若要生成某一难溶电解质的沉淀，就需设法增大它的某种离子的浓度，使其离子浓度(以其系数为指数)的乘积 Q_c(离子积)大于它的 $K_{sp}^{\ominus}$；反之，要使沉淀溶解，就要设法降低它的某种离子浓度，使其离子积 Q_c 小于 $K_{sp}^{\ominus}$。

若溶液中的几种离子都能与加入的某种试剂(沉淀剂)反应生成沉淀，当逐滴加入沉淀剂时出现各离子依先后次序沉淀的现象，称为分步沉淀。分步沉淀的次序为：需要沉淀剂浓度较小的难溶电解质先析出沉淀，需要沉淀剂浓度较大的后析出沉淀。

在含有一种难溶电解质沉淀的溶液中加入某种试剂，使其转化为另一种难溶电解质沉淀的过程称为沉淀的转化。沉淀转化的方向为溶解度较大的难溶电解质沉淀转化为溶解度较小

的难溶电解质沉淀。

三、仪器和试剂

仪器：试管，离心试管，离心机，试管夹，酒精灯。

试剂：HCl(2 mol · L^{-1})，H_2S(饱和)，氨水(2 mol · L^{-1})，$NaOH$(2 mol · L^{-1})，$AgNO_3$(0.1 mol · L^{-1})，K_2CrO_4(0.1 mol · L^{-1})，$NaCl$(0.1 mol · L^{-1})，$CaCl_2$(0.01 mol · L^{-1})，Na_2S(0.1 mol · L^{-1})，Na_2CO_3(0.01 mol · L^{-1})，$MgCl_2$(0.1 mol · L^{-1})，NH_4Cl(2 mol · L^{-1})，$MnSO_4$(0.1 mol · L^{-1})，$FeCl_3$(0.1 mol · L^{-1})，$NiCl_2$(0.1 mol · L^{-1})，KBr(0.1 mol · L^{-1})，$Na_2S_2O_3$(2 mol · L^{-1})，广范 pH 试纸。

四、实验内容

1. 沉淀的生成和溶解

(1) 取两支试管各加入 5 mL 去离子水，然后分别滴入 1 滴 0.01 mol · L^{-1} $CaCl_2$ 溶液和 1 滴 0.01 mol · L^{-1} Na_2CO_3 溶液，并摇匀。将两试管中的溶液混合，观察有无沉淀生成。

向离心试管中加入 1 mL 0.01 mol · L^{-1} $CaCl_2$ 溶液和 1 mL 0.01 mol · L^{-1} Na_2CO_3 溶液，振荡试管，观察沉淀的生成。用离心机离心分离后，将上层清液注入另一试管中，在遗留的沉淀中加入 2 mol · L^{-1} HCl 溶液，观察沉淀的溶解。向清液中滴加数滴 0.01 mol · L^{-1} $CaCl_2$ 溶液，观察沉淀的生成。解释上述现象，写出有关反应方程式。

(2) 取两支试管各加入 5 滴 0.1 mol · L^{-1} $MnSO_4$ 溶液，然后分别滴加 H_2S 饱和溶液或 0.1 mol · L^{-1} Na_2S 溶液，观察哪支试管有沉淀生成。在有沉淀的试管中加入 2～3 滴 2 mol · L^{-1} HCl 溶液，观察现象，用溶度积规则解释原因。

(3) 取两支试管各加入 1 mL 0.1 mol · L^{-1} $MgCl_2$ 溶液，然后分别滴入数滴 2 mol · L^{-1} 氨水，至产生沉淀为止；再向其中一支试管中滴加 2 mol · L^{-1} NH_4Cl 溶液，至沉淀消失为止；向另一支试管中滴加 2 mol · L^{-1} HCl 溶液，至沉淀消失为止。用平衡移动的观点解释现象。

2. 分步沉淀

(1) 在离心试管中加入 3 mL 去离子水，然后滴入 1 滴 0.1 mol · L^{-1} NaCl 溶液和 1 滴 0.1 mol · L^{-1} K_2CrO_4 溶液，摇匀后，边振荡边滴入 3 滴 0.1 mol · L^{-1} $AgNO_3$ 溶液，观察白色沉淀的生成；离心分离，再向清液中滴加 $AgNO_3$ 溶液，至生成砖红色沉淀为止。解释上述实验现象，写出反应方程式。

(2) 在试管中加入 3 mL 0.1 mol · L^{-1} $FeCl_3$ 溶液和 3 mL 0.1 mol · L^{-1} $NiCl_2$ 溶液，摇匀。利用生成氢氧化物沉淀的方法分离 Fe^{3+}和 Ni^{2+}，先算出应控制的 pH 范围，然后写出控制酸度的方法、分离和验证分离效果的实验步骤，再进行实验并记录观察到的现象，写出反应方程式。

3. 沉淀的转化

在离心试管中加入 5 滴 0.1 mol · L^{-1} $AgNO_3$ 溶液和 5 滴 0.1 mol · L^{-1} K_2CrO_4 溶液，振荡试管，观察沉淀颜色。离心分离，弃去清液，向沉淀上滴加 0.1 mol · L^{-1} NaCl 溶液，边加边振荡直到砖红色沉淀消失、白色沉淀生成为止。解释现象，写出有关的反应方程式。

4. 沉淀配位平衡

在试管中加入 10 滴 0.1 mol · L^{-1} $AgNO_3$ 溶液，滴入 1 滴 0.1 mol · L^{-1} NaCl 溶液，观察白色沉淀的生成，然后滴入数滴 2 mol · L^{-1} 氨水至白色沉淀溶解；再向试管中滴加 0.1 mol · L^{-1} KBr 溶液，至沉淀生成，然后滴入数滴 2 mol · L^{-1} $Na_2S_2O_3$ 溶液至沉淀溶解。解释上述实验现象，写出反应方程式。

五、思考题

(1) 离心分离操作中应注意什么问题?
(2) 在分步沉淀中，溶度积小的难溶电解质一定先沉淀析出吗？试举例说明。
(3) 分析溶解度与溶度积定义的异同点，推导出溶解度与溶度积的换算公式。

实验 6　氧化还原反应

一、实验目的

(1) 应用电极电势判断氧化剂、还原剂的相对强弱及氧化还原反应的方向。
(2) 了解浓度、酸度对电极电势及氧化还原反应方向、速率的影响。

二、实验原理

电极电势是讨论氧化还原反应时常用的一组数据。目前，每个氧化还原电对的电极电势绝对值还无法测得，只能用其相对值代替。

氧化还原电对的标准电极电势可用来比较氧化剂和还原剂的相对强弱，电极电势较大的氧化态物质的氧化性较强，电极电势较小的还原态物质的还原性较强。氧化还原电对的标准电极电势也可用来判断氧化还原反应的方向，电极电势大的氧化态物质与电极电势小的还原态物质可自发进行氧化还原反应，生成相应的还原态物质和氧化态物质。

例如，根据下列氧化还原电对的标准电极电势：

$$SO_4^{2-} + 4H^+ + 2e^- = H_2SO_3 + H_2O \qquad \varphi^\ominus = 0.170\ V$$

$$H_2SO_3 + 4H^+ + 4e^- = S + 3H_2O \qquad \varphi^\ominus = 0.45\ V$$

$$Br_2 + 2e^- = 2Br^- \qquad \varphi^\ominus = 1.087\ V$$

$$I_2 + 2e^- = 2I^- \qquad \varphi^\ominus = 0.535\ V$$

$$Fe^{3+} + e^- = Fe^{2+} \qquad \varphi^\ominus = 0.771\ V$$

$$2IO_3^- + 12H^+ + 10e^- = I_2 + 6H_2O \qquad \varphi^\ominus = 1.195\ V$$

$$Cl_2 + 2e^- = 2Cl^- \qquad \varphi^\ominus = 1.358\ V$$

可知 Cl_2 与 I^-可自发进行氧化还原反应，生成的单质碘溶于 CCl_4 中，使 CCl_4 层呈紫红色；Cl_2 与 I_2 也可自发进行氧化还原反应，单质碘被氧化成 IO_3^-；I_2 也可作为氧化剂与 H_2SO_3 自发进行氧化还原反应。

当氧化剂电对与还原剂电对的标准电极电势相差较小时，还应考虑离子浓度对电极电势的影响；对于有 H^+或 OH^-参加的氧化还原反应，还应考虑酸度的影响。

浓度、酸度与电极电势的关系可用能斯特方程表示，25 ℃时

$$d\mathrm{D}\,(\text{氧化态}) + ne^- \rightleftharpoons g\mathrm{G}\,(\text{还原态})$$

$$\varphi = \varphi^{\ominus} - \frac{0.0592\ \mathrm{V}}{n}\lg\frac{[c(\mathrm{G})(\text{还原态})/c^{\ominus}]^g}{[c(\mathrm{D})(\text{氧化态})/c^{\ominus}]^d}$$

三、仪器和试剂

仪器：试管，试管夹，烧杯，玻璃棒。

试剂：H_2SO_4(2 mol · L^{-1})，HAc(2 mol · L^{-1})，NaOH(6 mol · L^{-1})，$MnSO_4$(0.1 mol · L^{-1})，$KMnO_4$(0.01 mol · L^{-1})，KI(0.1 mol · L^{-1})，KBr(0.1 mol · L^{-1})，$FeCl_3$(0.1 mol · L^{-1})，H_2O_2(3%)，氯水(饱和)，溴水，碘水，CCl_4，$NaBiO_3$(s)，Na_2SO_3(s)，NH_4F(s)。

四、实验内容

1. 电极电势与氧化还原反应的关系

(1) 在试管中加入 1 mL 0.1 mol · L^{-1} KI 溶液，然后滴入 2 滴 0.1 mol · L^{-1} $FeCl_3$ 溶液并混匀，再加入 1 mL CCl_4，充分振荡试管，观察 CCl_4 层的颜色有什么变化。解释现象，写出反应方程式。

(2) 用 0.1 mol · L^{-1} KBr 溶液代替 KI 溶液，重复上述实验，观察并解释现象。

(3) 在试管中加入 1 mL 0.1 mol · L^{-1} KBr 溶液，然后滴入 5 滴氯水并混匀，再加入 1 mL CCl_4，振荡试管。观察并解释现象，写出反应方程式。

根据上述实验现象定性地比较 Fe^{3+}/Fe^{2+}、Cl_2/Cl^-、Br_2/Br^-、I_2/I^-氧化还原电对的电极电势大小，并指出哪种物质是最强氧化剂、哪种物质是最强还原剂。

(4) 在两支试管中各加入 1 滴 0.1 mol · L^{-1} KI 溶液、10 滴 CCl_4，边振荡试管边逐滴加入氯水，至 CCl_4 层呈紫红色为止。然后向其中一支试管继续逐滴加入氯水，至 CCl_4 层褪色为止。再向另一支试管中加入少量 Na_2SO_3 固体，振荡试管，观察 CCl_4 层的颜色变化。解释现象，写出反应方程式。

2. 浓度对电极电势、氧化还原反应的影响

在两支试管中各加入 1 mL 0.1 mol · L^{-1} $FeCl_3$ 溶液、1 mL 0.1 mol · L^{-1} KI 溶液、1 mL CCl_4，振荡试管，观察 CCl_4 层的颜色。再向其中一支试管中加入少量 NH_4F 固体，振荡试管，观察 CCl_4 层的颜色，并与另一支试管进行比较，解释现象。

3. 酸度对氧化还原反应速率的影响

在两支试管中各加入 1 mL 0.1 mol · L^{-1} KBr 溶液，然后分别滴入 10 滴 2 mol · L^{-1} H_2SO_4 溶液、10 滴 2 mol · L^{-1} HAc 溶液，再各滴入 2 滴 0.01 mol · L^{-1} $KMnO_4$ 溶液，振荡试管。观察并比较两支试管中紫红色变化的快慢，解释现象。

4. 介质对氧化还原反应产物的影响

根据实验室准备的药品设计实验，说明在酸性、中性、碱性介质中 $KMnO_4$ 与适当还原

剂反应的还原产物是不同的。

五、思考题

(1) 如何测定电极电势？减小 Zn^{2+}浓度对 $\varphi_{Zn^{2+}/Zn}$ 有什么影响？

(2) 比较 Fe^{3+}/Fe^{2+}、Cl_2/Cl^-、Br_2/Br^-、I_2/I^-氧化还原电对的标准电极电势相对大小，并说明电极电势与氧化还原反应的关系。

(3) 电动势越大，反应是否进行得越快？

(4) 电极电势有哪些作用？

实验7 锡、铅元素的性质

一、实验目的

(1) 了解锡(Ⅱ)、铅(Ⅱ)氢氧化物的酸碱性。

(2) 了解锡(Ⅱ)的强还原性和铅(Ⅳ)的强氧化性，以及铅难溶盐的生成和性质。

二、实验原理

锡、铅是周期表中 p 区ⅣA 族元素，都能形成+2 和+4 氧化数的化合物。锡和铅均具两性。$Sn(OH)_2$ 和 $Pb(OH)_2$ 均为两性氢氧化物。Sn(Ⅱ)比 Pb(Ⅱ)还原性强，无论在酸性还是碱性介质中，Sn(Ⅱ)均具有还原性。Pb(Ⅳ)的氧化物 PbO_2 是常用的氧化剂。铅盐多数难溶。

三、仪器和试剂

仪器：离心机，水浴锅，离心试管，试管，酒精灯。

试剂：$SnCl_2 \cdot 2H_2O$ (s)，PbO_2(s)，$SnCl_2$(0.1 mol · L^{-1})，NaOH (2 mol · L^{-1}、6 mol · L^{-1})，HNO_3(2 mol · L^{-1}、6 mol · L^{-1})，$Pb(NO_3)_2$(0.1 mol · L^{-1})，HCl(浓、6 mol · L^{-1})，$HgCl_2$(0.1 mol · L^{-1})，$MnSO_4$(0.1 mol · L^{-1})，HAc(6 mol · L^{-1})，K_2SO_4(0.1 mol · L^{-1})，NH_4Ac(饱和)，Na_2S(0.1 mol · L^{-1})，多硫化铵(0.1 mol · L^{-1})。

四、实验内容

1. 锡、铅氢氧化物的酸碱性

在三支试管中分别加入 5 滴 0.1 mol · L^{-1} $SnCl_2$溶液，再各加 2 mol · L^{-1} NaOH 溶液至生成白色沉淀，观察 $Sn(OH)_2$ 沉淀的生成。分别试验 $Sn(OH)_2$ 与 2 mol · L^{-1} NaOH 溶液和 6 mol · L^{-1} NaOH 溶液及 2 mol · L^{-1} HNO_3溶液的作用，观察沉淀是否溶解。

用 0.1 mol · L^{-1} $Pb(NO_3)_2$溶液代替 0.1 mol · L^{-1} $SnCl_2$溶液进行同样的实验，分别记录实验结果，并比较它们的酸碱性。

2. 锡(Ⅱ)的还原性和铅(Ⅳ)的氧化性

1) 氯化亚锡的水解

将少量 $SnCl_2 \cdot 2H_2O$ 晶体溶于蒸馏水中静置，观察现象，加入 6 mol · L^{-1} HCl 溶液，又

有什么变化？写出反应方程式，并加以解释。

2) 氯化亚锡的还原性

向 5 滴 0.1 mol · L^{-1} $HgCl_2$ 溶液中逐滴加入 0.1 mol · L^{-1} $SnCl_2$ 溶液，生成白色的 Hg_2Cl_2 沉淀。继续加过量的 0.1 mol · L^{-1} $SnCl_2$ 溶液，然后放置 2～3 min，Hg_2Cl_2 进一步被还原为 Hg。这一反应常用于 Sn^{2+}和 Hg^{2+}的鉴定。

3) 二氧化铅的氧化性

(1) 取少量 PbO_2 固体与浓 HCl 作用，观察现象，写出反应方程式。

(2) 在试管中加 1 滴 0.1 mol · L^{-1} $MnSO_4$ 溶液和 1 mL 6 mol · L^{-1} HNO_3 溶液，再加少量 PbO_2 固体，搅拌，将试管放在水浴上加热，发生什么变化？写出反应方程式。

3. 铅(Ⅱ)、锡(Ⅱ)的难溶化合物

(1) 向 2 滴 0.1 mol · L^{-1} $Pb(NO_3)_2$ 溶液中加入 1 mL 6 mol · L^{-1} HCl 溶液，观察产物的颜色和状态，用蒸馏水稀释到 3 mL 呈浑浊后，加热试管，沉淀是否溶解？再将它放置冷却，又有什么变化？说明 $PbCl_2$ 溶解度与温度的关系。

(2) 向 1 mL 0.1 mol · L^{-1} $Pb(NO_3)_2$ 溶液中加入 0.5 mL 6 mol · L^{-1} HAc 溶液，滴加 0.1 mol · L^{-1} K_2SO_4 溶液，观察产物的颜色和状态。分别试验沉淀与 6 mol · L^{-1} HNO_3 溶液和 6 mol · L^{-1} NaOH 溶液的反应。

(3) 向 5 滴 0.1 mol · L^{-1} $Pb(NO_3)_2$ 溶液中加入 5 滴 0.1 mol · L^{-1} K_2SO_4 溶液，观察产物的颜色和状态，试验沉淀是否溶于 NH_4Ac 饱和溶液中，写出反应方程式。

(4) 向两支离心管中各加入 5 滴 0.1 mol · L^{-1} $Pb(NO_3)_2$ 溶液，再各加入数滴 0.1 mol · L^{-1} Na_2S 溶液。观察产物的颜色和状态，离心分离，弃去清液，分别试验它们与 6 mol · L^{-1} HNO_3 溶液和 0.1 mol · L^{-1} 多硫化铵溶液的作用，写出反应方程式。

(5) 用 0.1 mol · L^{-1} $SnCl_2$ 溶液代替 $Pb(NO_3)_2$ 溶液，重复实验(4)。观察现象，写出反应方程式。

五、思考题

(1) 实验室配制 $SnCl_2$ 溶液时，为什么既要加盐酸又要加锡粒？

(2) 如何鉴别下列物质？

①$BaSO_4$ 与 $PbSO_4$；②$BaCrO_4$ 与 $PbCrO_4$。

(3) 验证 $Pb(OH)_2$ 的酸碱性应使用什么酸？为什么？

实验 8　铬、锰元素的性质

一、实验目的

(1) 了解 Cr(Ⅲ)、Mn(Ⅱ)的氢氧化物的生成及性质。

(2) 了解铬化合物的氧化还原性。

(3) 了解微溶酸盐的生成和溶解。

(4) 了解锰的各种价态化合物的性质及它们之间相互转化的条件。

二、实验原理

铬(Ⅲ)氢氧化物具有明显的两性，饱和溶液中有如下综合平衡：

$$Cr^{3+} + 3OH^- \rightleftharpoons Cr(OH)_3 \rightleftharpoons H^+ + CrO_2^- + H_2O$$

(蓝紫色或灰绿色) (灰绿色) (亮绿色)

铬(Ⅲ)在碱性介质中还原性较强，易被 H_2O_2、NaClO 等氧化为黄色的 CrO_4^{2-}：

$$2CrO_2^- + 3H_2O_2 + 2OH^- = 2CrO_4^{2-} + 4H_2O$$

铬(Ⅵ)含氧酸盐在酸性介质中具有强氧化性，可氧化 Fe^{2+}、H_2SO_3 等多种还原剂，本身被还原为 Cr^{3+}。例如

$$Cr_2O_7^{2-} + 6Fe^{2+} + 14H^+ = 2Cr^{3+} + 6Fe^{3+} + 7H_2O$$

CrO_4^{2-} 和 $Cr_2O_7^{2-}$ 在水溶液中存在如下缩合水解平衡：

$$2CrO_4^{2-}(\text{黄色}) + 2H^+ = Cr_2O_7^{2-}(\text{橙色}) + H_2O$$

因为钡、铅、银的铬酸盐远比相应的重铬酸盐难溶于水，所以向 Cr(Ⅵ)含氧酸盐中加入钡、铅、银盐溶液，都沉淀出铬酸盐：

$$\left.\begin{matrix} Pb^{2+} \\ Ba^{2+} \\ Ag^+ \end{matrix}\right\} \xrightarrow{+\ CrO_4^{2-}\text{或}Cr_2O_7^{2-}} \left\{\begin{matrix} BaCrO_4\downarrow\ (\text{柠檬黄}) \\ PbCrO_4\downarrow\ (\text{铬黄}) \\ Ag_2CrO_4\downarrow(\text{砖红色}) \end{matrix}\right.$$

在酸性溶液中，$Cr_2O_7^{2-}$ 与 H_2O_2 作用生成蓝色过氧化铬 $CrO(O_2)_2$(或 CrO_5)：

$$Cr_2O_7^{2-} + 4H_2O_2 + 2H^+ = 2CrO_5 + 5H_2O$$

这个反应常用于鉴定 $Cr_2O_7^{2-}$ 或 Cr^{3+}，CrO_5 在乙醚中较稳定。

$KMnO_4$ 是最常用的强氧化剂之一，加热时常分解放出氧气。它在酸性、中性、碱性介质中都有强氧化性，只是还原产物有所不同。例如

$$2MnO_4^- + 5SO_3^{2-} + 6H^+ = 2Mn^{2+} + 5SO_4^{2-} + 3H_2O$$

$$2MnO_4^- + 3SO_3^{2-} + H_2O = 2MnO_2\downarrow + 3SO_4^{2-} + 2OH^-$$

$$2MnO_4^- + SO_3^{2-} + 2OH^- = 2MnO_4^{2-}\downarrow + SO_4^{2-} + H_2O$$

MnO_4^- 与 Mn^{2+}发生反应生成 MnO_2：

$$2MnO_4^- + 3Mn^{2+} + 2H_2O = 5MnO_2\downarrow + 4H^+$$

在酸性介质中，MnO_2 是较强的氧化剂，它可以氧化 H_2SO_3 及其盐，甚至可与浓 HCl 作用放出 Cl_2。

Mn(Ⅱ)在酸性介质中稳定。向 Mn(Ⅱ)盐溶液中加碱，生成白色 $Mn(OH)_2$，后者迅速被空气氧化成棕黑色的水合 MnO_2[习惯上写成 $MnO(OH)_2$]：

$$Mn^{2+} + 2OH^- = Mn(OH)_2\downarrow$$

$$2Mn(OH)_2 + O_2 = 2MnO(OH)_2\downarrow$$

在强酸性介质 HNO_3 中，Mn^{2+}可被 $NaBiO_3$、PbO_2 等强氧化剂氧化为 MnO_4^-：

$$5NaBiO_3 + 2Mn^{2+} + 14H^+ \longrightarrow 2MnO_4^- + 5Bi^{3+} + 5Na^+ + 7H_2O$$

据此可以鉴定 Mn^{2+}。

三、仪器和试剂

仪器：离心机，离心试管，酒精灯，多用滴管，试管。

试剂：Na_2SO_3(s)，$NaBiO_3$(s)，HCl(2 mol · L^{-1})，H_2SO_4(2 mol · L^{-1})，HNO_3(2 mol · L^{-1}、6 mol · L^{-1})，NaOH(2 mol · L^{-1}、6 mol · L^{-1})，$NH_3 \cdot H_2O$(2 mol · L^{-1})，铬钾矾[$KCr(SO_4)_2$](0.1 mol · L^{-1})，Na_2S(0.5 mol · L^{-1})，$K_2Cr_2O_7$(0.1 mol · L^{-1})，K_2CrO_4(0.1 mol · L^{-1})，$AgNO_3$(0.1 mol · L^{-1})，$BaCl_2$(0.1 mol · L^{-1})，$Pb(NO_3)_2$(0.1 mol · L^{-1})，Na_2SO_3(0.1 mol · L^{-1})，$MnSO_4$(0.1 mol · L^{-1})，NH_4Cl(2 mol · L^{-1})，$KMnO_4$(0.1 mol · L^{-1})，$FeSO_4$(0.1 mol · L^{-1})，H_2O_2(3%)，乙醚(公用)，KI-淀粉试纸，$Pb(Ac)_2$ 试纸。

四、实验内容

1. Cr(Ⅲ)化合物的性质

1) 氢氧化铬(Ⅲ)的酸碱性

向分别盛有 5 滴 0.1 mol · L^{-1} 铬钾矾溶液的两支试管中加入 10 滴 2 mol · L^{-1} $NH_3 \cdot H_2O$，观察沉淀的颜色。

向一份沉淀中加入几滴 2 mol · L^{-1} HCl 溶液，有什么变化？向另一份沉淀中加入几滴 2 mol · L^{-1} NaOH 溶液，沉淀是否溶解？写出反应方程式，解释现象。

2) 三价铬盐的水解作用

向盛有 5 滴 0.1 mol · L^{-1} 铬钾矾溶液的试管中滴加 0.5 mol · L^{-1} Na_2S 溶液，观察产物的颜色和状态[产物是 $Cr(OH)_3$ 而不是 Cr_2S_3]。

3) 三价铬盐的还原性

向 10 滴 0.1 mol · L^{-1} 铬钾矾溶液中加入 6 mol · L^{-1} NaOH 溶液至沉淀溶解为止，然后加入数滴 3% H_2O_2 溶液，观察溶液的颜色有什么变化，写出反应方程式。

4) Cr^{3+}的鉴定

取 5 滴含有 Cr^{3+}的溶液，加入 10 滴 6 mol · L^{-1} NaOH 溶液，使 Cr^{3+}转化为 CrO_2^- 后，再过量 2 滴，然后加入 15 滴 3% H_2O_2 溶液，慢慢滴入 6 mol · L^{-1} HNO_3 溶液酸化，观察蓝色出现(如果现象不明显，可加入乙醚，乙醚层呈现深蓝色)，表示有 Cr^{3+}存在。写出反应方程式。

2. Cr(Ⅵ)化合物的性质

1) 重铬酸钾的氧化性

向两支试管内各加入 5 滴 0.1 mol · L^{-1} $K_2Cr_2O_7$ 溶液及 5 滴 2 mol · L^{-1} H_2SO_4 溶液，再向一份溶液中加入数滴 0.1 mol · L^{-1} $FeSO_4$ 溶液，向另一份溶液中加入少量的 Na_2SO_3 固体，溶液的颜色发生什么变化？写出反应方程式。

2) CrO_4^{2-} 与 $Cr_2O_7^{2-}$ 在溶液中的平衡和相互转化

向 6 滴 0.1 mol · L^{-1} $K_2Cr_2O_7$ 溶液中滴加 2 滴 2 mol · L^{-1} NaOH 溶液，溶液的颜色有什么

变化？再滴加 2 mol · L^{-1} H_2SO_4 溶液，溶液颜色又有什么变化？写出反应方程式。

向 6 滴 0.1 mol · L^{-1} K_2CrO_4 溶液中滴加 2 滴 2 mol · L^{-1} H_2SO_4 溶液，溶液颜色有什么变化？再滴加 2 mol · L^{-1} NaOH 溶液，溶液颜色又有什么变化？写出反应方程式。

3) 难溶性铬酸盐的生成和溶解

在两支试管中各加入 1 mL 0.1 mol · L^{-1} K_2CrO_4 溶液，再分别滴加 0.1 mol · L^{-1} $AgNO_3$ 溶液、$BaCl_2$ 溶液、$Pb(NO_3)_2$ 溶液。观察产物的颜色和状态，写出反应方程式，并试验这些铬酸盐沉淀能溶于什么酸中。

如果用 0.5 mL 0.1 mol · L^{-1} $K_2Cr_2O_7$ 溶液与 1 mL 0.1 mol · L^{-1} $AgNO_3$ 溶液反应，有什么现象？试用 CrO_4^{2-} 与 $Cr_2O_7^{2-}$ 的平衡关系说明这一实验结果，写出反应方程式。

3. 高锰酸钾的氧化性

在三支试管中各盛 5 滴 0.1 mol · L^{-1} Na_2SO_3 溶液，分别注入 5 滴 2 mol · L^{-1} H_2SO_4 溶液、6 mol · L^{-1} NaOH 溶液和去离子水，再各滴入 2 滴 0.1 mol · L^{-1} $KMnO_4$ 溶液，有什么现象？比较 $KMnO_4$ 在不同介质中的还原产物，写出反应方程式。

4. 二氧化锰的生成和性质

(1) 向盛有 5 滴 0.1 mol · L^{-1} $KMnO_4$ 溶液的试管中滴入 5 滴 0.1 mol · L^{-1} $MnSO_4$ 溶液，有无沉淀产生？写出反应方程式。

(2) 向上述沉淀中滴入 1 mL 2 mol · L^{-1} H_2SO_4 溶液，再逐滴滴入 0.1 mol · L^{-1} Na_2SO_3 溶液，沉淀是否消失？写出反应方程式。

5. Mn(Ⅱ)化合物的性质

1) $Mn(OH)_2$ 的性质

向四支试管中各加入 5 滴 0.1 mol · L^{-1} $MnSO_4$ 溶液，再各滴入 5～6 滴 2 mol · L^{-1} NaOH 溶液，有白色沉淀生成，写出反应方程式。向三支试管中分别注入数滴 2 mol · L^{-1} HCl 溶液、2 mol · L^{-1} NaOH 溶液和 2 mol · L^{-1} NH_4Cl 溶液，观察 $Mn(OH)_2$ 是否溶解。观察第四支试管中沉淀颜色的变化，写出有关反应方程式。

2) Mn^{2+} 的鉴定

向盛有 0.5 mL 0.1 mol · L^{-1} $MnSO_4$ 溶液的试管中注入 1 mL 2 mol · L^{-1} HNO_3 溶液，再加入少量固体 $NaBiO_3$，观察溶液颜色的变化，写出反应方程式。

五、思考题

(1) $K_2Cr_2O_7$ 与 $Ba(NO_3)_2$ 作用，为什么得到的是 $BaCrO_4$ 而不是 $BaCr_2O_7$？怎样才能使这个反应进行完全？

(2) 写出三种可以将 Mn^{2+}氧化为 MnO_4^- 的强氧化剂，并用反应方程式表示所进行的反应。

(3) 为什么在水溶液中无法制得硫化铬？它只与阳离子 Cr^{3+} 的水解有关吗？

(4) 如何用生成过氧化铬的方法鉴定 Cr^{3+} 的存在？

实验 9　铁、钴、镍元素的性质

一、实验目的

(1) 了解铁、钴、镍氢氧化物的生成和性质。

(2) 了解铁盐的氧化还原性。

(3) 了解铁、钴、镍配合物的生成和性质。

(4) 了解 Fe^{2+}、Fe^{3+}、Co^{2+}、Ni^{2+}的鉴定反应。

二、实验原理

铁、钴、镍的二价氢氧化物均呈碱性，它们的颜色分别为 $Fe(OH)_2$ 白色、$Co(OH)_2$ 粉红色、$Ni(OH)_2$ 苹果绿色。在空气中，$Fe(OH)_2$ 很快被氧化成棕色的 $Fe(OH)_3$，$Co(OH)_2$ 缓慢地被氧化成褐色的 $Co(OH)_3$，$Ni(OH)_2$ 不能被空气中的氧气氧化。

铁、钴、镍都能生成不溶于水的三价氢氧化物。$Fe(OH)_3$ 与酸作用生成三价铁盐，而 $Co(OH)_3$、$Ni(OH)_3$ 与盐酸作用不能生成相应的三价盐。

铁盐在溶液中易发生水解。铁(Ⅱ)具有还原性，而铁(Ⅲ)具有弱氧化性。铁(Ⅱ)、钴(Ⅱ)、镍(Ⅱ)的盐大部分是有颜色的，在溶液中，Co^{2+}呈粉红色，Ni^{2+}呈亮绿色。

铁能生成很多配合物，常见的有 $K_4[FeF_6]$、$K_3[FeF_6]$、$K_4[Fe(CN)_6]$和 $K_3[Fe(CN)_6]$等。钴和镍也能生成多种配合物，如$[Co(NH_3)_6]Cl_3$、$[Ni(NH_3)_6]SO_4$ 等。

钴(Ⅱ)氨配合物不稳定，在空气中易被氧化为钴(Ⅲ)配合物。例如

$$CoCl_2 + NH_3 + H_2O \longrightarrow Co(OH)Cl\downarrow + NH_4Cl$$

$$Co(OH)Cl + 7NH_3 \cdot H_2O \longrightarrow [Co(NH_3)_6](OH)_2 + NH_4Cl + 6H_2O$$

$$4[Co(NH_3)_6](OH)_2 + O_2 + 2H_2O \longrightarrow 4[Co(NH_3)_6](OH)_3$$

Co^{2+}能与 NCS^-形成天蓝色的$[Co(NCS)_4]^{2-}$：

$$Co^{2+} + 4NCS^- \longrightarrow [Co(NCS)_4]^{2-}$$

$[Co(NCS)_4]^{2-}$在丙酮中较稳定，据此可以鉴定 Co^{2+}。

镍(Ⅱ)氨配合物稳定性差，容易分解。例如

$$2NiSO_4 + 2NH_3 + 2H_2O \longrightarrow Ni_2(OH)_2SO_4\downarrow + (NH_4)_2SO_4$$

$$Ni_2(OH)_2SO_4 + (NH_4)_2SO_4 + 10NH_3 \longrightarrow 2[Ni(NH_3)_6]SO_4 + 2H_2O$$

$$[Ni(NH_3)_6]SO_4 + 3H_2SO_4 \longrightarrow NiSO_4 + 3(NH_4)_2SO_4$$

$$[Ni(NH_3)_6]SO_4 + 2NaOH \longrightarrow Ni(OH)_2\downarrow + Na_2SO_4 + 6NH_3\uparrow$$

$$2[Ni(NH_3)_6]SO_4 + 2H_2O \longrightarrow Ni_2(OH)_2SO_4\downarrow + (NH_4)_2SO_4 + 10NH_3\uparrow$$

三、仪器和试剂

仪器：试管，酒精灯，离心试管，离心机，白色点滴板。

试剂：硫酸亚铁铵(s)，NH_4Cl(s)，NH_4F(s)，H_2SO_4($0.1\ mol \cdot L^{-1}$、$2\ mol \cdot L^{-1}$、$6\ mol \cdot L^{-1}$)，HCl(浓、$2\ mol \cdot L^{-1}$)，H_2S(饱和)，NaOH($2\ mol \cdot L^{-1}$、$6\ mol \cdot L^{-1}$)，$NH_3 \cdot H_2O$ ($6\ mol \cdot L^{-1}$)，$CoCl_2$($0.1\ mol \cdot L^{-1}$)，$NiSO_4$($0.1\ mol \cdot L^{-1}$)，$FeCl_3$($0.1\ mol \cdot L^{-1}$)，$FeSO_4$

(0.1 mol · L^{-1})，$K_4[Fe(CN)_6]$(0.1 mol · L^{-1})，KSCN(饱和)，$KMnO_4$(0.1 mol · L^{-1})，$K_3[Fe(CN)_6]$(0.1 mol · L^{-1})，NH_4Ac(3 mol · L^{-1})，氯水，邻菲咯啉溶液，丙酮，丁二酮肟(1%乙醇溶液)。

四、实验内容

1. 二价氢氧化物的生成和性质

1) 氢氧化铁(Ⅱ)的生成和性质

在一支试管中加入 1 mL 去离子水和几滴稀 H_2SO_4 溶液，煮沸以赶尽溶于其中的氧气，然后溶入少量硫酸亚铁铵晶体。在另一支试管中加入 1 mL 6 mol · L^{-1} NaOH 溶液，煮沸以赶尽溶于其中的氧气，冷却后，用一支长滴管吸取 0.5 mL，插入硫酸亚铁铵溶液(直至试管底部)中，慢慢放出 NaOH 溶液，观察产物的颜色和状态。振荡试管，放置一段时间，观察现象，最后加入 2 mol · L^{-1} HCl 溶液，沉淀是否溶解？写出有关反应方程式。

2) 氢氧化钴(Ⅱ)的生成和性质

向两支分别盛有 5 滴 0.1 mol · L^{-1} $CoCl_2$ 溶液的试管中滴加 2 mol · L^{-1} NaOH 溶液，制得两份沉淀，观察产物的颜色和状态。一份静置一段时间，产物的颜色有什么变化？向另一份沉淀中加入 2 mol · L^{-1} HCl 溶液，沉淀是否溶解？

3) 氢氧化镍(Ⅱ)的生成和性质

向两支分别盛有 5 滴 0.1 mol · L^{-1} $NiSO_4$ 溶液的试管中滴加 2 mol · L^{-1} NaOH 溶液，观察产物的颜色和状态。然后向一支试管中滴加 2 mol · L^{-1} HCl 溶液，观察沉淀是否溶解，静置一段时间，观察沉淀有什么变化。

综合上述实验，说明氢氧化铁(Ⅱ)、氢氧化钴(Ⅱ)、氢氧化镍(Ⅱ)的稳定性。

2. 三价氢氧化物的生成和性质

1) 氢氧化铁(Ⅲ)的生成和性质

向盛有 5 滴 0.1 mol · L^{-1} $FeCl_3$ 溶液的试管中滴加 5 滴 2 mol · L^{-1} NaOH 溶液，观察产物的颜色和状态。然后加几滴 2 mol · L^{-1} HCl 溶液，沉淀是否溶解？

2) 氢氧化钴(Ⅲ)的生成和性质

向盛有 0.5 mL 0.1 mol · L^{-1} $CoCl_2$ 溶液的离心试管中加入数滴氯水，再滴加 2 mol · L^{-1} NaOH 溶液，观察产物的颜色和状态。离心分离，沉淀用去离子水洗两次，然后向沉淀中加入 0.5 mL 浓 HCl，微热，有什么变化？是否有氯气生成？解释现象，写出反应方程式。

3) 氢氧化镍(Ⅲ)的生成和性质

向盛有 0.5 mL 0.1 mol · L^{-1} $NiSO_4$ 溶液的离心试管中加入数滴氯水，再滴加 2 mol · L^{-1} NaOH 溶液，观察产物的颜色和状态。离心分离，沉淀用去离子水洗两次，然后向沉淀中加入 0.5 mL 浓 HCl，有什么变化？检验气体产物，写出反应方程式。

综合上述实验，说明铁、钴、镍三价氢氧化物的颜色与二价氢氧化物有什么不同；氢氧化铁(Ⅲ)、氢氧化钴(Ⅲ)、氢氧化镍(Ⅲ)的生成条件有什么不同；在酸性溶液中三价铁、三价钴与三价镍的氧化性有什么不同。

3. 配合物的生成和性质

1) 铁配合物的性质(Fe^{2+}、Fe^{3+}的鉴定反应)

(1) 滕氏蓝的生成：向盛有 10 滴 0.1 mol · L^{-1} $FeSO_4$溶液的试管中加入 3 滴 0.1 mol · L^{-1} $K_3[Fe(CN)_6]$溶液。观察产物的颜色和状态，写出反应方程式。

(2) 普鲁士蓝的生成：向盛有 10 滴 0.1 mol · L^{-1} $FeCl_3$溶液的试管中加入 3 滴 0.1 mol · L^{-1} $K_4[Fe(CN)_6]$溶液。观察产物的颜色和状态，写出反应方程式。

(3) 向盛有 10 滴 0.1 mol · L^{-1} $FeSO_4$溶液的试管中加入几滴邻菲咯啉溶液，即生成橘红色配合物。

2) 钴、镍配合物的生成和性质

(1) 向盛有 10 滴 0.1 mol · L^{-1} $CoCl_2$溶液的试管中加入少量NH_4Cl固体，然后逐滴加入 6 mol · L^{-1} $NH_3 \cdot H_2O$，振荡试管，观察产物的颜色。最后将溶液静置一段时间，观察溶液的颜色有什么变化。试用$K_{稳}$解释原因，并与不同价态的简单离子比较稳定性，得出结论。

(2) 向盛有 10 滴 0.1 mol · L^{-1} $NiSO_4$溶液的试管中逐滴加入 6 mol · L^{-1} $NH_3 \cdot H_2O$，振荡试管，观察沉淀的颜色。再加入过量的 6 mol · L^{-1} $NH_3 \cdot H_2O$，观察产物的颜色。然后将溶液分成四份，向两份溶液中分别加入 2 mol · L^{-1} NaOH 溶液和 2 mol · L^{-1} H_2SO_4溶液，观察有什么变化。将第三份溶液用水稀释，是否有沉淀产生？将最后一份溶液煮沸，观察有什么变化。综合实验结果，说明镍氨配合物的稳定性。

3) Co^{2+}、Ni^{2+}鉴定反应

(1) 向盛有 10 滴 0.1 mol · L^{-1} $CoCl_2$溶液的试管中加入少量丙酮，再滴加 KSCN 饱和溶液，即生成蓝色的$[Co(SCN)_4]^{2-}$。

若有Fe^{3+}存在，蓝色会被血红色$[Fe(NCS)_6]^{3-}$干扰，这时可加入NH_4F固体，使Fe^{3+}生成无色的$[FeF_6]^{3-}$，以消除其干扰。

(2) 在试管中加 10 滴 0.1 mol · L^{-1} $NiSO_4$溶液和 10 滴 3 mol · L^{-1} NH_4Ac溶液，混匀后，再加入 10 滴丁二酮肟(又称镍试剂)的乙醇溶液，即生成桃红色沉淀二丁二肟合镍(Ⅱ)。

4. 铁盐的氧化还原性

1) 铁(Ⅱ)盐的还原性

向盛有 0.1 mol · L^{-1} $FeSO_4$ 溶液和 6 mol · L^{-1} H_2SO_4 溶液各 5 滴的试管中加入几滴 0.01 mol · L^{-1} $KMnO_4$溶液，观察$KMnO_4$溶液的颜色有什么变化。解释现象，写出反应方程式。

2) 铁(Ⅲ)盐的氧化性

向盛有 5 滴 0.1 mol · L^{-1} $FeCl_3$溶液的试管中滴加H_2S饱和溶液，观察产物的颜色和状态。静置一段时间，向溶液中加几滴 0.1 mol · L^{-1} $K_3[Fe(CN)_6]$溶液以检验反应产物中的Fe^{2+}。解释现象，写出反应方程式。

五、思考题

(1) 在碱性介质中氯水能将二价钴氧化成三价钴，而在酸性介质中三价钴又能将氯离子氧化成氯气，二者是否矛盾？为什么？

(2) 为什么在碱性介质中二价铁极易被空气中的氧气氧化成三价铁？

(3) 解释下列现象：

① Fe^{3+}能将 I^-氧化成 I_2，而$[Fe(CN)_6]^{3-}$不能；

② $[Fe(CN)_6]^{4-}$能将 I_2还原成 I^-，而 Fe^{2+}不能。

(4) 混合液中含有 Fe^{3+}、Cr^{3+}和 Ni^{2+}，试设计分离方案。

实验 10 铜、银、锌元素的性质

一、实验目的

(1) 了解铜(Ⅱ)、铜(Ⅰ)、银(Ⅰ)、锌(Ⅱ)的简单离子的性质及鉴定反应。

(2) 了解铜(Ⅱ)、铜(Ⅰ)、银(Ⅰ)、锌(Ⅱ)的重要配合物及其性质。

(3) 了解铜(Ⅱ)和铜(Ⅰ)的转化反应。

二、实验原理

铜、银、锌是周期表中 ds 区元素，能形成+1 或+2 氧化数的简单化合物。铜、银、锌元素可以形成不同结构的配位化合物。铜(Ⅱ)和铜(Ⅰ)在一定条件下可以相互转化。

三、仪器和试剂

仪器：离心机，水浴锅，离心试管，试管，酒精灯，烧杯。

试剂：$CuSO_4$(0.1 mol · L^{-1})，$ZnSO_4$(0.1 mol · L^{-1})，$AgNO_3$(0.1 mol · L^{-1})，NaOH (2 mol · L^{-1}、6 mol · L^{-1})，NaOH(40%)，HCl(浓、2 mol · L^{-1}、6 mol · L^{-1})，Na_2S (2 mol · L^{-1})，$NH_3 \cdot H_2O$(2 mol · L^{-1})，$CuCl_2$(1 mol · L^{-1})，NaCl(饱和)，KI(0.1 mol · L^{-1})，铜粉，淀粉溶液，葡萄糖溶液(10%)。

四、实验内容

1. 氢氧化物的生成和性质

(1) 在 0.1 mol · L^{-1} $CuSO_4$溶液中滴加 2 mol · L^{-1} NaOH 溶液，观察现象。将实验产物分盛于三支试管，在第一支试管中加入 2 mol · L^{-1} HCl 溶液，第二支试管中加入 6 mol · L^{-1} NaOH 溶液，将第三支试管加热，观察现象。将加碱的试管保留用于 Cu(Ⅰ)化合物的生成中 Cu_2O 的生成实验。

(2) 在 0.1 mol · L^{-1} $ZnSO_4$溶液中滴加 2 mol · L^{-1} NaOH 溶液，观察现象。通过实验证明它是两性氢氧化物，观察现象。

(3) 在 0.1 mol · L^{-1} $AgNO_3$溶液中滴加 2 mol · L^{-1} NaOH 溶液，观察现象。继续滴加过量 6 mol · L^{-1} NaOH 溶液，观察沉淀是否溶解。

2. 配位化合物的生成和性质

(1) 分别在 0.1 mol · L^{-1} $CuSO_4$、$AgNO_3$、$ZnSO_4$溶液中逐滴加入 2 mol · L^{-1} $NH_3 \cdot H_2O$ 至过量，观察现象。

(2) 取以上实验制得的$[Cu(NH_3)_4]^{2+}$溶液分盛于三支试管，在第一支试管中加入 2 滴 2 mol · L^{-1} NaOH 溶液，第二支试管中加入 2 滴 2 mol · L^{-1} Na_2S 溶液，第三支试管中逐滴加入 2 mol · L^{-1} HCl 溶液，观察现象。

3. Cu(Ⅰ)化合物的生成与性质

(1) 取少量 Cu 粉，加入 10 滴 1 mol · L^{-1} $CuCl_2$ 溶液、8 滴 NaCl 饱和溶液和 2 滴浓 HCl，小火加热至溶液近似无色，停止加热，将溶液全部倒入盛有约 50 mL 水的烧杯中(注意剩余的铜粉不要倒入烧杯)，观察白色沉淀的生成，继续下面实验。

(2) 在两支试管中分别加入 2 mol · L^{-1} $NH_3 \cdot H_2O$ 溶液和浓 HCl，用滴管排出空气后在烧杯底部吸取少量 CuCl 沉淀，插入 $NH_3 \cdot H_2O$ 或浓 HCl 底部后放出 CuCl，观察现象。

(3) 在 0.5 mL 0.1 mol · L^{-1} $CuSO_4$ 溶液中加入过量的 40% NaOH 溶液至最初生成的沉淀完全消失，再加入约 1 mL 10%葡萄糖溶液，振荡、水浴加热，观察沉淀的颜色。

(4) 取 0.5 mL 0.1 mol · L^{-1} $CuSO_4$ 溶液，滴加 0.1 mol · L^{-1} KI 溶液，离心分离。取出 1 滴清液，用去离子水稀释后，加淀粉溶液检验溶液中是否有 I_2 生成。洗涤离心后的沉淀，观察沉淀的颜色。

五、思考题

(1) 铜(Ⅱ)和铜(Ⅰ)各自稳定存在和相互转化的条件是什么?

(2) CuCl 溶于 $NH_3 \cdot H_2O$ (或浓 HCl)后生成的产物常呈蓝色或黄色，为什么?

实验 11　烃、醇、醛的性质及反应

一、实验目的

(1) 了解烃、醇和醛的氧化反应。

(2) 了解烃、醛和酮的加成反应。

(3) 了解烃、醇的取代反应。

二、实验原理

1. 氧化反应

环己烷为饱和烃，不能使 $KMnO_4$ 溶液褪色；环己烯为不饱和烃，分子内含有碳碳双键，性质活泼，能将 MnO_4^- 还原而使 $KMnO_4$ 溶液褪色。芳香烃具有芳香性，不如不饱和烃(如烯烃、炔烃)活泼。例如，苯不能被 $KMnO_4$ 氧化而使 $KMnO_4$ 溶液褪色，但苯的某些同系物能被 $KMnO_4$ 氧化成苯甲酸，如甲苯：

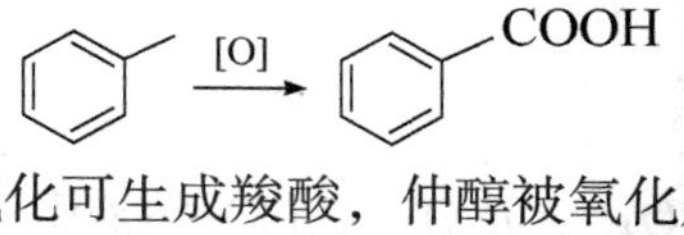

伯醇被氧化生成醛，继续氧化可生成羧酸，仲醇被氧化则生成酮，叔醇在一般条件下不被氧化。

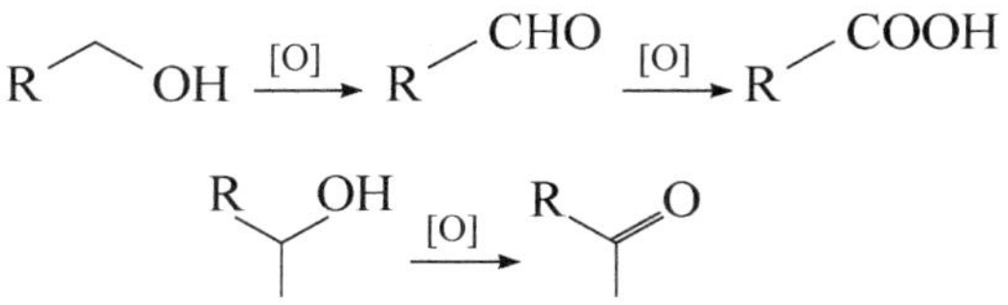

弱氧化剂只能氧化醛而不能氧化酮，因此常用弱氧化剂如托伦(Tollens)试剂(硝酸银的氨水溶液)或费林(Fehling)试剂(硫酸铜溶液与酒石酸钾钠的碱性溶液混合而成)与醛的反应作为醛的鉴定反应。前者与醛反应生成银镜(俗称银镜反应)：

$$RCHO + 2AgNO_3 + 2NH_3 + H_2O \longrightarrow RCOOH + 2Ag\downarrow + 2NH_4NO_3$$

后者与醛反应生成红色的氧化亚铜沉淀：

$$RCHO + 2Cu(OH)_2 \longrightarrow RCOOH + Cu_2O\downarrow + 2H_2O$$

2. 加成反应

饱和烃常温下不与溴发生反应，不饱和烃易与溴发生加成反应，使溴水褪色。

醛或脂肪族甲基酮(CH_3COR)可以与亚硫酸氢钠饱和溶液发生加成反应，生成沉淀：

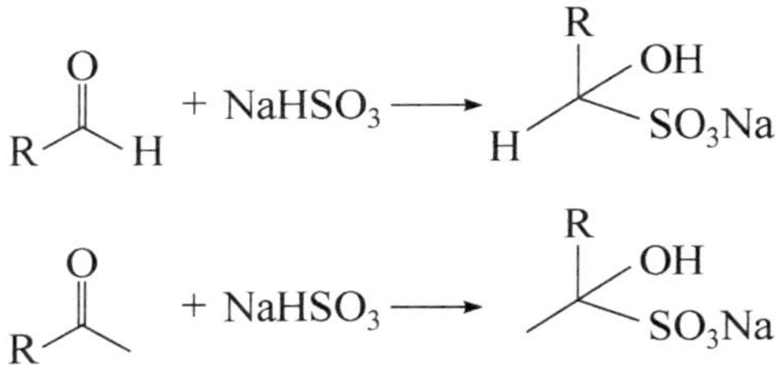

3. 取代反应

在无催化剂时，苯不能与溴发生取代反应。而苯环侧链烷基在光或热的作用下可发生取代反应：

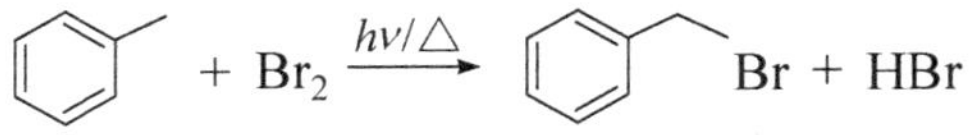

煤油的主要成分为脂肪烃，在加热条件下也能与溴发生取代反应，生成的 HBr 可用玻璃棒蘸浓氨水检验。

醇与盐酸在氯化锌的催化下能发生 S_N1 反应生成氯代烃。由于氯代烃微溶于水，因此产生白色浑浊。醇的活泼性顺序是叔醇＞仲醇＞伯醇。

三、仪器和试剂

仪器：试管，试管夹，酒精灯，石棉网，量筒，滴管，烧杯，表面皿，移液管。

试剂：环己烷，环己烯，苯，甲苯，$KMnO_4$(0.01 mol · L^{-1})，NaOH(2 mol · L^{-1}、6 mol · L^{-1})，$NH_3 \cdot H_2O$(浓、2 mol · L^{-1})，HCl(浓)，$AgNO_3$(2%)，$NaHSO_3$(饱和)，甲醛(5%)，乙醛(5%)，丙酮(5%，纯)，苯甲醛，煤油，伯丁醇，仲丁醇，叔丁醇，$CuSO_4 \cdot 5H_2O$(s)，酒石酸钾钠，无水氯化锌，溴的 CCl_4 溶液(0.1 mol · L^{-1})。

四、实验内容

1. 氧化反应

1) 不同烃类的氧化反应

取一支试管，加入 2 mL 0.01 mol · L^{-1} $KMnO_4$溶液和 2 mL 6 mol · L^{-1} NaOH 溶液，配成 4 mL 0.005 mol · L^{-1} 碱性 $KMnO_4$溶液。另取四支试管，分别向试管中加入 10 滴环己烷、环己烯、苯、甲苯，并编号。向上述四支试管中各加入 1 mL 现配的碱性 $KMnO_4$溶液。振荡试管，使两相充分接触，观察水层的颜色变化。

2) 不同丁醇(伯、仲、叔)的氧化反应

取三支试管，各加入 2 mL 0.01 mol · L^{-1} $KMnO_4$ 溶液和 1 mL 去离子水，再分别加入 2 mL 伯丁醇、仲丁醇、叔丁醇。振荡试管，观察 $KMnO_4$溶液的颜色变化。

3) 醛、酮的氧化反应

(1) 与托伦试剂作用：向洁净的试管中加入 4 mL 2% $AgNO_3$ 溶液，然后加入 1 滴 2 mol · L^{-1} NaOH 溶液，边振荡试管边滴加 2 mol · L^{-1} $NH_3 \cdot H_2O$，直到析出的氧化银沉淀恰好溶解为止。将这份银氨溶液分别加入三支洁净的试管中，再分别加入 2～3 滴 5%甲醛、5%乙醛、5%丙酮的水溶液。摇荡后，将这三支试管放入 50～60 ℃的水浴中温热几分钟，再观察有无银镜生成。

(2) 与费林试剂作用：将 6 mL 费林试剂平均分装到三支试管中，再分别加入 5%甲醛、5%乙醛、5%丙酮的水溶液。振荡后，将三支试管放入沸水浴中加热 3～5 min，注意观察颜色变化及有无红色沉淀生成。

2. 加成反应

1) 不同烃类的加成反应

取两支试管，分别加入 10 滴环己烷或环己烯，再逐滴加入 0.1 mol · L^{-1} 溴的 CCl_4 溶液，同时振荡试管，注意观察颜色的变化。

2) 醛和酮的加成反应

取两支试管，各加入 1 mL $NaHSO_3$ 饱和溶液，再分别加入 15 滴纯丙酮或 15 滴苯甲醛的乙醇溶液并用力振荡，最后将试管放在冷水中冷却，观察加成产物呈晶体析出。

3. 取代反应

(1) 取三支干燥试管，分别加入 10 滴煤油、苯、甲苯，然后各加入 10 滴溴的 CCl_4 溶液，并将一端沾有浓 $NH_3 \cdot H_2O$ 的玻璃棒伸入试管口，观察有什么现象产生，并观察溴的颜色是否消褪。

(2) 取三支干燥试管，分别加入 1 mL 伯丁醇、仲丁醇、叔丁醇，然后各加入 10 mL 卢卡斯(Lucas)试剂(配制方法：将 34 g 熔融的无水氯化锌溶于 23 mL 浓 HCl 中，配制时需搅拌，并将容器浸入冰水浴中冷却，以防氯化氢逸出)。小心振荡试管，静置一段时间，观察是否有难溶氯代烃析出，并比较析出速率。

五、思考题

(1) 为什么环己烯能被 $KMnO_4$ 氧化，而苯却不能？

(2) 比较伯、仲、叔丁醇的结构式，它们在化学性质上有什么不同？
(3) 醛和酮在结构上有什么不同？如何用化学方法鉴别？

实验 12 酚 的 性 质

一、实验目的

(1) 了解酚的酸性，并比较其酸性强弱。
(2) 了解酚的亲电取代反应和显色反应。
(3) 了解酚醛树脂的制备和性质。

二、实验原理

酚具有酸性，它的酸性比水强但比碳酸弱。苯环上连有供电子的羟基后，大大地活化了苯环。它与溴水反应生成的白色沉淀 2, 4, 6-三溴苯酚可被过量的溴水氧化为黄色的 2, 4, 4, 6-四溴环己二烯酮，后者与氢碘酸作用还原为三溴苯酚，反应中释出的碘溶于苯中而呈紫色。

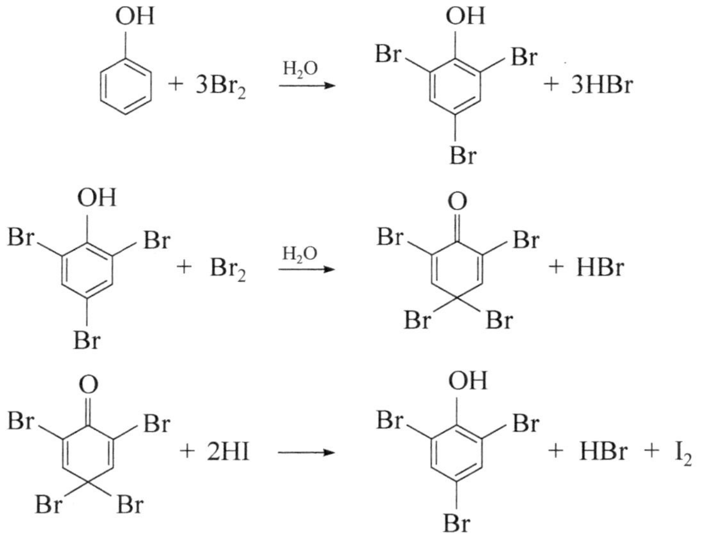

酚中有烯醇结构，它与 Fe^{3+}发生显色反应。

在催化剂存在下酚还可以与甲醛缩聚生成酚醛树脂。因选用的催化剂不同，可分为热固性和热塑性两类。酚醛树脂具有良好的耐酸、耐热性能和力学性能，广泛应用于防腐蚀工程、胶黏剂、阻燃材料、砂轮片制造等行业。

三、仪器和试剂

仪器：试管，试管夹，酒精灯，玻璃棒，石棉网，量筒，滴管，烧杯，表面皿，油浴锅，软木塞，玻璃管。

试剂：苯酚(s)，苯酚饱和水溶液，液体苯酚(94%)，NaOH(5%)，$NaHCO_3$(5%)，苦味酸(s)，苦味酸饱和水溶液，溴水(饱和)，KI(1%)，苯，对苯二酚饱和水溶液，$FeCl_3$(1%)，甲醛(36%)，HCl(浓)，乙醇，六次甲基四胺(s)，蓝色石蕊试纸，刚果红试纸。

四、实验内容

1. 酚的酸性

(1) 用玻璃棒分别蘸取苯酚和苦味酸的饱和水溶液，用蓝色石蕊试纸和刚果红试纸检验它们的酸性。

(2) 在三支试管中各加入0.1 g苯酚，再分别加入1 mL 水、5% NaOH溶液、5% $NaHCO_3$溶液，振荡并观察比较。

(3) 取少量苦味酸晶体，加入 1 mL 5% $NaHCO_3$溶液中，观察现象。

2. 酚与溴水的作用

(1) 在试管中加入 2～3 滴苯酚的饱和水溶液和 1 mL 水，再滴加饱和溴水，并不断振荡，直到析出的白色沉淀变为黄色为止。将混合物煮沸 1～2 min，除去过量的溴。放置冷却后，沉淀又析出。向冷的混合液中滴加 1% KI 溶液，再加 1 mL 苯，用力振荡，观察现象。

(2) 在试管中加入 1 mL 对苯二酚的饱和水溶液，再加入 1 mL 饱和溴水，观察现象。放置 10 min 后，观察有什么变化。

3. 酚与三氯化铁的作用

(1) 取 0.5 mL 苯酚的饱和水溶液，加入 1 mL 水，再加 3～4 滴 1% $FeCl_3$溶液，观察现象。

(2) 在试管中加入 0.5 mL 对苯二酚的饱和水溶液，再加几滴 1% $FeCl_3$ 溶液，观察溶液颜色的变化。放置片刻后再观察。继续向试管中滴加$FeCl_3$溶液，同时充分振荡，直到墨绿色沉淀消失为止。若再加入 0.5 mL 对苯二酚的饱和水溶液，则又会立即生成大量墨绿色沉淀。

4. 酚醛树脂的生成

在试管中加入 3 mL 94%液体苯酚和 2 mL 36%甲醛水溶液，混合均匀后，再加 4 滴浓 HCl。取一个合适的单孔软木塞，插一根长约 30 cm 的玻璃管，将软木塞塞入试管口。将试管放在沸水浴中加热 20 min，同时间歇地加以振荡。然后用水冷却试管，此时下层树脂凝成黏稠的物质。倾去上层的水，再用冷水将试管内的树脂洗涤几次，用玻璃棒蘸取少量树脂，观察其外貌，并且试验它在热乙醇中是否溶解。

称取 0.3 g 六次甲基四胺，加到试管中湿的树脂上。重新装上带玻璃管的软木塞，放在 120 ℃左右的油浴中加热 20 min，在开始一段时间内稍加振荡。试管中的树脂逐渐硬化成黄色的硬块，冷却后用玻璃棒或铁丝将其从试管中勾出来。用镊子夹取一小块硬化的树脂，放在灯焰上加热，观察它的变化。将少量树脂研碎，试验它在热乙醇中是否溶解。

五、思考题

(1) 哪些事实说明苦味酸的酸性比苯酚强？苦味酸与氢氧化钠是否发生反应？

(2) 能否再举出三种与三氯化铁有显色反应的化合物？

实验 13 羧酸及羧酸衍生物的性质

一、实验目的

(1) 了解羧酸衍生物的水解反应。

(2) 了解羧酸的酯化反应及羧酸衍生物的醇解反应。

二、实验原理

羧酸及其衍生物具有相似的化学性质，可与醇反应生成酯。羧酸衍生物还能与水、醇发生水解、醇解等反应。它们的反应活性次序为酰卤＞酸酐＞酯＞酰胺，故水解和醇解的反应条件均有较大差异。通过本实验可考察羧酸成酯反应情况和羧酸衍生物水解、醇解的产物及其反应活性。

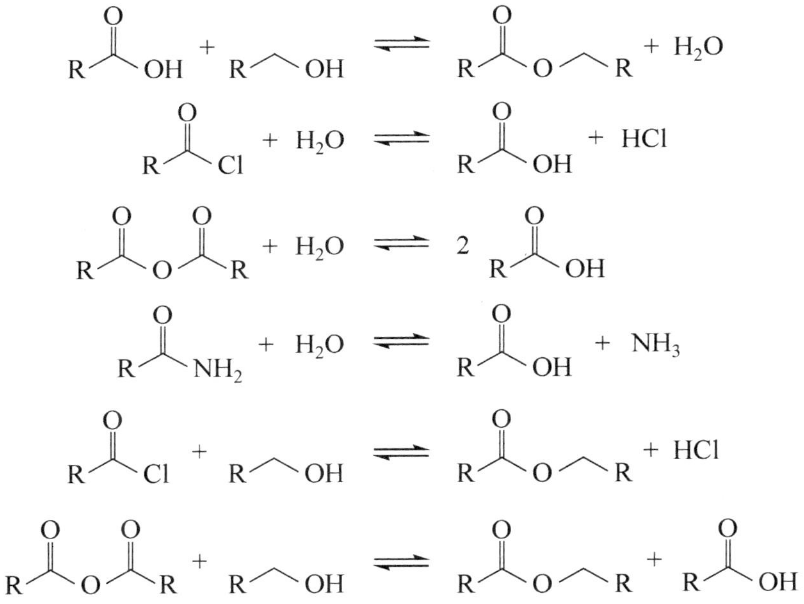

三、仪器和试剂

仪器：试管，试管夹，酒精灯，石棉网，量筒，滴管，烧杯，表面皿。

试剂：乙酰氯(CH_3COCl)，乙酐($CH_3COOCOCH_3$)，乙酸乙酯($CH_3COOC_2H_5$)，$AgNO_3$(2%)，H_2SO_4(浓、6 mol · L^{-1})，NaOH(6 mol · L^{-1})，乙酰胺(CH_3CONH_2)，乙醇，Na_2CO_3(饱和)，乙酸。

四、实验内容

1. 羧酸衍生物与水的反应

1) 乙酰氯与水的作用

在试管中加入 1 mL 去离子水，加 3 滴乙酰氯，轻轻摇动，观察现象。将试管冷却，加入 1～2 滴 2% $AgNO_3$溶液，观察现象。

2) 乙酐与水的作用

在试管中加入 1 mL 去离子水，加 3 滴乙酐。乙酐不溶于水，呈珠粒状沉于管底。将试管略微加热，乙酐与水作用，观察现象。

3) 乙酸乙酯的水解

在三支试管中各加 1 mL 乙酸乙酯和 1 mL 水，然后在一支试管中加 1 mL 6 mol · L^{-1} H_2SO_4 溶液，在另一支试管中加 1 mL 6 mol · L^{-1} NaOH 溶液。将三支试管同时放入 70～80 ℃的水浴中，边摇动边观察，比较三支试管中酯层消失的速度。

4) 酰胺的水解

(1) 碱性水解：在试管中加入 0.5 g 乙酰胺和 3 mL 6 mol · L^{-1} NaOH 溶液，煮沸，嗅闻有什么气味。

(2) 酸性水解：在试管中加入 0.5 g 乙酰胺和 3 mL 6 mol · L^{-1} H_2SO_4溶液，煮沸，嗅闻有什么气味。

2. 羧酸及其衍生物与醇的作用

1) 乙酰氯与醇的作用

在试管中加入 1 mL 乙醇，边摇动边慢慢地滴加 1 mL 乙酰氯。将试管冷却，慢慢加入 2 mL Na_2CO_3饱和溶液，同时轻微地振荡。静置后，观察现象。

2) 乙酐与醇的作用

在试管中加入 2 mL 乙醇和 1 mL 乙酐，混合后加 1 滴浓 H_2SO_4，振荡。此时，反应混合物逐渐发热，直至沸腾，然后冷却，慢慢加入 2 mL Na_2CO_3饱和溶液，同时轻微地振荡。静置后，观察现象。

3) 乙酸与乙醇的作用

在两支干燥试管中各加入 2 mL 乙醇和 2 mL 乙酸，混合均匀后，在一支试管中加 5 滴浓 H_2SO_4。将两支试管同时放入 70～80 ℃的水浴中加热，并时常摇动。10 min 后，取出试管，用冷水浴冷却，再滴加 2 mL Na_2CO_3饱和溶液。静置，观察两支试管有什么差别。

五、思考题

(1) 为什么乙醇与乙酰氯作用要边摇动边慢慢地滴加乙酰氯？

(2) 羧酸及其衍生物与醇的反应中，加入 Na_2CO_3饱和溶液的作用是什么？

实验 14　糖类的性质

一、实验目的

(1) 了解糖类的分类和结构特征。

(2) 了解单糖、二糖、多糖的主要化学性质。

二、实验原理

糖类也称为碳水化合物，是指多羟基醛或多羟基酮及其缩聚物和它们的某些衍生物，通常分为单糖(如葡萄糖、果糖)、二糖(如麦芽糖、蔗糖)和多糖(如淀粉、纤维素)。单糖分子中具有半缩醛(酮)结构，能还原费林试剂、银氨溶液等，称为还原糖。二糖则由于两个单糖的结合方式不同而分为两种。麦芽糖、乳糖等二糖分子中有一个半缩醛，属于还原糖；而蔗糖分子中没有半缩醛结构，属于非还原糖。还原糖和过量的苯肼反应生成苯脎。葡萄糖和果糖的结构不同，但与苯肼反应产物相同；但是，由于反应速率不同，析出固体的时间也不同，可以据此加以区别和进行鉴定。淀粉和纤维素均无还原性，它们在酸的作用下水解，可生成葡萄糖。

淀粉遇碘显蓝色，这是鉴定淀粉的一个很灵敏的方法。

纤维素分子中含有多个羟基，能与酸或酸酐作用，制备工业上有广泛用途的纤维素硝酸酯和乙酸酯。

三、仪器和试剂

仪器：试管，试管夹，酒精灯，石棉网，量筒，滴管，烧杯，表面皿，油浴锅，锥形瓶。

试剂：淀粉(1%)，葡萄糖(5%)，果糖(5%)，麦芽糖(5%)，蔗糖(5%)，$AgNO_3$(2%)，NaOH(5%)，氯水(2%)，碘溶液，H_2SO_4(浓、70%、6 mol · L^{-1})，Na_2CO_3(5%)，淀粉浆，银氨溶液，脱脂棉，HNO_3(浓)，乙醇，乙醚。

费林试剂Ⅰ：将 34. 6 g $CuSO_4 \cdot 5H_2O$ 溶于 500 mL 去离子水中，加 0.5 mL 浓 H_2SO_4，混合均匀。

费林试剂Ⅱ：将 173 g 酒石酸钾钠晶体($KNaC_2H_4O_6 \cdot 4H_2O$)和 70 g NaOH 溶于 500 mL 去离子水中。

苯肼试剂：5 mL 苯肼溶于 50 mL 10%乙酸溶液中，再加入 0.5 g 活性炭，搅拌后过滤。滤液保存于棕色试剂瓶中。苯肼试剂放置过久会失效。苯肼有毒，取用时切勿与皮肤接触。

四、实验内容

1. 糖的还原性

1) 与费林试剂作用

在大试管中将费林试剂Ⅰ和费林试剂Ⅱ各取 5 mL 混合均匀，将混合液平均分装到五支试管中。在五支试管中分别加入 10 滴 1%淀粉、5%葡萄糖、5%果糖、5%麦芽糖和 5%蔗糖溶液，振荡均匀后，将试管放入沸水浴中加热 3～5 min。观察各试管的现象。

2) 与银氨溶液作用(银镜反应)

在大试管中加入 5 mL 2% $AgNO_3$ 溶液，加 1 滴 5% NaOH 溶液，然后边振荡试管边滴加 2%氯水，直到起初生成的氧化银沉淀恰好溶解为止。将此溶液平均分装到四支洁净的试管中，再分别加入 5 滴 5%葡萄糖、5%果糖、5%麦芽糖和 5%蔗糖溶液。振荡均匀后，将试管放入 50～60 ℃的水浴中加热。观察各试管的现象。

3) 与碘溶液作用

在两支试管中分别加入 3 mL 5%葡萄糖和 5%果糖溶液。每支试管中各滴加 10 滴碘溶液，然后各滴加 5% NaOH 溶液至颜色褪去为止。放置 7～8 min 后，各滴加 10 滴 6 mol · L^{-1} H_2SO_4 溶液。观察两试管的现象。

2. 苯脎的生成

在四支试管中分别加入 2 mL 5%葡萄糖、5%果糖、5%麦芽糖和 5%蔗糖溶液，再各加入 1 mL 苯肼试剂，混合均匀。将试管放入沸水浴中加热。记录各试管中黄色沉淀出现的时间。0.5 h 后，取出试管放置冷却，注意观察尚未出现沉淀的试管。

3. 二糖的水解

在两支试管中各放入 4 mL 5%蔗糖溶液，向其中一支加入 2 滴 6 $mol \cdot L^{-1}$ H_2SO_4溶液，混合均匀。将两支试管放入沸水浴中加热 10～15 min。取出冷却后，将加酸的一支用 5% Na_2CO_3 溶液中和到无气泡放出为止。用每支试管中的溶液与费林试剂或银氨溶液反应，观察现象。

4. 多糖

1) 淀粉与碘的反应

取 2～3 mL 1%淀粉溶液，加入 1 滴碘溶液，观察现象。将其加热，观察现象。再放冷，观察现象。

2) 淀粉的水解

在锥形瓶中加入 40～50 mL 淀粉溶液，加入 1 mL 6 $mol \cdot L^{-1}$ H_2SO_4 溶液，煮沸 1～10 min，直到反应液与碘溶液无颜色反应为止。再煮几分钟放冷。加入 5% Na_2CO_3 溶液，中和到无气泡放出为止。用此溶液按步骤 1)实验，观察现象。

5. 用酸溶解和水解纤维素

在大试管中加入 7～8 mL 70% H_2SO_4 溶液，加入一块滤纸或脱脂棉，搅拌 1～2 min，观察现象。将所得溶液的一半倒入 5 倍体积的水中，观察现象。

6. 硝酸纤维素的制备及其性质

取 2 mL 浓 HNO_3 加入大试管中，在不断搅拌下加入 4 mL 浓 H_2SO_4，放冷后将一块脱脂棉加入混酸中，然后在 60～70 ℃水浴中加热搅拌 5 min。取出硝化棉，用水充分洗涤除去酸，然后尽量挤去水分，放在表面皿中，在沸水浴上烘干。将制得的硝化棉分成两份：一份用镊子夹住放入灯焰中，观察其燃烧情况与未硝化的脱脂棉有什么不同；另一份放入 1～2 mL 体积比为 1∶3 的乙醇和乙醚混合液中，观察现象。

五、思考题

(1) 单糖与多糖的结构和性质有哪些主要差异？

(2) 纤维素与 HNO_3 反应可生成哪几种类型的酯？

实验 15 混合碱的测定(双指示剂法)

一、实验目的

(1) 了解双指示剂法测定混合碱中各组分含量的原理和方法。

(2) 了解混合指示剂的使用及其优点。

二、实验原理

混合碱是指 NaOH 和 Na_2CO_3 或 $NaHCO_3$ 和 Na_2CO_3 的混合物。混合碱中各组分可用酸碱滴定法进行滴定。其分析方法有两种：双指示剂法和氯化钡法。其中，双指示剂法简便、快捷，在生产实际中应用较广。本实验测定 NaOH 和 Na_2CO_3 混合物中各组分的含量。

双指示剂法是分别以酚酞和甲基橙为指示剂，在同一份溶液中用盐酸标准溶液作滴定剂进行连续滴定，根据两个终点所消耗的盐酸标准溶液的体积计算混合碱中各组分的含量。首先在混合碱试液中加入酚酞指示剂(变色范围为 pH 8.0～10.0)，此时溶液呈红色。用盐酸标准溶液滴定至溶液由红色刚好变为无色，记下 HCl 标准溶液的耗用量 V_1，此时溶液中所含 NaOH 被完全滴定，Na_2CO_3 被滴定成 $NaHCO_3$，而 $NaHCO_3$ 则不发生反应，反应式如下：

$$NaOH + HCl = NaCl + H_2O$$
$$Na_2CO_3 + HCl = NaCl + NaHCO_3$$

再加入甲基橙指示剂(变色范围为 pH 3.1～4.4)，溶液呈黄色，继续用 HCl 标准溶液滴定，当溶液由黄色变为橙色即为滴定终点，反应式如下：

$$NaHCO_3 + HCl = NaCl + CO_2\uparrow + H_2O$$

此时 HCl 标准溶液的耗用量为 V_2。根据 V_1、V_2 可以计算出试液中 NaOH 及 Na_2CO_3 的含量，计算式如下：

$$x(NaOH) = \frac{(V_1 - V_2)\,c(HCl)\,M(NaOH)}{V}$$
$$x(NaHCO_3) = \frac{2V_2 c(HCl)\,M(Na_2CO_3)}{V}$$

式中，c 为浓度($mol \cdot L^{-1}$)；x 为 NaOH 或 Na_2CO_3 的含量($g \cdot L^{-1}$)；M 为物质的摩尔质量($g \cdot mol^{-1}$)；V 为试液的体积(mL)。

双指示剂中的酚酞指示剂可用甲酚红和百里酚蓝混合指示剂代替。甲酚红的变色范围为pH 6.7(黄)～8.4(红)，百里酚蓝的变色范围为pH 8.0(黄)～9.6(蓝)，混合后的变色点为pH = 8.3，酸性呈黄色，碱性呈紫色，在pH = 8.2时为樱桃色，变色较敏锐。

三、仪器和试剂

仪器：移液管，酸式滴定管。

试剂：混合碱试液，HCl标准溶液(0.5000 $mol \cdot L^{-1}$)，甲基橙指示剂，酚酞指示剂。

四、实验内容

用移液管吸取10.00 mL混合碱试液，加1～2滴酚酞指示剂，用0.5000 $mol \cdot L^{-1}$ HCl标准溶液滴定，充分摇动，以免局部Na_2CO_3直接被滴至H_2CO_3。滴定至酚酞恰好褪色为止，记下所用HCl标准溶液的体积V_1。然后加2滴甲基橙指示剂，此时溶液呈黄色，继续用HCl标准溶液滴定至溶液呈橙色即为终点，记下所用HCl标准溶液的体积V_2。

五、思考题

(1) 混合指示剂的变色原理是什么？有什么优点？

(2) 欲测定碱液的总碱度，应采用何种指示剂？

(3) 若混合碱是 NaOH 和 Na_2CO_3 或 $NaHCO_3$ 和 Na_2CO_3 的混合物，如何根据双指示剂法判断碱的类型？

实验 16　纯液体饱和蒸气压的测定

一、实验目的

(1) 用平衡管测定不同温度下液体的饱和蒸气压。

(2) 了解纯液体的饱和蒸气压与温度的关系、克劳修斯-克拉佩龙(Clausius-Clapeyron)方程的意义，并学会用图解法求其平均摩尔气化热和正常沸点。

二、实验原理

在通常温度下(距离临界温度较远时)，纯液体与其蒸气达平衡时的蒸气压称为该温度下液体的饱和蒸气压，简称蒸气压。蒸发 1 mol 液体所吸收的热量称为该温度下液体的摩尔气化热。

液体的蒸气压随温度而变化，温度升高时，蒸气压增大；温度降低时，蒸气压降低，这主要与分子的动能有关。当蒸气压等于外界压力时，液体沸腾，此时的温度称为沸点，外压不同时，液体沸点将相应改变，当外压为 $p^{\ominus}$(101. 325 kPa)时，液体的沸点称为该液体的正常沸点。

液体的饱和蒸气压与温度的关系用克劳修斯-克拉佩龙方程表示：

$$\frac{\mathrm{d}\ln p}{\mathrm{d}T}=\frac{\Delta_{\mathrm{vap}}H_{\mathrm{m}}}{RT^2} \tag{4-1}$$

式中，R 为摩尔气体常量；T 为热力学温度；$\Delta_{\mathrm{vap}}H_{\mathrm{m}}$ 为在温度 T 时纯液体的摩尔气化热。

假定 $\Delta_{\mathrm{vap}}H_{\mathrm{m}}$ 与温度无关，或者因温度范围较小，$\Delta_{\mathrm{vap}}H_{\mathrm{m}}$ 可以近似作为常数，积分式 (4-1)，得

$$\ln p=-\frac{\Delta_{\mathrm{vap}}H_{\mathrm{m}}}{R}\cdot\frac{1}{T}+C \tag{4-2}$$

式中，C 为积分常数。由式(4-2)可以看出，以 $\ln p$ 对 $\frac{1}{T}$ 作图，应为一直线，直线的斜率为 $-\frac{\Delta_{\mathrm{vap}}H_{\mathrm{m}}}{R}$，由斜率可求算液体的 $\Delta_{\mathrm{vap}}H_{\mathrm{m}}$。

测定液体饱和蒸气压的方法很多。本实验采用静态法，是在某一温度下直接测量饱和蒸气压，此法一般适用于蒸气压较大的液体。实验所用仪器是纯液体饱和蒸气压测定装置，如图 4-3 所示。

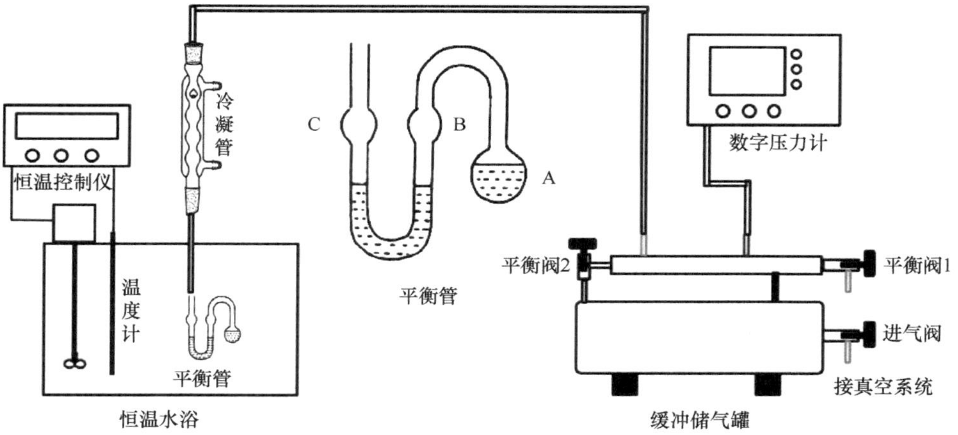

图 4-3 纯液体饱和蒸气压测定装置

平衡管由 A 球和 U 形管 B、C 组成。平衡管上接一冷凝管，以橡皮管与压力计相连。A 球内装待测液体，当 A 球的液面上纯粹是待测液体的蒸气，而 B 管与 C 管的液面处于同一水平时，表示 B 管液面上的蒸气压(A 球液面上的蒸气压)与加在 C 管液面上的外压相等。此时，系统气、液两相平衡的温度称为液体在此外压下的沸点。用此时的大气压减去压力计两水银面的高度差，即为该温度下液体的饱和蒸气压。

用静态法测量不同温度下纯液体饱和蒸气压的实验方法有升温法和降温法两种。

三、仪器和试剂

仪器：纯液体饱和蒸气压测定装置，放大镜(×5)，直尺。

试剂：乙醇或乙酸乙酯。

四、实验内容

1. 安装仪器装置

按图 4-3 连接装置。将待测液体装入平衡管中，A 球约 2/3 体积，B 和 C 管各 1/2 体积，然后按图安装各部分。

2. 系统气密性检查

关闭进气活塞，旋转三通活塞使系统与真空泵连通，开动真空泵，抽气减压至水银压力计两臂水银面压差为 53 kPa(400 mmHg)时，关闭三通活塞，使系统与真空泵、大气均不通。观察 U 形水银压力计的一臂水银面高度，若水银面高度能在数分钟内维持不变，则表明系统不漏气。否则，应逐段检查，查明漏气原因并解决问题。

3. 排除 AB 弯管空间内的空气

AB 弯管空间内的压力包括两部分：一部分是待测液体的蒸气压；另一部分是空气的压力。测定时，必须将其中的空气排除，才能保证 B 管液面上的压力为液体的蒸气压。排除空气方法如下：先将恒温水浴温度调至第一个温度值(一般比室温高 2 ℃左右)，接通冷凝水，抽气降压至液体轻微沸腾，此时 AB 弯管内的空气不断随蒸气经 C 管逸出，如此沸腾数分钟，可认为空气被排除干净。

4. 饱和蒸气压的测定

当空气被排除干净且系统温度恒定后，打开进气活塞缓缓放入空气(切不可太快，以免空气倒灌入 AB 弯管中，如果发生空气倒灌，则须重新排除空气)，直至 B 管、C 管中液面平齐。关闭进气活塞，立即记录温度与水银压力计两臂水银面的压差(如果放入空气过多，C 管中液面低于 B 管的液面，需抽气，再调平齐)。

将恒温水浴温度升高 3～5 ℃，温度升高后，液体的饱和蒸气压增大，液体会不断沸腾。为了避免 B、C 管中液体大量蒸发，应随时打开进气活塞缓缓放入少量空气，保持 C 管中液面平静，无气泡冒出。当体系温度恒定后，再次放入空气使 B、C 管液面平齐，记录温度和压差。依次每升高 3～5 ℃测定一次压差，总共测七八个值。

五、数据处理

(1) 填写数据记录表(表 4-4)。将温度、压力数据列表，计算不同温度的饱和蒸气压。

表 4-4 实验数据记录及处理

大气压 P = ________kPa 室温________℃

T/℃	真空度/ kPa	蒸气压 p/ kPa	$(1/T)$/K^{-1}	$\ln p$

(2) 若用乙醇，绘出乙醇的蒸气压-温度曲线，并求出指定温度下的温度系数 $\frac{\mathrm{d}\ln p}{\mathrm{d}T}$。

(3) 以 $\ln p$ 对 $\frac{1}{T}$ 作图，求出直线的斜率，并由斜率算出此温度区间内乙醇的平均摩尔气化热 $\Delta_{vap}H_m$，通过图求算乙醇的正常沸点。

六、思考题

(1) 为什么 AB 弯管中的空气要排除干净？如何操作？如何防止空气倒灌？

(2) 何时读取 U 形水银压力计两臂的压差数值？所读数值是否为纯水的饱和蒸气压？

(3) 引起本实验误差的因素有哪些？

实验 17 化学反应摩尔焓变的测定

一、实验目的

(1) 了解测定化学反应焓变的原理和方法。

(2) 掌握电子天平、精密温度计、容量瓶和移液管的使用等基本操作。

二、实验原理

化学反应中常伴随着能量的变化。在等压、不做非体积功的条件下，化学反应的热效应等于反应系统的焓变。因此，测定化学反应的焓变，实际上是测定化学反应在等压下的热效应。摩尔反应焓变是在等压条件下发生一个单位反应的热效应。

本实验测定锌粉和硫酸铜溶液反应的摩尔焓变：

$$Zn(s) + CuSO_4(aq) \longrightarrow ZnSO_4(aq) + Cu(s)$$

测定反应热的方法很多。本实验采用普通保温杯和精密温度计组成的简易量热计测定上述反应的焓变[图 4-4(a)]。

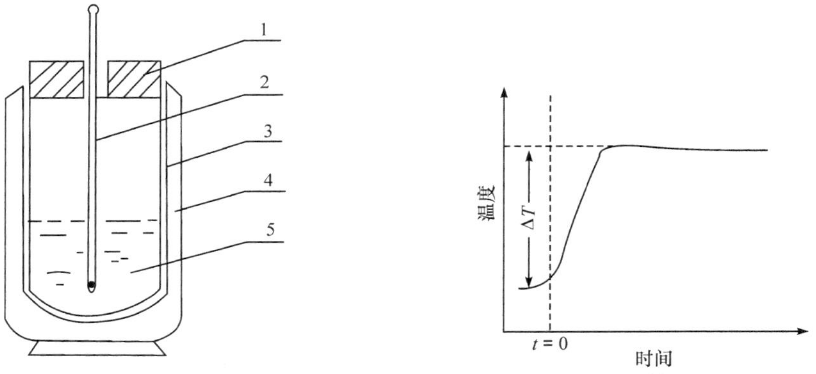

(a)　　(b)

图 4-4　焓变的测定

(a) 反应热测定装置示意图　(b) 反应时间与温度的变化关系

1. 保温杯盖；2. 温度计；3. 真空隔热层；4. 保温杯外壳；5. $CuSO_4$溶液

在实验中，忽略量热计的热容，由溶液的比热容和反应前后溶液温度的变化可以求出上述反应的摩尔焓变：

$$\Delta_r H_m = -\Delta T \cdot C \cdot V \cdot \rho \cdot \frac{1}{cV/1000} \times \frac{1}{1000} = -\Delta T \cdot C \cdot \rho \cdot \frac{1}{c}$$

式中，$\Delta_r H_m$为化学反应摩尔焓变($kJ \cdot mol^{-1}$)；ΔT为反应前后溶液温度的变化(K)；C为反应后溶液的比热容($J \cdot g^{-1} \cdot K^{-1}$)；$V$为反应后溶液的体积(mL)；$\rho$为溶液的密度($g \cdot mL^{-1}$)；$c$为$CuSO_4$溶液物质的量浓度($mol \cdot L^{-1}$)。

由于本实验所用简易量热计并非严格的绝热系统，因此反应放出的热量不可避免会少量传给环境，实验测定的最高温度不能客观反映由反应热引起的真正温差，要通过图解法进行校正。其方法是：以测定的温度为纵坐标、时间为横坐标作图[图 4-6(b)]，按虚线外推到混合时间($t = 0$)，得校正后的ΔT。

三、仪器和试剂

仪器：电子天平，台秤，保温杯，精密温度计(0～50 ℃，0.1 ℃刻度)，秒表，容量瓶(100 mL)，移液管(25 mL)，烧杯，玻璃棒，洗耳球。

试剂：硫酸铜($CuSO_4 \cdot 5H_2O$)晶体(AR)，锌粉(CP)。

四、实验内容

(1) 用台秤称取约 2 g 锌粉。

(2) 用电子天平准确称取欲配制 100 mL 0.2 mol · L^{-1} $CuSO_4$溶液所需要的 $CuSO_4 \cdot 5H_2O$ 晶体的质量，用 100 mL 容量瓶定容配制成溶液。

(3) 用移液管准确移取 50.00 mL 所配制的 $CuSO_4$ 溶液置于保温杯中，盖好盖子，插入温度计。

(4) 不断摇动溶液，每隔 30 s 记录一次温度。2 min 后，迅速倒入已称好的锌粉，并立即盖好盖子，不断摇动溶液，每隔 15 s 记录一次温度。待温度达到最高点后，再继续测定 2 min。

五、数据处理

(1) 作温度(T)-时间(t)图，用外推法求得反应前后温度的变化ΔT。

(2) 取溶液的比热容C为4. 18 J · g^{-1} · K^{-1}，溶液的密度ρ为1. 08 g · mL^{-1}(近似视为水)，根据公式计算$\Delta_r H_m$。

(3) 计算相对误差：

$$相对误差=\frac{\Delta_r H_{m测定值} - \Delta_r H_{m理论值}}{\Delta_r H_{m理论值}} \times 100\%$$

并对产生误差的主要因素进行分析。

六、思考题

(1) 实验中所用锌粉为什么不必用电子天平精确称量？

(2) 实验中为什么要不断搅拌溶液并注意温度的变化？

(3) 为什么要用外推法求ΔT？

(4) 从理论上计算 $Zn(s) + CuSO_4(aq) =\!=\!= ZnSO_4(aq) + Cu(s)$ 的$\Delta_r H_m$是多少？

(5) 推导本实验摩尔焓变的计算公式。

实验 18　乙酸解离度和解离平衡常数的测定

一、实验目的

(1) 了解用 pH 法测定乙酸解离度和解离平衡常数的原理与方法。

(2) 学习酸度计的使用方法。

(3) 理解弱电解质解离度、解离平衡常数与浓度的关系。

(4) 学习移液管、吸量管的使用方法。

二、实验原理

乙酸(CH_3COOH)是弱电解质，在水溶液中存在如下解离平衡：

$$\mathrm{HAc(aq)} \rightleftharpoons \mathrm{H^+(aq)} + \mathrm{Ac^-(aq)}$$

起始浓度/$(\mathrm{mol \cdot L^{-1}})$　　c　　0　　0

平衡浓度/$(\mathrm{mol \cdot L^{-1}})$　　$c - c\alpha$　　$c\alpha$　　$c\alpha$

式中，α 为乙酸的解离度，平衡常数表达式为

$$K_a = \frac{[\mathrm{H^+}][\mathrm{Ac^-}]}{[\mathrm{HAc}]} = \frac{(c\alpha)^2}{c(1-\alpha)} = \frac{c\alpha^2}{1-\alpha}$$

本实验使用酸度计测量一系列已知浓度的乙酸溶液的 pH，然后求出一系列对应的乙酸解离度 α 和解离常数 K_a。根据实验数据，分析在一定温度下乙酸浓度的变化对 α 和 K_a 的影响。算出 K_a 的平均值，并与标准值 1.8×10^{-5} 比较，计算相对误差。

三、仪器和试剂

仪器：酸度计及相应电极，移液管(50 mL)，吸量管(25 mL)，烧杯(100 mL)。

试剂：HAc 标准溶液($0.1\ \mathrm{mol \cdot L^{-1}}$，由实验室标定出准确浓度)，标准缓冲溶液。

四、实验内容

1. 配制溶液

取四个干燥的 100 mL 烧杯，用移液管或吸量管按表 4-5 中四组数据分别准确移取 HAc 标准溶液和去离子水加入相应烧杯(取 HAc 溶液和去离子水的移液管、吸量管要严格分开，一次取完所有的 HAc 溶液后再取去离子水)，并混合均匀。计算各烧杯中 HAc 溶液的精确浓度，填入表 4-5 中。

表 4-5　不同浓度的乙酸解离度和解离平衡常数

实验编号	$V(\mathrm{HAc})$/mL	$V(\mathrm{H_2O})$/mL	$c(\mathrm{HAc})$/$(\mathrm{mol \cdot L^{-1}})$	pH	$c(\mathrm{H^+})$/$(\mathrm{mol \cdot L^{-1}})$	α/%	$K_a(\mathrm{HAc})$	K_a 平均值
1	50.00	0						
2	25.00	25.00						
3	15.00	35.00						
4	5.00	45.00						
实验室温 $T =$　　K								

2. 测定乙酸溶液的 pH

使用酸度计，按照浓度由低到高的顺序测定各组的 pH，并计算各组溶液的解离度 α 和解离平衡常数 K_a，填入表 4-5 中。

3. 计算

根据实验数据，计算一定温度下浓度 c 与解离度 α 和解离平衡常数 K_a 的关系，比较 K_a 的平均值与标准值，进行误差分析。

五、思考题

(1) 若改变实验的浓度与温度，对解离度与解离平衡常数有什么影响?

(2) 使用酸度计的操作应注意什么?

(3) 连续测定不同浓度 HAc 溶液的 pH 时，为什么要从低浓度到高浓度?

实验 19　光度法测定弱酸的解离常数

一、实验目的

(1) 学习一种测定弱酸解离常数的原理和方法。

(2) 进一步掌握溶液的配制。

(3) 学习分光光度计的使用方法。

二、实验原理

大多数指示剂为弱酸或弱碱，分子量较大，溶解度较差，因此不能很好地使用常见的电位法测定弱酸或弱碱的解离常数。但这些化合物本身具有颜色，在不同 pH 下存在不同形式(如 HIn 或 In^-)，对光的吸收不同，故可以利用光度法进行测定。

溴甲酚绿是弱酸型指示剂(以 HIn 表示)，其变色范围为 pH 4.0～5.6，对应颜色由黄到蓝。当酸式和碱式(或分子型/离子型)在溶液中达到平衡时

$$HIn \rightleftharpoons H^+ + In^-$$

$$K_a = [H^+][In^-]/[HIn] \tag{4-3}$$

$$pK_a = pH - \lg([In^-]/[HIn]) \tag{4-4}$$

结合朗伯-比尔定律，可得

$$[In^-]/[HIn] = (A_{HCl}-A_x)/(A_x-A_{NaOH}) \tag{4-5}$$

式中，A_{HCl} 为含 100% HIn 时的吸光度；A_{NaOH} 为含 100% In^-的吸光度；A_x 为 HIn 和 In^-共存时的吸光度。

当$[In^-]=[HIn]$时

$$A_a = (A_{HCl} + A_{NaOH})/2 \tag{4-6}$$

在此基础上，配制不同 pH 下的溶液，测得各份溶液的吸光度 A_x。将 A_x 对 pH 作图得一直线，直线上 A_a 对应的 pH 则为弱酸溴甲酚绿的 pK_a。

三、仪器和试剂

仪器：分光光度计，pH 计，烧杯。

试剂：NaAc(0.2 mol · L^{-1})，HCl(0.1 mol · L^{-1})，NaOH(0.1 mol · L^{-1})，溴甲酚绿(0.220 g 溶于 100 mL 乙醇，用水稀释至 10 L)。

四、实验内容

1. 配制溶液

(1) 用 0.2 mol · L^{-1} NaAc 溶液和 0.1 mol · L^{-1} HCl 溶液配制 pH 分别为 4.2、4.4、4.6、4.8、5.0 的缓冲溶液各 20 mL。

(2) 在干燥的 25 mL 烧杯中按表 4-6 配制溶液。

表 4-6 溶液的配制

实验编号	溴甲酚绿溶液/mL	去离子水/mL	其他试剂及用量/mL	pH	吸光度
1	5.00	2.00	0.1 mol · L^{-1} HCl 溶液 1.00 mL		
2	5.00	2.00	0.1 mol · L^{-1} NaOH 溶液 1.00 mL		
3	5.00	2.00	pH = 4.2 的缓冲溶液 1.00 mL		
4	5.00	2.00	pH = 4.4 的缓冲溶液 1.00 mL		
5	5.00	2.00	pH = 4.6 的缓冲溶液 1.00 mL		
6	5.00	2.00	pH = 4.8 的缓冲溶液 1.00 mL		
7	5.00	2.00	pH = 5.0 的缓冲溶液 1.00 mL		

2. 测定 pH

用 pH 计测定 3～7 号溶液的 pH。

3. 测定吸光度

用分光光度计测定 7 份溶液的吸光度，测定条件为 $\lambda = 615$ nm，比色皿厚度为 1 cm。

4. 数据处理与讨论

(1) 按式(4-6)计算[In^-] = [HIn]时的吸光度。

(2) 利用计算机相关程序作 3～7 号溶液的 A_x-pH 图，从图中找出 A_a 对应的 pH，此值即为溴甲酚绿的 pK_a 值。

五、思考题

(1) 如何配制实验中 3～7 号不同 pH 的缓冲溶液?

(2) 测定条件中为什么选择 $\lambda = 615$ nm?

实验 20 铁(Ⅲ)与磺基水杨酸配合物的组成和稳定常数的测定

一、实验目的

(1) 了解用分光光度法测定配合物的组成及配离子的稳定常数的原理和方法。

(2) 进一步掌握分光光度计的使用方法。

二、实验原理

铁(Ⅲ)与磺基水杨酸在 pH 2～3 时可生成稳定的有 1 个配体的紫红色配合物；在 pH 4～8 时，生成有 2 个配体的褐色螯合物。

本实验应用分光光度法中的浓比递变法，测定铁(Ⅲ)与磺基水杨酸在 pH 2～3 时生成的有 1 个配体的配合物的组成和稳定常数。

某无色中心离子 M 和无色配体 X 在给定条件下反应，只能生成一种有色配合物或配离子 MX_n。有色物质对光有选择性地吸收，当入射光的波长、温度及比色皿均一定时，吸光度 A 只与有色溶液的浓度 c 成正比，据此可知此溶液的吸光度与有色配合物的浓度成正比，即有色配离子或配合物的浓度越大，溶液颜色越深，其吸光度越大。用浓比递变法测定一系列该溶液的吸光度，即可求出该配合物的组成和稳定常数。

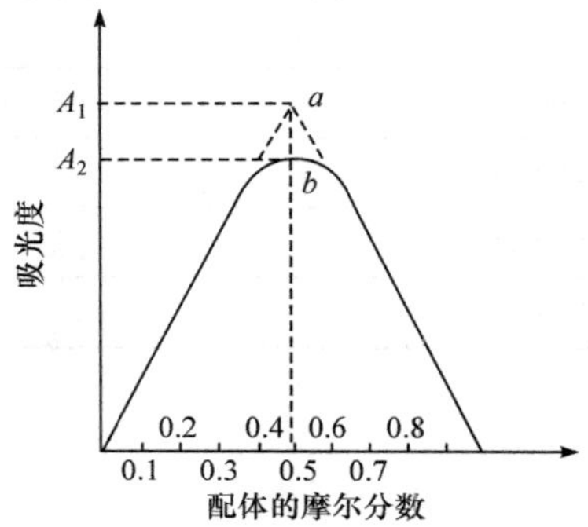

图 4-5　吸光度-配体的摩尔分数关系曲线

配制一系列中心离子 M 和配体 X 的总物质的量相等但各自的摩尔分数连续变化的溶液，如 X 的摩尔分数依次为 0、0.1、0.2、0.3、…、1.0，然后在一定波长的单色光波长下测定该系列溶液的吸光度。随着配体 X 的摩尔分数增加，生成的配合物的浓度增大，吸光度也随之增大。当 M 和 X 恰好全部形成配离子或配合物时，MX_n 的浓度最大，吸光度也最大。

以吸光度为纵坐标、配体的摩尔分数为横坐标作图，如图 4-5 所示。最大吸光度处的物质组成即为配合物的组成。例如，从图 4-5 中可看出，延长曲线的直线部分相交于 a，a 点即为最大吸收处。此处配体、中心离子的摩尔分数均是 0.5，因此

$$\frac{\text{配体物质的量}}{\text{中心离子物质的量}}=\frac{\text{配体摩尔分数}}{\text{中心离子摩尔分数}}=\frac{0.5}{0.5}=1$$

即该配离子或配合物的组成为 MX 型。

配合物或配离子的稳定常数也可利用图 4-5 求得。图 4-5 中 a 处的吸光度 A_1 是 MX 配合物或配离子不考虑解离时的吸光度。但配合物总有少部分解离，因此其实际浓度要小一些，所以测得的最大吸光度应在 b 处，即为 A_2。此时，MX 的解离度为

$$\alpha=(A_1-A_2)/A_1$$

MX 的稳定常数可由下列平衡关系求得

$$MX \rightleftharpoons M + X$$

	MX	M	X
起始浓度	c	0	0
平衡浓度	$c-c\alpha$	$c\alpha$	$c\alpha$

$$K_{稳}^{\ominus}=\frac{c(MX)/c^{\ominus}}{[c(M)/c^{\ominus}][c(X)/c^{\ominus}]}=\frac{1-\alpha}{c\alpha^2/c^{\ominus}}$$

式中，c 为对应于 a 点的中心离子 M 的总物质的量浓度；$c^{\ominus}=1\ mol\cdot L^{-1}$。

本实验在 pH＜2. 5 条件下，以 500 nm 单色光进行测定。

三、仪器和试剂

仪器：容量瓶(100 mL)，移液管(10 mL)，洗耳球，烧杯(50 mL、400 mL)，玻璃棒，分光光度计。

试剂：$HClO_4$(0.01 mol · L^{-1})，磺基水杨酸溶液(0.0100 mol · L^{-1}，将分析纯磺基水杨酸溶于 0.01 mol · L^{-1} $HClO_4$ 中)，$NH_4Fe(SO_4)_2$(0.0100 mol · L^{-1}，将分析纯硫酸高铁铵溶于 0.01 mol · L^{-1} $HClO_4$ 中)。

四、实验内容

1. 配制待测溶液

(1) 配制 0.00100 mol · L^{-1} Fe^{3+}溶液。先用 10 mL 移液管准确吸取 10.0 mL 0.0100 mol · L^{-1} 硫酸铁铵溶液，注入 100 mL 容量瓶中，再用 0.01 mol · L^{-1} $HClO_4$ 溶液稀释至刻度，摇匀备用。

(2) 配制 0.00100 mol · L^{-1} 磺基水杨酸溶液。先用 10 mL 移液管准确吸取 10.0 mL 0.0100 mol · L^{-1} 磺基水杨酸溶液，注入 100 mL 容量瓶中，再用 0.01 mol · L^{-1} $HClO_4$ 溶液稀释至刻度，摇匀备用。

(3) 配制系列浓度的待测溶液。另用 3 支 10 mL 移液管按表 4-7 分别吸取各溶液，依次注入已编号的 11 个干燥的 50 mL 烧杯中，搅匀，待测。

表 4-7 数据记录和计算

待测溶液编号	试剂用量/mL			磺基水杨酸的摩尔分数	吸光度
	$HClO_4$	Fe^{3+}	磺基水杨酸		
1	10.0	10.0	0.0		
2	10.0	9.0	1. 0		
3	10.0	8. 0	2. 0		
4	10.0	7. 0	3. 0		
5	10.0	6. 0	4. 0		
6	10.0	5. 0	5. 0		
7	10.0	4. 0	6. 0		
8	10.0	3. 0	7. 0		
9	10.0	2. 0	8. 0		
10	10.0	1. 0	9.0		
11	10.0	0.0	10.0		

2. 测定溶液吸光度

(1) 调整分光光度计(用波长为 500 nm 的光源，1 cm 比色皿)。

(2) 取 4 个比色皿，其中 1 个加入去离子水(用作参比溶液，放在比色皿框中第一格内)，其余 3 个分别加入以上配制的 1～3 号溶液至容积的 2/3。测量各溶液的吸光度，并记录数据[每次测定必须用去离子校正零点和最大透光率(100%)，记录稳定的数值]。

(3) 按照上述操作连续测定其余编号溶液的吸光度。应保留第一格中比色皿内的去离子水，供校正零点用。其余 3 个比色皿应洗净并分别用少量待测溶液洗涤 2 次，再加入其余的待测溶液，逐一测定，并记录数据。

3. 数据记录和计算

(1) 将计算值与记录值填入表 4-7 中。

(2) 以吸光度为纵坐标、磺基水杨酸的摩尔分数为横坐标作图，从图中找出最大吸收值，计算配合物的组成和稳定常数。

五、思考题

(1) 实验中待测溶液的 pH 是否应保持相同？为什么？

(2) 如何正确使用比色皿？

(3) 简述分光光度计的操作步骤。

实验 21　二组分金属相图的绘制

一、实验目的

(1) 学习热分析法测量、绘制锡-铋二元合金相图的方法。

(2) 了解固-液相图的基本特点。

二、实验原理

热分析法是测绘相图的一种常用方法。将合金或金属熔化后，使其在一定环境中逐渐冷却，每隔一定时间测量一次系统的温度，最后根据实验数据作出温度-时间曲线。这种曲线称为渐冷曲线或步冷曲线，步冷曲线的转折点表现了系统相变信息。二元低共熔系统的步冷曲线有如图 4-6(a)所示的三种情况。

曲线 I 是纯金属的步冷曲线。上段曲线反映的是液态金属的冷却过程，根据相律 $f^* = K - \Phi + 1 = 1 - 1 + 1 = 1$，系统温度随时间而逐渐下降；当温度冷却到金属凝固点温度 t_{Bi} 时，液态金属开始凝固，此时金属液、固二相共存，根据相律 $f^* = K - \Phi + 1 = 1 - 2 + 1 = 0$，温度不再随时间变化，曲线出现平台；当液相全部凝固后，$f^* = 1$，系统温度随时间又均匀下降。

曲线 II 是组成为 x 的合金的步冷曲线。上面第一段曲线反映的是熔融二元合金冷却过程，根据相律 $f^* = K - \Phi + 1 = 2 - 1 + 1 = 2$，温度随时间逐渐下降；当冷却到 t_1 时，开始析出固态 Bi，出现液、固两相共存，根据相律 $f^* = K - \Phi + 1 = 2 - 2 + 1 = 1$，温度仍然要变，但因

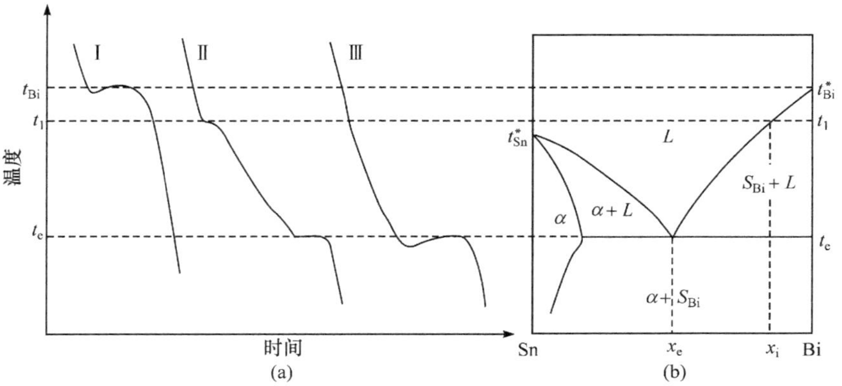

图 4-6 Sn-Bi 系统步冷曲线(a)和固-液平衡相图(b)

析出固体放出的热抵消了一部分系统在环境中散失的热，所以冷却速度减慢，步冷曲线出现转折点；当冷却到 t_e 时，熔融体除析出固态 Bi 外，同时还析出固态 α (Bi 在 Sn 中的固溶体)，此时三相共存，$f^*=K-\Phi+1=2-3+1=0$，系统温度保持不变，步冷曲线出现平台，直到系统液相消失全部凝固后，两固相共存，$f^*=K-\Phi+1=2-2+1=1$，温度才继续下降。

曲线Ⅲ是具有低共熔组成 x_e 的合金的步冷曲线。当熔融体温度下降到 t_e 时，同时析出固态 Bi 和固溶体 α，此时三相共存，$f^*=0$，出现平台，直至熔融体全部凝固后，温度才继续下降。

将各组成不同的步冷曲线的转折温度、平台温度及对应的系统组成标在温度-组成坐标图上绘制成 Sn-Bi 系统固-液平衡相图[图 4-6(b)]。

三、仪器和试剂

仪器：KWL-Ⅲ金属相图实验装置。

试剂：纯锡，纯铋，石墨粉。

四、实验内容

1. 配制样品

分别配制含铋量为 30%(质量分数，下同)、58%、80%的锡铋混合物及纯锡、纯铋，分别装入五支玻璃样品管中，在样品上方加一层石墨粉(防止金属氧化)，并在样品管中插入不锈钢套管。

2. 设定参数

将样品管放入电炉中，将铂电阻插入不锈钢套管中。按动控温巡检仪的“功能”键，进入参数设置状态，按动“功能”键，设置“定时”为 60 s，设置“控制温度”为 300 ℃。此时，确保“冷风量调节”开关关闭，旋钮处于最小位置。然后，按动“工作/置数”键，将控温巡检仪调整为工作状态，“工作”指示灯亮，电炉开始加热，控温巡检仪显示窗口显示实时炉温，通过“自动巡检”或“手动巡检”功能，依次观察 6 个样品管的实时温度。

3. 测定步冷曲线

待 5 个样品管的实时温度全部升高至 340 ℃以上，按动控温巡检仪上的“工作/置数”键，将其调整为置数状态，炉体不再升温。依次记录 5 个样品管的实时温度，之后每隔 60 s，控温巡检仪蜂鸣报警一次。此时，依次记录 5 个样品管的实时温度，直到所有样品管的实时温度全部低于 120 ℃时，停止记录。打开“冷风量调节”开关，将旋钮旋至最大，帮助炉体降温。待所有样品管温度低于 50 ℃时，关闭炉体开关和控温巡检仪开关，拔掉电源。

五、数据处理

1) 步冷曲线

以温度为纵坐标、时间为横坐标，作出各样品的步冷曲线。

2) Sn-Bi 相图

从各样品的步冷曲线中找出转折点所对应的温度，根据样品组成和相变温度绘制相图，并从相图上找出低共熔点坐标。

六、思考题

(1) 总质量相同但组成不同的 Sn-Bi 混合物的步冷曲线，平台线段的长度是否相同？为什么？

(2) 混合物与纯物质的步冷曲线有什么不同？试根据相律阐明它们之间的差别。

(3) 某 Sn-Bi 混合物，如何确定其组成？

实验 22　双液系气-液平衡相图的绘制

一、实验目的

(1) 测定常压下环己烷-乙醇系统的沸点和组成，绘制其沸点-组成图，并确定恒沸组成和恒沸温度。

(2) 学习回流冷凝法测定溶液沸点的方法。

(3) 学习用折射率确定二元液体组成的方法。

二、实验原理

两种液体相互混合组成的系统称为双液系。若两种液体能以任意比例相互溶解，则称为完全互溶双液系。

液体的沸点是指液体的蒸气压和外压相等时的温度。在一定外压下，纯液体的沸点有一确定数值，但对于双液系，其沸点还与双液系的组成有关，并且平衡时的气、液两相组成一般不同。在一定外压下，表示溶液的沸点与平衡时气、液两组成的关系曲线称为沸点-组成图(T-x 图)。完全互溶双液系的 T-x 图可分为以下三类：

(1) 溶液沸点介于两纯液体的沸点之间[图 4-7(a)]，如苯-甲苯系统等。

(2) 溶液有最高沸点[图 4-7(b)]，如氯化氢-水系统等。

(3) 溶液有最低沸点[图 4-7(c)]，如苯-乙醇系统等。

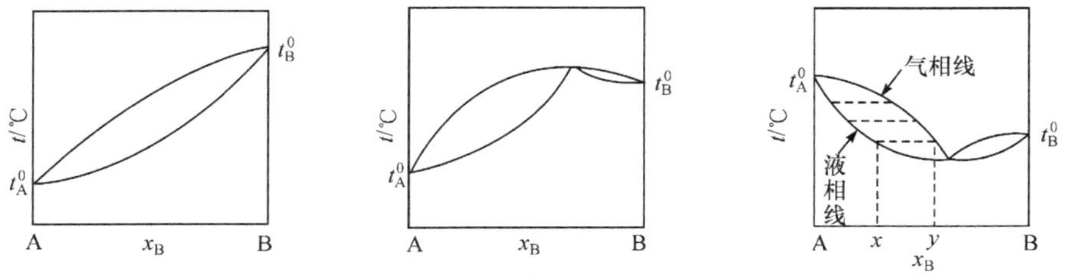

图 4-7 完全互溶双液系沸点-组成图

第(2)、(3)类溶液在最高点或最低点时气、液两相组成相同，加热蒸发的结果使气相总量增加，气、液两相组成及沸点均保持不变，这时的最高或最低温度称为恒沸温度，相应的组成称为恒沸组成。

本实验所测的环己烷-乙醇系统的 T - x 图属于图 4-7(c)类型。蒸馏总组成为 x 的溶液开始沸腾时，组成为 y 的气相生成，继续蒸馏，系统温度继续升高，同时气、液两相的组成沿气相线和液相线上的箭头指向变化，当两相质量一定时，系统温度就保持不变，测定此时的气、液组成，就得到绘制 T - x 相图的一对坐标点。改变系统的总组成，按上述方法可得到若干对坐标点，将表示气相组成的点和液相组成的点分别连接成气相线和液相线，就得到 T - x 图。

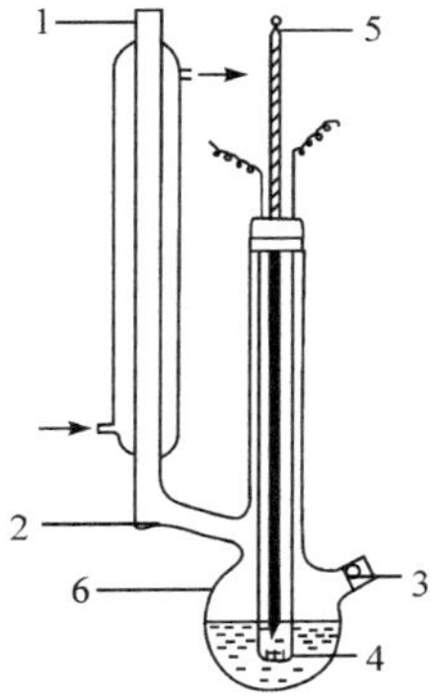

图 4-8 沸点仪

1. 冷凝管；2. 冷凝液收集小槽；3. 支管；4. 电热丝；5. 温度计；6. 烧瓶

本实验所用的沸点仪如图 4-8 所示，其中冷凝管的作用是在气、液两相平衡时保持两相相对质量不变而使温度恒定。冷凝液收集小槽收集气相冷凝液，用于测量气相组成。

因为溶液的折射率与组成有关，所以溶液组成的测定采用折射率法。在一定温度下，测得一系列已知浓度溶液的折射率后，作出折射率-组成的工作曲线。样品溶液的组成可由测得的折射率通过查找工作曲线而获得。

三、仪器和试剂

仪器：沸点仪，阿贝折射仪，温度计(50～100 ℃)，长、短取样管，量筒，移液管。

试剂：环己烷(AR)，无水乙醇，环己烷-乙醇标准溶液(10%、20%、30%、40%、50%、60%、70%、80%、90%，摩尔分数)。

四、实验内容

(1) 用阿贝折射仪测定环己烷、乙醇及标准溶液的折射率。阿贝折射仪的原理及使用方法见第 2 章。

(2) 在干燥的蒸馏烧瓶中加入 20 mL 环己烷，盖好瓶塞，使电热丝浸入液体中，温度计水银球与液面接触。接通冷凝水，打开电源开关进行加热，直到沸腾温度恒定后再维持 3～5 min，使系统达到平衡，记录沸点温度后停止加热。从支管加入 0.5 mL 乙醇于蒸馏烧瓶中，重新加热至沸腾温度恒定。记录沸点，用干燥的长取样管从冷凝管口伸入冷凝液收集小槽，吸取气相冷凝液，测定其折射率；再用干燥的短取样管从支管取数滴溶液，测定液相的折射率。然后按表 4-8 所规定的数量从支管再加入乙醇，重复上述操作，测定各混合液的沸点及相应的气、液两相折射率。注意在取样及加入液体后要立即盖好瓶塞，以防蒸发损失。测定折射率时也应迅速，防止液体蒸发。测完折射率后，将棱镜打开晾干，以备下次测定时用，否则需用镜头纸擦干。

表 4-8　环己烷-乙醇溶液组成

混合液体的体积组成	第一组							第二组			
每次加环已烷体积/mL	20	—	—	—	—	—	—	—	1	2	5
每次加乙醇体积/mL	—	0.5	1	2	5	5	10	20	—	—	—

(3) 待第一组六次添加乙醇测量完毕后，将蒸馏烧瓶中溶液全部倒出，并用洗耳球吹干，重新加入 20 mL 乙醇，测定其沸点。然后按表 4-8 规定加入环已烷，用相同方法测定沸点和平衡时气、液两相的折射率。

五、数据处理

(1) 作环已烷-乙醇标准溶液的折射率-组成的工作曲线。

(2) 根据各样品的折射率，从工作曲线查出平衡时气、液两相组成。

(3) 作环已烷-乙醇的沸点-组成图，确定其恒沸温度和恒沸组成。

六、思考题

(1) 如何判断气、液两相达到平衡？

(2) 每次加入蒸馏烧瓶中的环已烷或乙醇是否必须精确计量？

(3) 实验测得的沸点与正常沸点是否一致？

实验 23　苯酚-水二元系统相图的绘制

一、实验目的

(1) 学习溶解度法制作相图的方法。

(2) 测定苯酚-水系统的相互溶解曲线，确定其临界溶解温度。

二、实验原理

部分相溶液体的相互溶解度随温度而改变。常见的一种情况是：温度升高，相互溶解度增加，继续升高温度，最后可以达到完全互溶。液体开始以任何比例完全相溶的温度称为临界溶解温度。

以苯酚-水的系统为例[图 4-9(a)]，苯酚在水中的溶解度(*AC* 线)随温度升高而增大，水在苯酚中的溶解度(*BC* 线)也是这样。当达到一个相当高的温度时，两溶解度曲线交于一点 *C*，此时两液体开始完全互溶，*C* 点的温度即为苯酚-水的临界溶解温度。

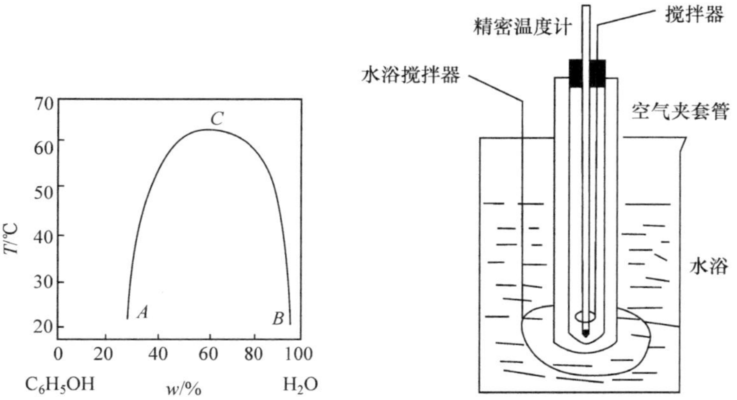

(a)　　　　(b)

图 4-9　苯酚-水系统组成图(a)及实验装置(b)

三、仪器和试剂

仪器：吸量管(10 mL)，大试管，台秤，电炉，空气夹套管，精密温度计(1～100 ℃)，水浴及水浴搅拌器。

试剂：苯酚，去离子水。

四、实验内容

(1) 用台秤称取 5 g 苯酚(注意：苯酚有强腐蚀性！)放入试管中，并用吸量管加入 4 mL 去离子水，盖好塞子，按照图 4-9(b)装好整套设备放入水浴中，试管中的液面必须低于水浴的水面(水浴用自来水，实验后不倒掉)。

(2) 用电炉加热水浴，当试管内液体温度达 50 ℃时，开始不停地搅拌试管中的液体并不时搅拌水浴。当浑浊的溶液突然变为澄清时，记下温度 T_1，然后将整套设备提出水浴外，继续不停搅拌溶液，自然冷却。当混合液由澄清突然变为浑浊时，记下温度 T_2。T_1 与 T_2 很接近，如相差超过 0.1 ℃，必须重新测定。

(3) 向大试管中加入 1 mL 水，重复以上操作可得第二点数据。以后各点依次只加 1 mL 水进行测定，一直测到某点温度开始下降，才可以改变加水量。依次加 2 mL 水测一次，加 4 mL 水测一次，加 6 mL 水测一次。

五、数据处理

(1) 将数据记录于表 4-9 中。

表 4-9　实验 23 数据记录及处理

实验编号		1	2	3	4	5	6	7	8
加入水总体积/mL									
温度/℃	T_1								
	T_2								
	$(T_1-T_2)/2$								
水的质量分数/%									

(2) 计算各混合物中水的质量分数。

(3) 以水的质量分数为横坐标、溶解温度为纵坐标，作苯酚-水的相互溶解曲线，找出临界溶解温度，注明临界点的组成。

六、思考题

(1) 什么是相图？它有什么作用？

(2) 部分相溶二元系统的相互溶解度与哪些因素有关？

(3) 什么是临界溶解温度？

实验 24　电导法测定弱电解质溶液的解离平衡常数

一、实验目的

(1) 掌握电导法测定乙酸的解离常数和解离度，加深对解离常数和解离度的理解。

(2) 学习使用电导率仪，掌握利用电导法测定某些弱电解质溶液的平衡常数的方法。

(3) 巩固滴定分析的基本操作。

二、实验原理

(1) 根据欧姆定律，一定温度下，两电极间的电阻 R 与电极间的距离 l 成正比，与电极截面积成反比：

$$R = \rho \frac{l}{A}$$

电解质溶液的导电能力常用电导 G 表示，电导 G 是电阻的倒数，其测定值与电导电极的面积和电极距离有如下关系：

$$G = \frac{1}{R} = \frac{1}{\rho} \cdot \frac{A}{l} = \kappa \frac{A}{l}$$

式中，κ 为电导率($S \cdot m^{-1}$)，表示两电极距离 1 m、截面积为 1 m^2 时溶液的电导。由于溶液的电导与测量电极的面积和电极之间的距离有关，而电导率 κ 与之无关，因此后者更能恰当地反映溶液的导电能力。

(2) 摩尔电导率 Λ_m ($S \cdot m^2 \cdot mol^{-1}$)：距离为 1 m 的两平行电极放置在含有 1 mol 电解质溶液中的电导率。Λ_m 与 κ 的关系为

$$\Lambda_m = \kappa / 1000c$$

(3) 极限摩尔电导率 Λ_∞：溶液无限稀时的摩尔电导率。

对于某一弱电解质，在一定温度且其溶液无限稀的情况下，可近似认为其完全解离，因此其极限摩尔电导率 Λ_∞ 是一定值。

对于已知浓度为 c 的弱电解质，其解离度 α 等于此时的摩尔电导率 Λ_m 与极限摩尔电导率 Λ_∞ 之比，即

$$\alpha = \frac{\Lambda_m}{\Lambda_\infty}$$

因此，可通过测定一定溶液的电导率，利用上式计算得到α。HAc 的极限摩尔电导率与

温度的关系见表 4-10。通过解离度α与 K_a 的关系式：

$$K_a = \frac{c\alpha^2}{1-\alpha}$$

可计算得到 K_a。

表 4-10　HAc 的极限摩尔电导率

温度/℃	0	18	25	30
Λ_∞ /(S · m² · mol⁻¹)	245×10^{-4}	349×10^{-4}	390.7×10^{-4}	421.8×10^{-4}

三、仪器和试剂

仪器：酸度计，电导率仪，容量瓶(50 mL)，酸式滴定管，锥形瓶(250 mL)，烧杯(50 mL)。

试剂：HAc(0.1 mol · L^{-1}，准确浓度待标定)，NaOH 标准溶液(0.1 mol · L^{-1})，酚酞指示剂(0.2%)。

四、实验内容

1. 标定 HAc 溶液的准确浓度

用移液管分别吸取 20.00 mL 0.1 mol · L^{-1} HAc 溶液，置于三个 250 mL 锥形瓶中，各加 2 滴酚酞指示剂，用 0.1 mol · L^{-1} NaOH 标准溶液滴定至终点。记录滴定体积，并计算 HAc 溶液的准确浓度。

2. 配制不同浓度的 HAc 溶液

从滴定管放出 5.00 mL、10.00 mL、25.00 mL 已标定浓度的 HAc 溶液，分别置于 50 mL 容量瓶中，用去离子水稀释定容、摇匀，与未稀释的 HAc 溶液一起分别依次编号为 1、2、3、4(四种溶液浓度由低到高)。

3. 测定电导率

按溶液浓度由低到高分别测定 1～4 号溶液的电导率，记录实验数据(表 4-11)，与文献值比较，计算相对误差。

表 4-11　溶液电导率的测定

编号	c/(mol · L^{-1})	κ /(S · m^{-1})	Λ_m/ (S · m^2 · mol^{-1})	α	K_a
1					
2					
3					
4					

五、思考题

(1) 测量电导率时，为什么要按照 HAc 浓度由低到高的顺序测量？
(2) 本实验测试结果与实验时温度是否有关？
(3) 用电导法测溶液电导率，溶液可以是 HAc-NaAc 缓冲体系吗？
(4) 根据实验结果讨论 K_a 和 α 与溶液浓度的关系。

实验 25　原电池电动势的测定

一、实验目的

(1) 测定 Cu-Zn 电池的电动势和 Cu、Zn 电极的电极电势。
(2) 学习电极的制备和处理方法。
(3) 掌握电位差计的测量原理和使用方法。

二、实验原理

在恒温、恒压、可逆条件下，电池反应有以下关系：

$$\Delta G = -nEF$$

式中，ΔG 为电池反应的吉布斯(Gibbs)热力学能变；n 为电池反应中得失电子的数目；F 为法拉第(Faraday)常量(其数值为 96500 C · mol^{-1})；E 为电池的电动势。

测出电池的电动势 E 后，便可求得 ΔG，进而可求出其他热力学函数。但必须注意，首先要求电池反应本身是可逆的，即要求电极反应是可逆的，并且不存在任何不可逆的液接界。其次，要求电池必须在可逆情况下工作，即放电和充电过程都必须在准平衡状态下进行，此时只允许有无限小的电流通过电池。因此，用电化学方法研究化学反应的热力学性质时，所设计的电池应尽量避免出现液接界。在精确度要求不高的测量中，常用盐桥消除或减小液接电势，如图 4-10 所示。但使用盐桥后，液接电势一般仍在毫伏数量级，在精确测量中还是不能满足要求。

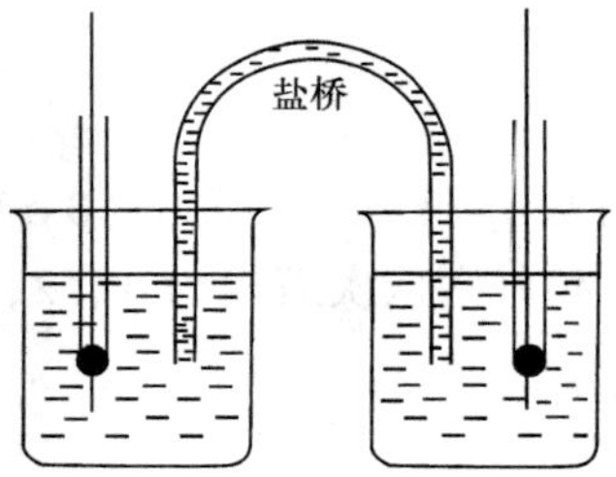

图 4-10　盐桥示意图

进行电池电动势测量时，为了使电池反应在接近热力学可逆条件下进行，采用电位差计测量。原电池电动势主要是两个电极电势的代数和，若能测定出两个电极电势，就可计算得到由它们组成的电池的电动势。根据能斯特方程有

$$E = E^{\ominus} - \frac{RT}{nF}\ln\frac{a(Zn^{2+})}{a(Cu^{2+})}$$

对于任一电池，其电动势等于两电势之差值，其计算式为

$$E = E_+ - E_-$$

对于铜-锌电池，当温度为 25 ℃时，有

$$E_+ = E(Cu^{2+}/Cu) = E^{\ominus}(Cu^{2+}/Cu) - \frac{0.0592}{2}\lg\frac{1}{a(Cu^{2+})}$$

$$E_{-}=E(Zn^{2+}/Zn)=E^{\ominus}(Zn^{2+}/Zn)-\frac{0.0592}{2}\lg\frac{1}{a(Zn^{2+})}$$

对于单个离子，其活度是无法测定的，但强电解质的活度与物质的平均质量摩尔浓度和平均活度系数之间有以下关系：

$$a=\gamma_{\pm}\frac{m_{\pm}}{m^{\ominus}}$$

式中，$\gamma_{\pm}$ 为离子平均活度系数，其数值大小与物质浓度、离子种类、实验温度等因素有关。

在电化学中，电极电势的绝对值至今无法测定，在实际测量中是以某一电极的电极电势作为零标准，将其他电极(被测电极)与零标准电极组成电池，测量其间的电动势，则该电动势即为该被测电极的电极电势。被测电极在电池中的正、负极可由它与零标准电极两者的还原电势比较确定。通常将氢电极在氢气压力为 100 kPa、溶液中氢离子活度为 1 时的电极电势规定为零，称为标准氢电极，然后与其他被测电极进行比较。

测定时通常采用第二级标准电极，甘汞电极是其中最常用的一种。这些电极与标准氢电极比较而得到的电势已精确测出。

以上讨论的电池是在电池总反应中发生了化学变化，因而称为化学电池。还有一类电池称为浓差电池，这种电池在净作用过程中，仅仅是一种物质从高浓度(或高压力)状态向低浓度(或低压力)状态转移，从而产生电动势，而这种电池的标准电动势 $E^{\ominus}$等于零。例如，电池 (−) Cu | $CuSO_4$(0.0100 mol · L^{-1}) || $CuSO_4$(0.1000 mol · L^{-1}) | Cu (+)就是浓差电池的一种。

电池电动势用电位差计测量。电位差计的使用方法参阅 2.1 节。必须指出，电极电势的大小不仅与电极种类、溶液浓度有关，而且与温度有关。本实验是在实验温度下测得电极电势 E，再由上述公式计算 $E^{\ominus}$。

三、仪器和试剂

仪器：UJ33D-1 型电位差计，饱和甘汞电极，盐桥，铜电极，锌电极，烧杯(50 mL)，细砂纸。

试剂：$ZnSO_4$(0.1000 mol · L^{-1})，$CuSO_4$(0.0100 mol · L^{-1}、0.1000 mol · L^{-1})，KCl(饱和)。

四、实验内容

1. 电极制备

1) 锌电极

用细砂纸擦去锌电极上的氧化层，用稀硫酸洗去，再用去离子水洗净，插入装有 0.1000 mol · L^{-1} $ZnSO_4$ 溶液的烧杯中即可。

2) 铜电极

用细砂纸擦去铜电极上的氧化层，用水淋洗，再用去离子水洗净，插入装有 0.1000 mol · L^{-1} $CuSO_4$ 溶液的烧杯中即可。

3) 电池组合

将饱和 KCl 盐桥接入上述两个装有电极的烧杯中，即组成 Cu-Zn 电池：

(−) Zn | $ZnSO_4$(0.1000 mol · L^{-1}) || $CuSO_4$(0.1000 mol · L^{-1}) | Cu (+)

同法组成下列电池：

$$(-)\ Cu\ |\ CuSO_4(0.0100\ mol \cdot L^{-1})\ ||\ CuSO_4(0.1000\ mol \cdot L^{-1})\ |\ Cu\ (+)$$

$$(-)\ Zn\ |\ ZnSO_4(0.1000\ mol \cdot L^{-1})\ ||\ KCl(\text{饱和})\ |\ Hg_2Cl_2\ |\ Hg\ (+)$$

$$(-)\ Hg\ |\ Hg_2Cl_2\ |\ KCl(\text{饱和})\ ||\ CuSO_4(0.1000\ mol \cdot L^{-1})\ |\ Cu\ (+)$$

2. 电动势测定

(1) 按照图 4-11 接好电动势测定装置。

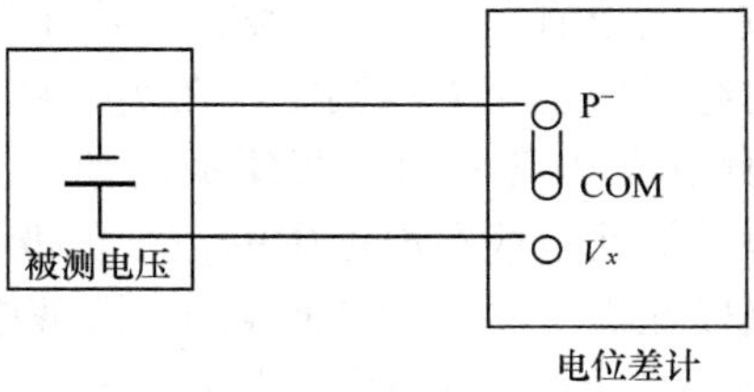

图 4-11　电动势测定装置

(2) 调零。按下电源开关至“1”或插上外接 9 V 直流电源，将功能选择开关旋至“调零”，根据量程需要选择 20 mV 或 50 mV 挡，调节调零电位器到读数为零。

(3) 测量。被测电源正极与 V_x 相连，负极与 P^- 相连，再将功能选择开关旋至“测量”，选择合适的量程，显示读数为被测电压值。

(4) 分别测定以上四个电池的电动势。

五、数据处理

(1) 根据饱和甘汞电极的电极电势温度校正公式，计算实验温度下饱和甘汞电极的电极电势：

$$E_{\text{饱和甘汞}} = 0.2415 - 7.61 \times 10^{-4}(T - 298\ K)$$

(2) 根据测定的各电池电动势及表 4-12，分别计算下列电池电动势的理论值，并将理论值与实验值进行比较：

$$(-)\ Zn\ |\ ZnSO_4(0.1000\ mol \cdot L^{-1})\ ||\ CuSO_4(0.1000\ mol \cdot L^{-1})\ |\ Cu\ (+)$$

$$(-)\ Cu\ |\ CuSO_4(0.0100\ mol \cdot L^{-1})\ ||\ CuSO_4(0.1000\ mol \cdot L^{-1})\ |\ Cu\ (+)$$

表 4-12　298.15 K 时离子平均活度系数 $\gamma_{\pm}$

电解质	浓度	
	$0.100\ mol \cdot L^{-1}$	$0.010\ mol \cdot L^{-1}$
$CuSO_4$	0.160	0.400
$ZnSO_4$	0.150	0.387

$$\gamma_{\pm}(T\ K) \approx \gamma_{\pm}(298.15\ K)$$

$$E^{\ominus}(Cu^{2+}/Cu) = 0.337\ V;\ E^{\ominus}(Zn^{2+}/Zn) = -0.763\ V$$

(3) 根据下列电池电动势的实验值 $E_{\text{实}}$，分别计算 Cu 电极和 Zn 电极的电极电势及它们的标准电极电势，并与理论值 $E^{\ominus}(Cu^{2+}/Cu)$ 和 $E^{\ominus}(Zn^{2+}/Zn)$ 进行比较。

$$(-)\ Zn\ |\ ZnSO_4(0.1000\ mol \cdot L^{-1})\ ||\ KCl(\text{饱和})\ |\ Hg_2Cl_2\ |\ Hg\ (+)$$

$$(-)\ Hg\ |\ Hg_2Cl_2\ |\ KCl(饱和)\ ||\ CuSO_4(0.1000\ mol \cdot L^{-1})\ |\ Cu\ (+)$$

六、思考题

(1) 在测量电动势的过程中，若检流计光点总是朝一个方向偏转，可能是什么原因？

(2) 写电池符号时，将锌电极与甘汞电极组成的电池中的甘汞电极符号写在右边，即

$$Zn\ |\ ZnSO_4(0.1000\ mol \cdot L^{-1})\ ||\ KCl(饱和)\ |\ Hg_2Cl_2\ |\ Hg$$

而将铜电极与甘汞电极组成的电池中的甘汞电极符号写在左边，即

$$Hg\ |\ Hg_2Cl_2\ |\ KCl(饱和)\ ||\ CuSO_4(0.1000\ mol \cdot L^{-1})\ |\ Cu$$

为什么要这样写？不这样写是否可以？

实验 26　化学反应速率及活化能的测定

一、实验目的

(1) 了解浓度、温度、催化剂对化学反应速率的影响。

(2) 学习测定反应速率、反应速率常数、反应级数及活化能的方法。

(3) 掌握作图法处理实验数据。

(4) 学习吸量管的使用方法。

二、实验原理

本实验测定的过二硫酸铵[$(NH_4)_2S_2O_8$]与碘化钾(KI)的反应是一个慢反应，反应的离子方程式为

$$S_2O_8^{2-} + 3I^- = 2SO_4^{2-} + I_3^- \tag{1}$$

反应的平均速率为

$$v = -\Delta c(S_2O_8^{2-}) / \Delta t$$

为了测定 Δt 时间内 $S_2O_8^{2-}$ 浓度的变化量，在混合$(NH_4)_2S_2O_8$ 和 KI 的同时加入一定量已知浓度并含有淀粉的 $Na_2S_2O_3$ 溶液，这样在反应(1)进行的同时也进行如下反应：

$$2S_2O_3^{2-} + I_3^- = S_4O_6^{2-} + 3I^- \tag{2}$$

反应(2)是一个快反应，对反应(1)而言几乎在瞬间完成。由反应(1)产生的 I_3^- 会立即与 $Na_2S_2O_3$ 反应，因此一段时间内看不到 I_3^- 与淀粉作用产生的蓝色。一旦 $Na_2S_2O_3$ 耗尽，则微量的 I_3^- 就使溶液变色。

1. 反应速率 v、反应级数 m、n 和反应速率常数 k 的测定

由反应(1)和(2)可得

$$\Delta c(S_2O_8^{2-}) = \Delta c(S_2O_3^{2-}) / 2$$

式中，Δt 为加入淀粉溶液到溶液变蓝的时间。故

$$v=\frac{-\Delta c(S_2O_8^{2-})}{\Delta t}=\frac{-\Delta c(S_2O_3^{2-})}{2\Delta t}=\frac{c(S_2O_3^{2-})_0}{2\Delta t} \tag{3}$$

另外，v 可表示为

$$v=k[c(S_2O_8^{2-})]^m[c(I^-)]^n \tag{4}$$

v 是一个瞬时速率。当满足 $c(S_2O_8^{2-})\gg c(S_2O_3^{2-})$ 时，可以使式(3)、式(4)相等，从而计算 m、n 与 k 的值。

分别选取 $c(I^-)$、$c(S_2O_8^{2-})$相同的两组数据，由不同 v 值可求出 m、n。当 $c(S_2O_8^{2-})$相同时，有

$$\frac{v_1}{v_2}=\frac{\Delta t_2}{\Delta t_1}=\frac{k[c(S_2O_8^{2-})]^m[c(I^-)_1]^n}{k[c(S_2O_8^{2-})]^m[c(I^-)_2]^n}=\frac{[c(I^-)_1]^n}{[c(I^-)_2]^n}=\left[\frac{c(I^-)_1}{c(I^-)_2}\right]^n$$

可求出 n。同理，固定 $c(I^-)$可求出 m。当 m、n 确定后可求出 k。

2. 反应活化能的测定

由阿伦尼乌斯(Arrhenius)方程 $\ln k=\ln A-\frac{E_a}{RT}$ 可知 $\ln k$ 与 $1/T$ 呈线性关系，$\ln A$ 是截距，$-\frac{E_a}{R}$ 是斜率。可以测定几个不同温度的 k 值，以 $\ln k$ 对 $1/T$ 作图，在图上选取两个非实验点(x_1, y_1)和(x_2, y_2)，由斜率与截距求出活化能 E_a 及指前因子 A。

三、仪器和试剂

仪器：烧杯，试管，玻璃棒，温度计，吸量管，量筒，秒表，石棉网，电炉。

试剂：$KI(0.1\ mol\cdot L^{-1})$，$KNO_3(0.1\ mol\cdot L^{-1})$，$(NH_4)_2SO_4(0.1\ mol\cdot L^{-1})$，$Na_2S_2O_3(0.001\ mol\cdot L^{-1})$-淀粉(0.8%)混合液，$(NH_4)_2S_2O_8(0.1\ mol\cdot L^{-1})$，$CuCl_2(0.05\ mol\cdot L^{-1})$。

四、实验内容

1. 浓度对反应速率的影响

(1) 取五个烧杯编号，用四支吸量管按表 4-13 的数据分别取样 $0.1\ mol\cdot L^{-1}$ KI、$0.1\ mol\cdot L^{-1}$ KNO_3、$0.1\ mol\cdot L^{-1}$ $(NH_4)_2SO_4$、$0.001\ mol\cdot L^{-1}$ $Na_2S_2O_3$-0.8%淀粉混合液，用玻璃棒搅拌均匀。注意每种液体使用对应吸量管。实验中加入 KNO_3、$(NH_4)_2SO_4$ 的目的是使每次实验的总体积及离子强度相等。

表 4-13　浓度对反应速率的影响　　室温____℃

实验编号		1	2	3	4	5
试剂用量/mL	$0.1\ mol\cdot L^{-1}$ $(NH_4)_2S_2O_8$	5	5	10	10	15
	$0.001\ mol\cdot L^{-1}$ $Na_2S_2O_3$-0.8%淀粉混合液	5	5	5	5	5
	$0.1\ mol\cdot L^{-1}$ KI	5	10	10	5	5
	$0.1\ mol\cdot L^{-1}$ KNO_3	5	0	0	5	5
	$0.1\ mol\cdot L^{-1}$ $(NH_4)_2SO_4$	10	10	5	5	0

续表

实验编号		1	2	3	4	5
反应物浓度 /(mol · L^{-1})	$c(I^-)$					
	$c(S_2O_8^{2-})$					
	$c(S_2O_3^{2-})$					
反应时间 Δt/s						
反应速率 v						
反应速率常数 k						
反应速率常数的平均值						

(2) 用另一支吸量管吸取每组对应的 0.1 mol · L^{-1} $(NH_4)_2S_2O_8$ 溶液，迅速放入对应烧杯，同时按动秒表计时，并不停搅拌。当溶液刚刚出现蓝色时停表，记下反应时间Δt，填入表 4-13 中。

(3) 依照表 4-13 计算，从而得到浓度对反应速率的影响的结论。

2. 反应活化能的测定

(1) 用温度计、500 mL 烧杯、石棉网、电炉组成简易水浴装置。将反应烧杯放入其中水浴。选取表 4-13 中的第 1 组，在 20～90 ℃选取四个温度，重复前面的实验内容(注意尽量在一次实验中保持温度不变)。记录时间Δt，填入表 4-14，计算。

表 4-14　温度对反应速率的影响

实验编号	1	2	3	4
反应温度 t/℃				
反应时间 Δt/s				
$(1/T)/K^{-1}$				
速率常数 k				
$\ln k$				

从表 4-14 得到温度对反应速率的影响的结论，并以此验证反应温度每升高 10 ℃，反应速率是否加快 2～3 倍。

(2) 以 $\ln k$ 对 $1/T$ 作图，由图得到直线斜率并求出活化能 E_a，并与文献值 51.8 kJ · mol^{-1} 比较，计算相对误差。

3. 催化剂对反应速率的影响

Cu^{2+}可作为本实验的催化剂，通过降低活化能、改变反应机理而使反应速率加快。

取实验内容 1 中的实验编号 1，在混合液中滴入 2 滴 0.05 mol · L^{-1} $CuCl_2$溶液，重做实验。记下反应时间Δt，并与未加入 $CuCl_2$溶液的结果比较，说明催化剂对反应速率的影响。

五、思考题

(1) 加入定量的 $Na_2S_2O_3$-淀粉混合液的目的是什么？其用量多少对实验结果有什么影响？
(2) 将 $(NH_4)_2S_2O_8$ 溶液加入混合液时，为什么要迅速加入？
(3) 本实验测出的 v 是瞬时速率还是平均速率？两种速率近似相等的条件是什么？
(4) 溶液变蓝后，烧杯中的反应是否也就停止了？

实验 27　一级反应速率常数的测定——蔗糖的转化

一、实验目的

(1) 测定蔗糖转化的反应速率常数和半衰期。
(2) 了解该反应的反应物浓度与旋光度之间的关系。
(3) 了解旋光仪的基本原理，掌握旋光仪的正确操作技术。

二、实验原理

蔗糖转化反应如下：

$$\underset{(蔗糖)}{C_{12}H_{22}O_{11}} + H_2O \xrightarrow{H^+} \underset{(葡萄糖)}{C_6H_{12}O_6} + \underset{(果糖)}{C_6H_{12}O_6}$$

这是一个二级反应。在纯水中，此反应的速率极慢，通常需在 H^+的催化作用下进行。由于反应时水是大量存在的，尽管有部分水分子参加了反应，但可近似认为整个反应过程中水的浓度是恒定的；H^+是催化剂，其浓度也保持不变，因此蔗糖转化反应可看成一级反应。一级反应的反应速率方程可用式(1)表示：

$$-\frac{dc_A}{dt} = kc_A \tag{1}$$

式中，k 为反应速率常数；c_A 为时间 t 时的反应物浓度。

将式(1)积分可得

$$\ln c_A = -kt + \ln c_A^0 \tag{2}$$

式中，c_A^0 为反应开始时蔗糖的浓度。

当 $c_A = \frac{1}{2}c_A^0$ 时，t 可用 $t_{1/2}$ 表示，即为反应的半衰期：

$$t_{1/2} = \frac{\ln 2}{k} = \frac{0.693}{k} \tag{3}$$

蔗糖及其转化产物都含有不对称碳原子，它们都具有旋光性，但是旋光能力不同，因此可以利用系统在反应过程中旋光度的变化度量反应的进程。测量物质旋光度所用的仪器称为旋光仪。溶液的旋光度与溶液中所含旋光物质的旋光能力、溶剂性质、溶液的浓度、样品管长度、光源波长及温度等均有关系。当其他条件均固定时，旋光度α与反应物浓度 c 呈线性关系，即

$$\alpha = Kc \tag{4}$$

式中，比例常数 K 与物质的旋光能力、溶剂性质、样品管长度、温度等有关。

物质的旋光能力用比旋光度度量，比旋光度可用式(5)表示：

$$[\alpha]_{\mathrm{D}}^{20}=\frac{100\alpha}{lc} \tag{5}$$

式中，20 指实验时温度 20 ℃；D 指所用钠灯光源 D 线，波长为 589 nm；α为测得的旋光度(°)；l 为样品管的长度(dm)；c 为浓度[g · (100 mL)$^{-1}$]。

作为反应物的蔗糖是右旋物质，其比旋光度 $[\alpha]_{\mathrm{D}}^{20}=66.6°$；生成物中葡萄糖也是右旋物质，其比旋光度 $[\alpha]_{\mathrm{D}}^{20}=52.5°$，但果糖是左旋物质，其比旋光度 $[\alpha]_{\mathrm{D}}^{20}=-91.9°$。由于生成物中果糖的左旋比葡萄糖的右旋大，所以生成物呈现左旋性质。随着反应的进行，系统的右旋角度不断减小，反应至某一瞬间，系统的旋光度恰好等于零，然后就变成左旋，直至蔗糖完全转化，此时左旋角度达到最大值α_∞。

设最初体系的旋光度为

$$\alpha_0=K_{反}c_{\mathrm{A}}^0 \quad (t=0，蔗糖尚未转化) \tag{6}$$

最终系统的旋光度为

$$\alpha_\infty=K_{生}c_{\mathrm{A}}^0 \quad (t=\infty，蔗糖已完全转化) \tag{7}$$

式中，$K_{反}$ 和 $K_{生}$ 分别为反应物和生成物的比例常数。

当时间为 t 时，蔗糖浓度为 c_{A}，此时旋光度

$$\alpha=K_{反}c_{\mathrm{A}}+K_{生}(c_{\mathrm{A}}^0-c_{\mathrm{A}}) \tag{8}$$

联立式(6)～式(8)可以解得

$$c_{\mathrm{A}}^0=\frac{\alpha_0-\alpha_\infty}{K_{反}-K_{生}}=K'(\alpha_0-\alpha_\infty) \tag{9}$$

$$c_{\mathrm{A}}=\frac{\alpha_t-\alpha_\infty}{K_{反}-K_{生}}=K'(\alpha_t-\alpha_\infty) \tag{10}$$

将式(9)、式(10)代入式(2)即得

$$\lg(\alpha_t-\alpha_\infty)=\frac{-k}{2.303}t+\lg(\alpha_0-\alpha_\infty) \tag{11}$$

由式(11)可以看出，以 $\lg(\alpha_t-\alpha_\infty)$对 t 作图为一直线，从直线的斜率可求得反应速率常数 k。

三、仪器和试剂

仪器：旋光仪，移液管，台秤，恒温槽，烧杯，容量瓶，玻璃棒，锥形瓶。

试剂：蔗糖(AR)，HCl(4.0 mol · L^{-1})。

四、实验内容

(1) 了解和熟悉旋光仪的构造、原理和使用方法。

(2) 用去离子水校正仪器的零点。

水为非旋光物质，可以用于校正仪器的零点($\alpha=0$ 时仪器对应的刻度)。校正时，先洗净

样品管，将管一端加上盖子，并向管内灌满去离子水，使液体形成一凸出液面，然后在样品管另一端盖上玻璃片，此时管内不应有空气泡存在。再旋上套盖，使玻璃片紧贴于旋光管，勿漏水。但必须注意旋紧套盖时不能用力过猛，以免玻璃片被压碎。用滤纸将样品管擦干，再用擦镜纸将样品管两端的玻璃片擦净，将样品管放入旋光仪内，调节旋光仪的读数为零。

(3) 配制 100 mL 0.8 $mol \cdot L^{-1}$ 蔗糖溶液。

用台秤称取蔗糖放入烧杯中，用少量去离子水溶解(注意：水不要过量！)。待蔗糖全部溶解后(温度太低需加热)，转移至 100 mL 容量瓶中，若溶液浑浊需过滤。

(4) 蔗糖转化反应及反应过程旋光度α_t的测定。

准确移取 25.00 mL 0.8 $mol \cdot L^{-1}$ 蔗糖溶液于干燥的锥形瓶中，再移取 25.00 mL 4.000 $mol \cdot L^{-1}$ HCl 溶液加入蔗糖溶液内，混合均匀。注意应从 HCl 溶液由移液管内流出一半时开始计时。迅速用少量反应液荡洗旋光管 2 次，然后将反应液装满旋光管，盖好盖子并擦净(注意勿使管内存有气泡)，立即放入旋光仪内，测量各时间的旋光度。第一个数据要求离反应起始时间 1～2 min，先记录时间，再读取旋光度。

为了多读一些数据，从反应开始 15 min 内每分钟测量一次，以后由于反应物浓度降低反应速率变慢，可将每次测量的时间间隔适当放长，测出两个负值为止。从反应开始大约需连续测量 1 h。

(5) α_∞的测量。

反应完毕后，将旋光管中的溶液与锥形瓶中剩余的反应混合液合并，放置 24 h 后测量其旋光度，即为α_∞值。

为了缩短时间，可以将合并后的混合液置于 50～60 ℃水浴内温热 30 min，然后冷却至实验温度，测其旋光度即为α_∞值。但必须注意水浴温度不可过高，否则将产生副反应，颜色变黄。同时在加热过程还要避免溶液蒸发影响浓度，以致造成α_∞值的偏差。

由于反应混合液的酸度很大，因此样品管一定要擦净后才能放入旋光仪，以免管外黏附的反应液腐蚀旋光仪，实验结束后必须洗净旋光管。

五、数据处理

将实验数据及处理结果填入表 4-15 中。

表 4-15　实验 27 数据记录及处理　　　　实验温度____℃

时间	t/min	
0.8 $mol \cdot L^{-1}$ 蔗糖+ 4.0 $mol \cdot L^{-1}$ HCl	α_t	
	α_∞	
	$\lg(\alpha_t - \alpha_\infty)$	

(1) 以 $\lg(\alpha_t - \alpha_\infty)$对 t 作图，证明是否为一级反应，并由直线斜率求出反应速率常数 k。

(2) 由上述直线外推至 $t = 0$，求得 $\lg(\alpha_0 - \alpha_\infty)$，再代入式(11)计算反应速率常数 k。

(3) 计算反应的半衰期 $t_{1/2}$。

六、思考题

(1) 实验中用去离子水校正旋光仪的零点，则蔗糖转化反应过程所测的旋光度α_t 是否需要零点校正？为什么？

(2) 混合蔗糖溶液和 HCl 溶液时，将 HCl 溶液加入蔗糖溶液中，能否将蔗糖溶液加入 HCl 溶液中？为什么？

实验 28 二级反应速率常数的测定——乙酸乙酯皂化反应

一、实验目的

(1) 测定乙酸乙酯皂化反应的速率常数，了解反应活化能的测定方法。

(2) 了解二级反应的特点。

(3) 熟悉电导率仪的使用，学习用图解计算法求二级反应的反应速率常数。

二、实验原理

乙酸乙酯皂化是双分子反应，其反应方程式为

$$CH_3COOC_2H_5 + OH^- \longrightarrow CH_3COO^- + C_2H_5OH$$

在反应过程中，各物质的浓度随时间而改变，不同反应时间的 OH^- 的浓度可以用标准酸滴定求得，也可以通过间接测量溶液的电导率求得。为了处理方便，在设计实验时将反应物 $CH_3COOC_2H_5$ 和 NaOH 采用相同的浓度 a 作为起始浓度。设反应时间为 t 时，反应所生成的 CH_3COO^-和 C_2H_5OH 的浓度为 x，则 $CH_3COOC_2H_5$ 和 NaOH 的浓度为$(a-x)$，即

	$CH_3COOC_2H_5$	+ NaOH	$\rightleftharpoons$ CH_3COONa	+ C_2H_5OH
$t=0$ 时	a	a	0	0
$t=t$ 时	$a-x$	$a-x$	x	x
$t\to\infty$时	0	0	$x\to a$	$x\to a$

因为是双分子反应，所以时间 t 时反应速率与反应物浓度的关系为

$$\frac{dx}{dt}=k(a-x)(a-x) \tag{1}$$

式中，k 为反应速率常数。将式(1)积分可得

$$kt=\frac{x}{a(a-x)} \tag{2}$$

从式(2)中可看出，原始浓度 a 是已知的，只要测出 t 时的 x，就可算出反应速率常数 k 值。首先假定反应在稀释的水溶液中进行，因此可以认为 CH_3COONa 是全部解离的，本实验通过测量溶液的电导率求算 x 的变化。参与导电的离子有 Na^+、OH^-和 CH_3COO^-，而 Na^+ 在反应前后浓度不变，OH^-的迁移率比 CH_3COO^-的迁移率大得多。随着时间的延长，OH^-不断减少，CH_3COO^-不断增加，所以体系的电导率值不断下降。

显然，体系电导率值的减少量与 CH_3COONa 的浓度 x 的增大成正比，即

$$t=0 \qquad x=K(L_0-L_t) \tag{3}$$

$$t \to \infty \qquad x = K(L_0 - L_\infty) \tag{4}$$

式中，L_0为起始时的电导率；L_t为 t 时的电导率；L_∞为 $t \to \infty$，即反应终了时的电导率；K 为比例常数。

将式(3)、式(4)代入式(1)得

$$kt = \frac{K(L_0 - L_t)}{aK[(L_0 - L_\infty) - (L_0 - L_t)]} = \frac{L_0 - L_t}{a(L_t - L_\infty)}$$

或可写成

$$\frac{L_0 - L_t}{L_t - L_\infty} = akt \tag{5}$$

从式(5)可知，测定 L_0、L_∞及一组 L_t 值，以 $\frac{L_0 - L_t}{L_t - L_\infty}$ 对 t 作图，应得一直线，直线的斜率就是反应速率常数 k 值和原始浓度 a 的乘积。k 的单位为 $L \cdot mol^{-1} \cdot min^{-1}$。

三、仪器和试剂

仪器：电导率仪，恒温槽，电导池，秒表，电导电极，容量瓶，移液管，刻度移液管。

试剂：NaOH(0.0100 $mol \cdot L^{-1}$、0.0200 $mol \cdot L^{-1}$)，CH_3COONa(0.0100 $mol \cdot L^{-1}$)，$CH_3COOC_2H_5$(0.0200 $mol \cdot L^{-1}$，新鲜配制)。

四、实验内容

1. 电导率仪的调节

电导率仪的原理和使用方法参阅 2.1.5 小节。

2. L_∞和 L_0的测量

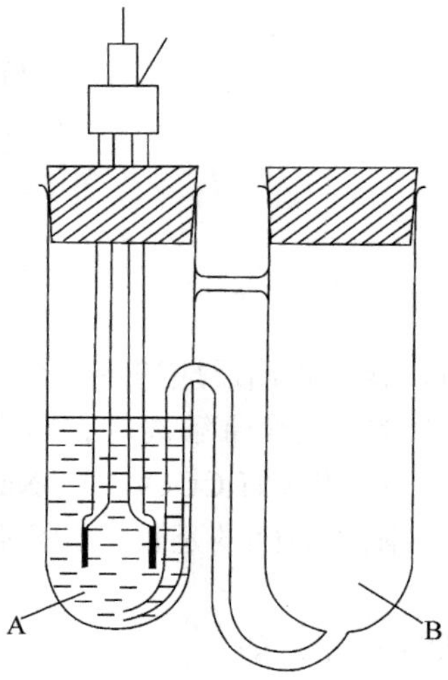

图 4-12　电导池

将 0.0100 $mol \cdot L^{-1}$ CH_3COONa 装入干净的电导池的支管 A 中，如图 4-12 所示，液面约高出铂黑片 1 cm 为宜。浸入 25 ℃(或 30 ℃)恒温槽内 10 min，然后接通电导率仪，测定其电导率，即为 L_∞。按上述操作，测定 0.0100 $mol \cdot L^{-1}$ NaOH 溶液的电导率为 L_0。

测量时，每种溶液都必须更换一次，重复进行测量，两次测量误差必须在允许范围内，否则要进行第三次测量。

注意：每次向电导池中装新样品时，都要先用去离子水淋洗电导池及铂黑电极三次，然后用待测液体淋洗三次。

3. L_t的测量

将电导池的铂黑电极浸于另一盛有去离子水的小烧瓶中，并置于恒温槽中恒温，再将电导池的支管 A、B 用电吹风吹干。用移液管移取 25.00 mL 0.0200 $mol \cdot L^{-1}$ NaOH 溶液注入电导池的支管 A 中，用另一移液管移取 25.00 mL

0.0200 mol · L^{-1} $CH_3COOC_2H_5$ 注入支管 B 中，两个支管的管口均用塞子塞紧，以防止 $CH_3COOC_2H_5$ 挥发。将电导池置于恒温槽中恒温 10 min。在支管 B 的管口换上一个钻有小孔的瓶塞，用洗耳球通过小孔将 $CH_3COOC_2H_5$ 迅速压入支管 A 中与 NaOH 溶液混合，如图 4-13 所示，当 $CH_3COOC_2H_5$ 被压入一半时开始计时。再将支管 A 中的混合液抽回支管 B 中，复又压入支管 A 中，如此来回数次。用滴管从支管 A 中吸取混合液若干，将铂黑电极从恒温的去离子水中取出并用该混合液淋洗数次，随即插入支管 A 中进行电导率的测定。每隔 5 min 测量一次，30 min 后，每隔 10 min 测量一次，反应进行到 1 h 后可停止测量。

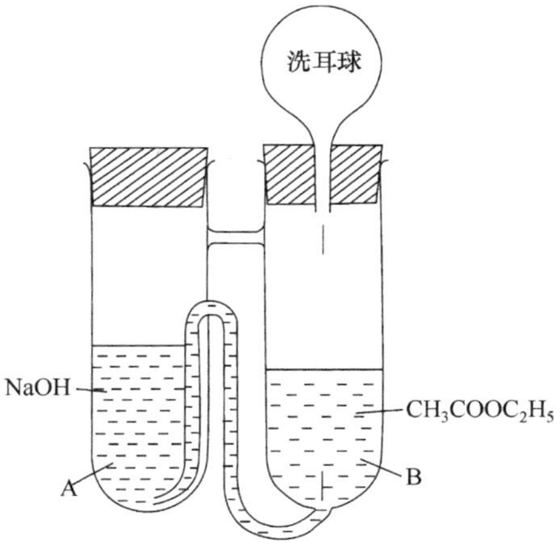

图 4-13　将 $CH_3COOC_2H_5$ 压入支管 A 示意图

反应结束后，倾去反应液，电导池用去离子水淋洗后，重新测量 L_∞，看是否与反应前测量的值一致。实验结束后，应将铂黑电极浸入去离子水中。

五、数据处理

(1) 将 t、L_t、L_0-L_t、L_0-L_∞、$\dfrac{L_0-L_t}{L_0-L_\infty}$ 数据列表。

(2) 以 $\dfrac{L_0-L_t}{L_0-L_\infty}$ 对 t 作图，得一直线。由直线的斜率算出反应速率常数 k。

*六、活化能的测定

如果实验时间允许，可依照上述操作步骤和计算方法，测定另一温度下的反应速率常数 k 值，再按阿伦尼乌斯方程计算反应的活化能。

$$\ln\frac{k_2}{k_1}=\frac{E_a}{R}\left(\frac{T_2-T_1}{T_1T_2}\right)$$

式中，k_1、k_2 分别为温度 T_1、T_2 时测得的反应速率常数；R 为摩尔气体常量 (8.314 J · mol^{-1} · K^{-1})；E_a 为反应的活化能。

七、思考题

(1) 为什么本实验要在恒温条件下进行，而且 $CH_3COOC_2H_5$ 和 NaOH 溶液在混合前要预先恒温?

(2) 如果 NaOH 和 $CH_3COOC_2H_5$ 起始浓度不相等，应如何计算 k 值?

(3) 如何从实验结果验证乙酸乙酯皂化反应为二级反应?

实验 29　溶液表面吸附及表面张力的测定

一、实验目的

(1) 掌握最大气泡(或扭力天平)法测定溶液表面张力的原理和技术。

(2) 了解气液界面的吸附作用，计算表面层被吸附分子的截面积及吸附层的厚度。

(3) 掌握通过测定不同浓度溶液的表面张力计算吸附量的方法。

二、实验原理

从热力学观点来看，液体表面缩小是一个自发过程，这是使系统总自由能减小的过程。欲使液体产生新的表面ΔA，就需对其做功，其大小应与ΔA成正比：

$$-W'=\sigma\cdot\Delta A \tag{1}$$

如果ΔA为 1 m^2，则$-W'=\sigma$是指在恒温、恒压下形成 1 m^2新表面所需的可逆功，因此σ称为比表面吉布斯自由能，其单位为$J\cdot m^{-2}$。也可将σ看成作用在界面上每单位长度边缘上的力，称为表面张力，其单位为 $N\cdot m^{-1}$。在恒温下纯液体的表面张力为定值，当加入溶质形成溶液时，表面张力发生变化，其变化的大小取决于溶质的性质和加入量的多少。根据能量最低原理，溶质使溶剂的表面张力降低时，表面层中溶质的浓度比溶液内部大；反之，溶质使溶剂的表面张力升高时，它在表面层中的浓度比在内部的浓度低。这种表面浓度与内部浓度不同的现象称为溶液的表面吸附。在指定的温度和压力下，溶质的吸附量与溶液的表面张力及溶液的浓度之间的关系遵守吉布斯吸附等温式：

$$\Gamma=-\frac{c}{RT}\left(\frac{\mathrm{d}\sigma}{\mathrm{d}c}\right)_T \tag{2}$$

式中，Γ为溶质在表层的吸附量；σ为表面张力；c 为吸附达到平衡时溶质在介质中的浓度。

当$\left(\frac{\mathrm{d}\sigma}{\mathrm{d}c}\right)_T<0$ 时，$\Gamma>0$，称为正吸附；当$\left(\frac{\mathrm{d}\sigma}{\mathrm{d}c}\right)_T>0$ 时，$\Gamma<0$，称为负吸附。吉布斯吸附等温式应用范围很广，但上述形式仅适用于稀溶液。

引起溶剂表面张力显著降低的物质称为表面活性物质，被吸附的表面活性物质分子在界面层中的排列取决于它在液层中的浓度，这可由图 4-14 看出。图 4-14 中(a)和(b)是不饱和层中分子的排列，(c)是饱和层中分子的排列。

界面上被吸附分子的浓度增大时，它的排列方式改变，当浓度足够大时，被吸附分子盖住所有界面的位置，形成饱和吸附层，分子排列方式如图 4-14(c)所示。这样的吸附层是单分子层，随着表面活性物质的分子在界面上逐渐紧密排列，此界面的表面张力也逐渐减小。如果在恒温下绘成曲线$\sigma=f(c)$(表面张力等温线)，当 c 增加时，σ在开始时显著下降，然后下降逐渐缓慢，直至σ的变化很小，此时σ的数值恒定为某一常数(图 4-15)。利用图解法进行计算十分方便，如图 4-15 所示，经过切点 a 作平行于横坐标的直线，交纵坐标于 b'点。

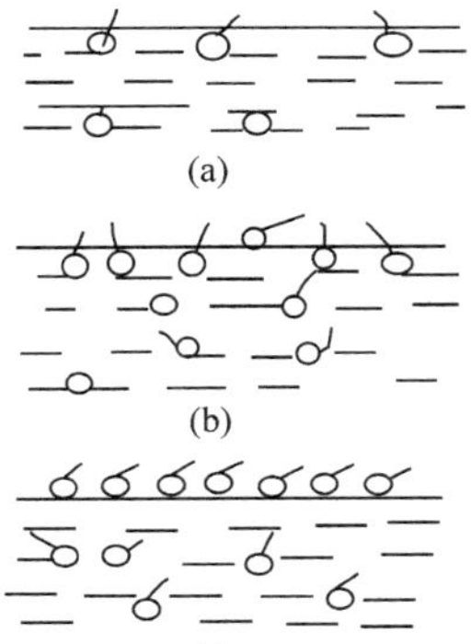

图 4-14　被吸附的分子在界面上的排列

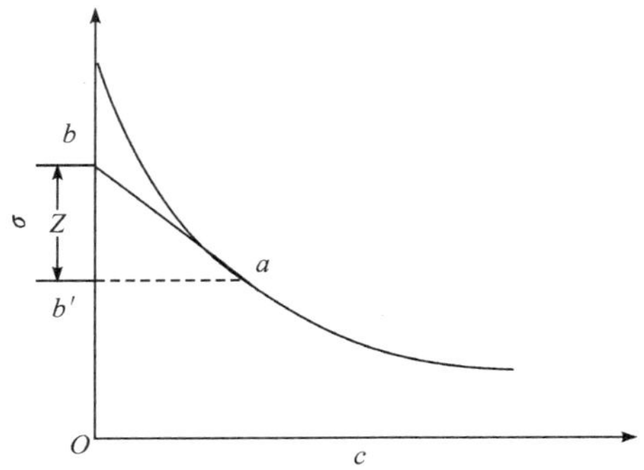

图 4-15　表面张力和浓度的关系

以 Z 表示切线和平行线在纵坐标上截距间的距离，显然 Z 的长度等于 $c\left(\frac{\mathrm{d}\sigma}{\mathrm{d}c}\right)_T$，则有

$$\left(\frac{\mathrm{d}\sigma}{\mathrm{d}c}\right)_T = -\frac{Z}{c}$$

$$Z = -\left(\frac{\mathrm{d}\sigma}{\mathrm{d}c}\right)_T c \tag{3}$$

$$\Gamma = -\frac{c}{RT}\left(\frac{\mathrm{d}\sigma}{\mathrm{d}c}\right)_T = \frac{Z}{RT}$$

以不同的浓度对其相应的 Γ 可作出曲线，$\Gamma = f(c)$ 称为吸附等温线。

测定溶液的表面张力有多种方法，较为常用的有最大气泡法和扭力天平法，下面分别叙述。

最大气泡法的仪器装置示意图如图 4-16 所示。A 为表面张力仪，其中间玻璃管 F 下端有一段直径为 0.2～0.5 mm 的毛细管；B 为充满水的抽气瓶；C 为 U 形压力计，内盛相对密度较小的水或乙醇、甲苯等，作为工作介质，以测定微压差。

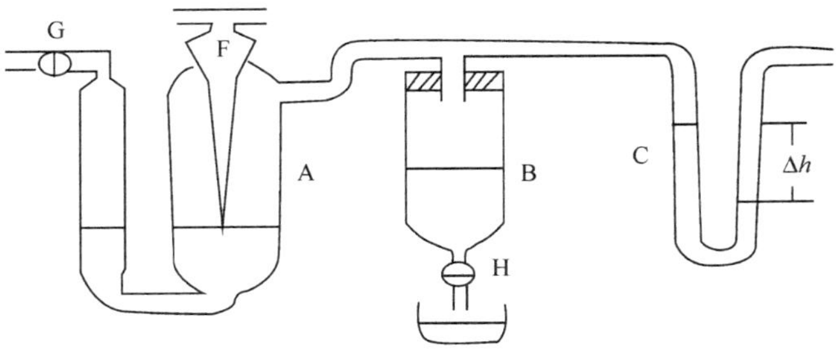

图 4-16　最大气泡法的仪器装置示意图

将待测液体置于表面张力仪中，使 F 管的端面与液面相切，液面即沿毛细管上升，打开抽气瓶的活塞缓缓抽气，毛细管内液面上受到一个比 A 瓶中液面上大的压力，当此压力差[附加压力差($\Delta p = p_{大气} - p_{系统}$)]在毛细管端面上产生的作用力稍大于毛细管口液体的表面张力时，气泡就从毛细管口脱出。此附加压力与表面张力成正比，与气泡的曲率半径成反比，其关系式为

$$\Delta p = \frac{2\sigma}{R} \tag{4}$$

式中，Δp 为附加压力；σ 为表面张力；R 为气泡的曲率半径。

若毛细管半径很小，则形成的气泡基本上是球形的。当气泡开始形成时，表面几乎是平的，此时曲率半径最大；随着气泡的形成，曲率半径逐渐变小，直到形成半球形，此时曲率半径 R 与毛细管半径 r 相等，曲率半径达最小值，根据式(4)可知此时附加压力达最大值。气泡进一步长大，R 变大，附加压力则变小，直到气泡逸出。

根据式(4)，$R = r$ 时的最大附加压力为

$$\Delta p_{最大} = \frac{2\sigma}{r} \tag{5}$$

实际测量时，使毛细管端刚与液面接触，则可忽略气泡鼓泡所需克服的静压力，这样就可直接用式(5)进行计算。

当用密度为 ρ 的液体作压力计介质时，测得与 $\Delta p_{最大}$ 相适应的最大压力差为 $\Delta h_{最大}$，则

$$\sigma = \frac{r}{2}\rho g \Delta h_{最大} \tag{6}$$

将 $\frac{r}{2}\rho g$ 合并为常数 K，则式(6)变为

$$\sigma = K\Delta h_{最大} \tag{7}$$

式中，仪器常数 K 可用已知表面张力的标准物质测得。

三、仪器和试剂

仪器：最大气泡法表面张力仪，洗耳球，移液管，烧杯。

试剂：正丁醇(CP)，去离子水。

四、实验内容

(1) 仪器准备与检漏。

将表面张力仪容器和毛细管先用洗液洗净，再依次用自来水和去离子水淌洗，烘干后按图 4-16 安装。

将水注入抽气管中。在管 A 中用移液管注入 50 mL 去离子水，用洗耳球由 G 处抽气，调节液面，使其恰好与细口管尖端相切。然后关紧活塞 G，再打开活塞 H，此时管 B 中水流出，使系统内的压力降低，当压力计中液面指示出若干厘米的压力差时，关闭 H，停止抽气。若 2～3 min 压力计液面高度差不变，则说明系统不漏气，可以进行实验。

(2) 仪器常数的测量。

打开活塞 H 对系统抽气，调节抽气速度，使气泡由毛细管尖端成单泡逸出，且每个气泡形成的时间为 10～20 s(数显微压差测量仪为 5～10 s)。若形成时间太短，则吸附平衡来不及在气泡表面建立，测得的表面张力也不能反映该浓度真正的表面张力值。当气泡刚脱离管端的一瞬间，压力计中液面差达到最大值，记录压力计两边最高和最低读数。连续读取三次，取其平均值，再由手册查出实验温度下水的表面张力 σ，则仪器常数为

$$K = \frac{\sigma_{水}}{\Delta h_{最大}}$$

(3) 表面张力随溶液浓度变化的测定。

在上述系统中，用移液管移入 0.100 mL 正丁醇，用洗耳球打气数次(注意打气时，务必使系统成为敞开系统，否则压力计中的液体将被吹出)，使溶液浓度均匀，然后调节液面与毛细管端相切，用测定仪器常数的方法测定压力计的压力差。然后依次加入 0.200 mL、0.200 mL、0.200 mL、0.500 mL、0.500 mL、1.00 mL、1.00 mL 正丁醇，每加一次测定一次压力差 $\Delta h_{最大}$。正丁醇的量一直加到饱和为止，此时压力计的 $\Delta h_{最大}$ 几乎不再随正丁醇的加入而变化。

五、数据处理

(1) 计算仪器常数 K 和溶液表面张力 σ，绘制 σ-c 等温线。

(2) 作切线求 Z，并求出 Γ、c/Γ。

(3) 绘制 Γ-c、c/Γ-c 等温线，求 Γ_∞ 并计算 A 和 δ。

六、思考题

(1) 毛细管尖端为什么必须调节到恰与液面相切？否则对实验有什么影响？

(2) 最大气泡法测定表面张力时为什么要读最大压力差？如果气泡逸出得很快，或几个气泡一起逸出，对实验结果是否有影响？

实验 30 固体比表面积的测定

一、目的要求

(1) 用亚甲基蓝水溶液吸附法测定颗粒活性炭的比表面积。

(2) 了解溶液法测定比表面积的基本原理。

(3) 了解分光光度计的基本原理并熟悉其使用方法。

二、实验原理

根据光吸收定律，当入射光为一定波长的单色光时，某溶液的消光值(或称光密度)与溶液中有色物质的浓度及溶液层的厚度成正比：

$$E = \lg\frac{I_0}{I} = KcL \tag{1}$$

式中，E 为消光值；I_0 为入射光强度；I 为透过光强度；K 为消光系数；c 为溶液浓度；L 为液层厚度。

一般来说，光吸收定律适用于任何波长的单色光，但同一种溶液在不同波长所测得的消光值不同。将消光值 E 对波长 λ 作图，可得到溶液的吸收曲线。为了提高测量的灵敏度，工作波长一般选择在 E 值最大处。

亚甲基蓝溶液在可见区有两个吸收峰：445 nm 和 665 nn。但在 445 nm 处，活性炭吸附对吸收峰有很大的干扰，故本实验选用的工作波长为 665 nm。

水溶性染料的吸附已应用于测定固体比表面，在所有染料中亚甲基蓝具有最大的吸附倾向。研究表明，在一定的浓度范围内，大多数固体对亚甲基蓝的吸附是单分子层吸附，即符合朗缪尔吸附等温线(图 4-17)。当原始溶液的浓度过高时，会出现多分子层吸附，而如果平衡后的浓度过低，吸附又不能达到饱和。因此，原始溶液的浓度及吸附平衡后的浓度都应选择在适当的范围。本实验原始溶液浓度为 0.2%左右，平衡溶液浓度不小于 0.1%。

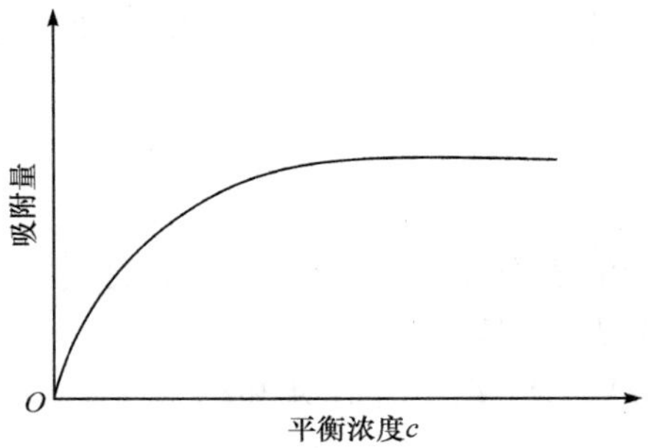

图 4-17　朗缪尔吸附等温线

亚甲基蓝具有以下矩形平面结构：

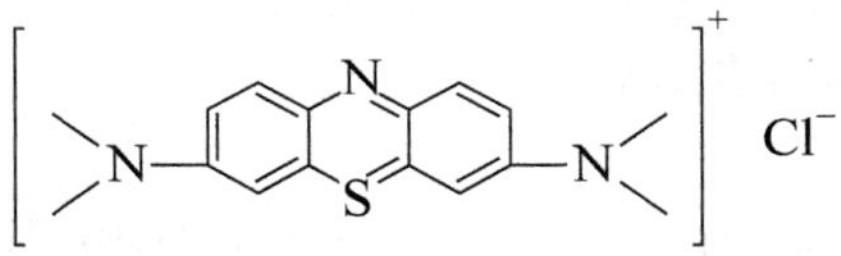

阳离子大小为 17. 0 Å×7. 6 Å×3. 25 Å (1 Å = 10^{-10} m)。亚甲基蓝的吸附有三种取向：平面吸附投影面积为 135 Å^2，侧面吸附投影面积为 75 Å^2，端基吸附投影面积为 39.5 Å^2。对于非石墨型的活性炭，亚甲基蓝可能不是平面吸附，而是端基吸附。根据实验结果推算，在单层吸附的情况下，1 mg 亚甲基蓝覆盖的面积可按 2.45 m^2 计算。

测定固体比表面积的方法很多，常用的有 BET 低温吸附法、电子显微镜法和气相色谱法等。这些方法都需要复杂的装置或较长的实验时间。溶液法测定比表面积仪器简单、操作方便，还可同时测定多个样品，因此常被采用。但溶液法测定结果有一定的相对误差，其主要原因在于吸附时非球形吸附质在各种吸附剂表面的取向并不都一样，因此每个吸附质分子的投影面积可能相差甚远，溶液法测得的数值应用其他方法校正。溶液法常可用于测定大量同类样品的表面积相对值。溶液法的测定误差一般为 10%左右。

此外，也可用苯酚或硬脂酸作为吸附质测定比表面积。

三、仪器和试剂

仪器：分光光度计及其附件，磁力搅拌器，具塞锥形瓶，容量瓶，2 号砂芯漏斗。

试剂：亚甲基蓝溶液(0.2%左右原始溶液，浓度约 0.01%标准溶液)，颗粒状非石墨型活性炭(500 ℃活化 1 h，或真空烘箱中 300 ℃活化 1 h，保存于干燥器中)。

四、实验内容

1. 活化样品

将颗粒活性炭置于瓷舟中，放入 500 ℃马弗炉活化 1 h(或在真空烘箱中 300 ℃活化 1 h)，然后置于干燥器中备用。

2. 溶液吸附

取 2 个 100 mL 具塞锥形瓶，分别准确称取约 0.1 g 活化过的活性炭样品，然后加入 40 mL 0.2%左右亚甲基蓝原始溶液，塞上包有锡纸的软木塞，再放在康氏振荡器上振荡 2～3 h。

3. 配制亚甲基蓝标准溶液

用台秤分别称取 3 g、5 g、8 g、11 g 0.01%亚甲基蓝标准溶液，置于容量瓶中用去离子水稀释至 100 mL，即得 3 ppm(1 ppm = 10^{-6})、5 ppm、8 ppm、11 ppm 四种浓度的标准溶液。

4. 稀释原始溶液

为了测准原始溶液浓度，用台秤称取 5 g 0.2%左右亚甲基蓝原始溶液放入 1000 mL 容量瓶中，用去离子水稀释至刻度。

5. 处理平衡溶液

样品振荡 4～6 h 后，将具塞锥形瓶取下，用砂芯漏斗过滤，滤去活性炭，得到吸附后的平衡溶液(也可用离心的方法得到澄清的溶液)。取 5 g 滤液置于 1000 mL 容量瓶中，用去离子水稀释至刻度。

6. 选择工作波长

对于亚甲基蓝溶液，工作波长为 665 nm。各台分光光度计波长刻度略有误差，因此实验者应自行选取工作波长。用 5 ppm 标准溶液在 600～700 nm 测量消光值，以消光值最大时的波长作为工作波长。

7. 测量消光值

以去离子水为空白溶液，分别测量 3 ppm、5 ppm、8 ppm、11 ppm 四个标准溶液及稀释后的原始溶液和稀释后的平衡溶液的消光值。

五、数据处理

(1) 作工作曲线。

以 3 ppm、5 ppm、8 ppm、11 ppm 四个亚甲基蓝标准溶液的消光值对浓度作图，得一直线，即为工作曲线。

(2) 求亚甲基蓝原始溶液浓度 c_0 和平衡溶液浓度 c。

将实验测得的原始溶液的消光值从工作曲线上查得对应的浓度再乘以稀释倍数 200，即为 c_0。

(3) 计算比表面积。

$$A = \frac{(c_0 - c)G}{m} \times 2.45 \tag{2}$$

式中，A 为比表面积($m^2 \cdot g^{-1}$)；c_0 为原始溶液浓度(%)；c 为平衡溶液浓度(%)；G 为溶液加入量(mg)；m 为样品质量(g)；2.45 为 1 mg 亚甲基蓝可覆盖活性炭样品的面积($m^2 \cdot mg^{-1}$)。

六、思考题

(1) 为什么亚甲基蓝原始溶液浓度要选在 0.2%左右，吸附平衡后的亚甲基蓝溶液浓度要选在 0.1%左右？若吸附后浓度太低，在实验操作方面应如何改进？

(2) 用分光光度计测亚甲基蓝溶液浓度时，为什么要将溶液再稀释到 ppm 级浓度才进行测量？

第5章 应用实验

实验31 硫酸亚铁铵的制备

一、实验目的

(1) 了解复盐的一般特征和制备方法。

(2) 练习水浴加热、常压过滤和减压过滤、蒸发、结晶等基本操作。

(3) 学习用目测比色检验产品质量。

二、实验原理

硫酸亚铁铵$(NH_4)_2Fe(SO_4)_2 \cdot 6H_2O$俗称莫尔盐，为浅蓝绿色单斜晶体。它在空气中比一般亚铁盐稳定，不易被氧化，溶于水但不溶于乙醇，而且价格低，制造工艺简单，容易得到较纯净的晶体，因此应用广泛，在化学上作还原剂，工业上常用作废水处理的混凝剂，在农业上既是农药又是肥料，在定量分析中常用作氧化还原滴定的基准物质。

与其他复盐一样，硫酸亚铁铵在水中的溶解度比组成它的任何一个组分$FeSO_4$或$(NH_4)_2SO_4$的溶解度都要小，如表5-1所示。因此，从$FeSO_4$和$(NH_4)_2SO_4$溶于水制得的浓的混合溶液中很容易得到结晶的莫尔盐。

表5-1 铵盐在水中的溶解度 [单位：$g \cdot (100\ g\ H_2O)^{-1}$]

温度 T/K	273	283	293	303	313	323	333
$FeSO_4 \cdot 7H_2O$	15.6	20.5	26.5	32.9	40.2	48.6	—
$(NH_4)_2SO_4$	70.6	73.0	75.4	78. 0	81.6	—	88.0
$(NH_4)_2Fe(SO_4)_2 \cdot 6H_2O$	12.5	17.2	—	—	33.0	40.0	—

本实验采用过量铁与稀硫酸作用生成硫酸亚铁：

$$Fe + H_2SO_4 = FeSO_4 + H_2\uparrow$$

向硫酸亚铁溶液中加入硫酸铵并使其全部溶解，将制得的混合溶液加热浓缩再冷却，即可得到溶解度较小的硫酸亚铁铵盐晶体：

$$FeSO_4 + (NH_4)_2SO_4 + 6H_2O = (NH_4)_2Fe(SO_4)_2 \cdot 6H_2O$$

为防止Fe^{2+}水解，在制备$(NH_4)_2Fe(SO_4)_2 \cdot 6H_2O$过程中，溶液应保持足够的酸度。

用目测比色法可估计产品中所含杂质Fe^{3+}的量。Fe^{3+}能与SCN^-生成红色物质$[Fe(SCN)_n]^{3-n}$，当红色较深时，表明产品中含Fe^{3+}多；当红色较浅时，表明产品中含Fe^{3+}较少。因此，将所制备的硫酸亚铁铵晶体与KSCN溶液在比色管中配制成待测溶液，将它所呈现的红色与Fe^{3+}含量一定的$[Fe(SCN)_n]^{3-n}$标准溶液的红色进行比较，根据红色深浅程度相仿的情况，即可知待测溶液中杂质Fe^{3+}的含量，从而确定产品的等级。

三、仪器和试剂

仪器：台秤，锥形瓶，烧杯，量筒，漏斗，漏斗架，蒸发皿，布氏漏斗，吸滤瓶，酒精灯，表面皿，水浴锅(可用大烧杯代替)，比色管。

试剂：HCl(2 mol · L^{-1})，H_2SO_4(3 mol · L^{-1})，Fe^{3+}标准溶液[0.0100 mg · mL^{-1}，称取 0.0864 g 分析纯硫酸铁铵 $NH_4Fe(SO_4)_2 \cdot 12H_2O$ 溶于 3 mL 2 mol · L^{-1} HCl 溶液，转移至 1000 mL 容量瓶中，用去离子水稀释至刻度，摇匀]，KSCN(l mol · L^{-1})，$(NH_4)_2SO_4$(s)，Na_2CO_3(10%)，铁屑，乙醇(95%)，pH 试纸。

四、实验内容

1. 铁屑的净化(除去油污)

用台秤称取 2.0 g 铁屑，放入烧杯中，加入 10 mL 10%(质量分数)Na_2CO_3 溶液。缓慢加热约 10 min 后(不能煮干)，倾去 Na_2CO_3 碱性溶液，用自来水冲洗后，再用去离子水将铁屑冲洗干净(如果用纯净的铁屑，可省去这一步)。

2. 硫酸亚铁的制备

向盛有 2.0 g 干净铁屑的烧杯中加入 15 mL 3 mol · L^{-1} H_2SO_4 溶液，盖上表面皿，放在低温电炉上加热(在通风橱中进行)。在加热过程中应不时加入少量去离子水，以补充被蒸发的水分，保持原有体积，防止 $FeSO_4$ 结晶；同时，控制溶液的 pH 不大于 1(为什么？如何测量和控制？)，使铁屑与稀硫酸反应至不再冒出气泡为止。趁热过滤，将留在烧杯中及滤纸上的残渣取出，用滤纸吸干后称量。根据已作用的铁屑质量，算出溶液中 $FeSO_4$ 的理论产量。

3. 硫酸亚铁铵的制备

根据 $FeSO_4$ 的理论产量，计算并称取所需固体$(NH_4)_2SO_4$ 的用量。在室温下将称出的$(NH_4)_2SO_4$加入上面制得的$FeSO_4$溶液中，在水浴上加热搅拌，使$(NH_4)_2SO_4$全部溶解，调节 pH 为 1～2，继续蒸发浓缩至溶液表面刚出现晶膜时为止。从水浴锅上取下蒸发皿，放置，冷却后即有硫酸亚铁铵晶体析出。待冷至室温后用布氏漏斗减压过滤，用少量乙醇洗去晶体表面附着的水分。将晶体取出，置于两张干净的滤纸之间，轻压吸干母液，称量。计算理论产量和产率。

4. 产品检验

(1) 选用实验方法证明产品中含有 NH_4^+ 、Fe^{3+} 和 SO_4^{2-} 。

(2) Fe^{3+}的分析：称取 1.0 g 产品置于 25 mL 比色管中，加入 15 mL 不含氧的去离子水溶解(如何处理？)，加入 2 mL 2 mol · L^{-1} HCl 溶液和 1 mL 1 mol · L^{-1} KSCN 溶液，摇匀后继续加去离子水稀释至刻度，充分摇匀。将所呈现的红色与下列标准溶液进行目视比色，确定 Fe^{3+}含量及产品标准。

在三支 25 mL 比色管中分别加入 2 mL 2 mol · L^{-1} HCl 溶液和 1 mL 1 mol · L^{-1} KSCN 溶液，再用移液管分别加入 5 mL、10 mL、20 mL 0.0100 mol · L^{-1} Fe^{3+}标准溶液，加不含氧的去离子水稀释至刻度并摇匀。上述三支比色管中溶液 Fe^{3+}含量所对应的硫酸亚铁铵试剂规格分别为：含 Fe^{3+} 0.05 mg 的符合一级品标准；含 Fe^{3+} 0.10 mg 的符合二级品标准；含 Fe^{3+}

0.20 mg 的符合三级品标准。

五、思考题

(1) 为什么制备硫酸亚铁铵时要保持溶液有较强的酸性?

(2) 减压过滤的操作步骤有哪些?

(3) 如何计算 $FeSO_4$ 理论产量和反应所需$(NH_4)_2SO_4$的质量?

(4) 检验产品中 Fe^{3+}含量时，为什么要用不含氧的去离子水？如何制备不含氧的去离子水?

实验 32　去离子水的制备与检验

一、实验目的

(1) 了解离子交换法制备去离子水的原理与方法。

(2) 通过对水质的评价，学习无机离子的定性检验。

(3) 学习使用电导率仪，并用其评价水质。

二、实验原理

1. 去离子水的制备

在生产生活中，各行各业都离不开水。水质的好坏直接影响许多工农业产品的质量及设备的使用寿命，因此对水质各有一定的要求。为了除去水中的杂质，常采用蒸馏法和离子交换法。本实验用离子交换法制备去离子水。

天然水中常含有 Ca^{2+}、Mg^{2+}、Na^+、Fe^{3+}等阳离子和HCO_3^-、CO_3^{2-}、SO_4^{2-}、Cl^-等阴离子，以及一些气体和有机杂质。用离子交换树脂与水中某些无机离子进行选择性的离子交换反应，可以达到去除无机离子的目的。

离子交换树脂是指具有某种活性基团且能与阳离子或阴离子发生有选择性的离子交换反应的一些高分子物质。例如，某些含有磺酸基($—SO_3H$)或羧基(—COOH)等酸性基团的树脂能与水中的阳离子发生选择性交换，称为阳离子交换树脂，用—RH 表示；某些含有季铵盐≡NX 或伯胺盐$—NX_2$ 等碱性基团的树脂能与水中的阴离子发生选择性交换，称为阴离子交换树脂，用—ROH 表示。反应方程式为

$$2RH + Mg^{2+}(Ca^{2+}) \rightleftharpoons R_2Mg(R_2Ca) + 2H^+$$

$$ROH + Cl^- \rightleftharpoons RCl + OH^-$$

$$2ROH + SO_4^{2-}(CO_3^{2-}) \rightleftharpoons R_2SO_4(R_2CO_3) + 2OH^-$$

Ca^{2+}、Mg^{2+}、CO_3^{2-}、SO_4^{2-}等固着在树脂上，树脂中的 H^+、OH^-则置换到水中，从而达到净水目的。

在实际生产中，去离子水的制备是将水通过装有阳离子交换树脂、阴离子交换树脂和阴阳离子混合树脂的交换柱，分别进行阳离子交换、阴离子交换和多级交换，使产生的 H^+、

OH^-达到平衡，从而保证去离子水为中性。

树脂使用前要先用去离子水浸泡至溶胀。使用一段时间后，交换达到饱和，树脂失效，可分别用稀 HCl 和稀 NaOH 清洗并浸泡阳离子交换树脂和阴离子交换树脂，使其进行上述反应的逆反应，使树脂再生。

2. 水质评价

水质评价的主要指标之一是水中的含盐量，即水中阴、阳离子含量，可用电导率仪测量其电导来评价。离子浓度越大，电导越强。本实验采用 DDS-307 数字型电导率仪测定水的电导，具体操作参见 2.1 节。

3. 离子定性鉴定

(1) Ca^{2+}的检验：本实验使用钙指示剂检验Ca^{2+}，它能与Ca^{2+}、Mg^{2+}作用显红色。因此，本实验要先调节水的 pH 为 12～13，使Mg^{2+}转化为$Mg(OH)_2$沉淀，从而不影响Ca^{2+}的检验。

(2) Mg^{2+}的检验：本实验用铬黑 T 检验Mg^{2+}，当 pH 为 9～11 时，铬黑 T 遇Mg^{2+}产生红色螯合物。

三、仪器和试剂

仪器：碱式滴定管，滴定管夹，铁架，T 形管，乳胶管，螺旋夹，玻璃纤维，烧杯。

试剂：HNO_3(2 mol · L^{-1})，HCl(2 mol · L^{-1})，氨水(2 mol · L^{-1})，NaOH(2 mol · L^{-1})，$BaCl_2$(1 mol · L^{-1})，$AgNO_3$(0.1 mol · L^{-1})，强酸性阳离子交换树脂，强碱性阴离子交换树脂，铬黑 T 指示剂，钙指示剂。

四、实验内容

1. 去离子水的制备

(1) 离子交换装置。在 3 支碱式滴定管底部装入玻璃纤维，再加 3 mL 去离子水，分别加入阳离子交换树脂、阴离子交换树脂和质量比为 1∶1 的阴阳离子混合树脂。树脂应尽量填塞紧密，不留气泡。用导管连接，如图 5-1 所示。

(2) 净水。打开入水开关及各柱间的螺旋夹，调节入水量，控制流速为每分钟 25～30 滴，开始的 30 mL 弃去不用。重新调节流速为每分钟 15～20 滴，分别取自来水、阳离子交换柱流出液、阴离子交换柱流出液和阴阳离子交换柱流出液 4 种水样(编号为样品 1、2、3、4)待用。

2. 电导率的测定

使用电导率仪测定 4 份水样的电导率。每次测定前用待测水样仔细冲洗，并用滤纸吸干电极上的水。注意：测量时必须将铂片全部浸入水中。

3. 离子的定性检验

(1) Ca^{2+}的检测：取样品 1、2、4，调节 pH 为 12～13，滴入 2 滴钙指示剂，观察颜色

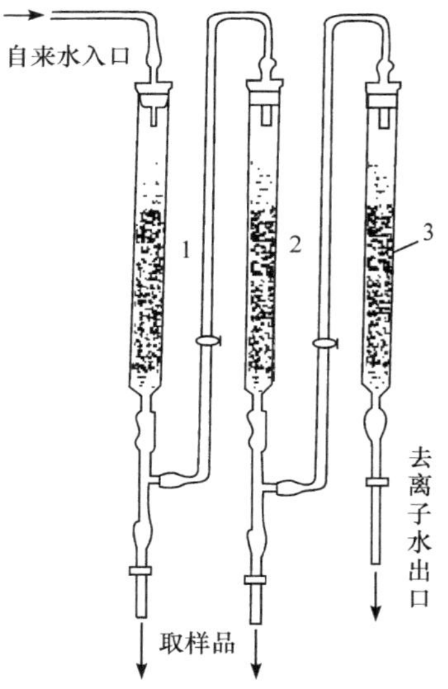

图 5-1 离子交换装置示意图
1. 阳离子交换柱；2. 阴离子交换柱；3. 阴阳离子交换柱

变化，比较 3 份样品中 Ca^{2+}含量的异同。

(2) Mg^{2+}的检测：取样品 1、2、4，调节 pH 为 9～11，滴入 2 滴铬黑 T 指示剂，观察颜色变化，比较 3 份样品中 Mg^{2+}含量的异同。

五、思考题

(1) 自来水中的主要无机杂质是什么？离子交换法的原理是什么？
(2) 各柱底取出液的水质有什么不同？
(3) 定性鉴定无机离子时，因离子浓度极小，应如何操作使实验效果更加明显？

实验 33　水热法制备纳米 SnO_2 微粉

一、实验目的

(1) 了解水热法制备纳米氧化物的原理及方法。
(2) 了解制备纳米 SnO_2 微粉的工艺条件。
(3) 了解用透射电子显微镜检查超细微粉的粒径和使用 X 射线衍射法确定产物的物相。

二、实验原理

纳米材料具有许多不同于原子、分子，也不同于大尺度颗粒的特殊性质。纳米态是指粒径为1～100 nm的超微颗粒，是一种全新的物质的聚集状态，是一个全新的物理学、化学和材料学研究领域。纳米态的粒子，其电子运动受到颗粒边界的限制，当粒子的尺寸与其中电子或空穴的德布罗意(de Broglie)波长相近时，电子运动的波粒二象性表征明显，此时纳米材料表现出与其他材料不同的光、电、磁性质。纳米材料位于表面、界面上的原子数量足以与粒子内部的原子数量相抗衡，总表面能大大增加，粒子的表面、界面化学反应活跃，产生宏观量子隧道效应、介电效应等现象。这些都与人们已知的材料性质大不相同，因此纳米材料的研究是科学前沿的新兴领域。

纳米材料的合成方法有气相法、液相法和固相法。制备纳米氧化物微粉常采用水热法，其优点是产物直接为晶态，无需经过再次焙烧结晶，可以减少颗粒团聚，并且粒度比较均匀，形态也比较规则。

SnO_2是一种半导体材料，在传感器、催化剂和透明导电薄膜等方面具有广泛用途。它具有很大的比表面积，是一种很好的气敏和湿敏材料。

本实验以$SnCl_4$为原料，利用水解产生的$Sn(OH)_4$脱水缩合晶化生成纳米SnO_2微粉。

$$SnCl_4 + 4H_2O \xlongequal{} Sn(OH)_4\downarrow + 4HCl$$

$$n Sn(OH)_4 \xlongequal{} n SnO_2 + 2n H_2O$$

本实验的反应条件对实验效果的影响很大。反应物的浓度、温度、介质的pH、反应时间等对产物的物相、形态、粒子尺度及其分布具有较大影响。

反应温度适度升高能促进$SnCl_4$的水解及$Sn(OH)_4$的脱水，有利于重结晶，但温度太高会造成SnO_2微晶生长过大。适宜的温度范围为120～160 ℃。

高酸度使$SnCl_4$的水解受到抑制，生成的$Sn(OH)_4$少，反应液中将残留较多的Sn^{4+}，会造成SnO_2微粒的聚结；低酸度则使$SnCl_4$的水解较完全，生成大量的$Sn(OH)_4$，方便进一步脱水缩合。

三、仪器和试剂

仪器：不锈钢压力釜(100 mL，有聚四氟乙烯衬里)，烘箱，减压过滤装置，酸度计，离心机，多晶X射线衍射仪，透射电子显微镜。

试剂：$SnCl_4 \cdot 5H_2O$(AR)，KOH(AR)，乙酸(AR)，乙酸铵(AR)，无水乙醇(AR)，95%乙醇(AR)。

四、实验内容

1. SnO_2微粉的制备

(1) 称取0.8 g $SnCl_4 \cdot 5H_2O$，边搅拌边溶于20 mL无水乙醇，回流3 h，得到无色透明溶胶。将溶胶与20 mL去离子水混合，少量加入KOH，调节pH为2。将混合液倒入有聚四氟乙烯衬里的不锈钢压力釜，将反应釜置于烘箱中150 ℃反应4 h。

(2) 从反应釜中取出产物，减压过滤，用含乙酸铵的混合液洗涤多次，再用95%乙醇溶液洗涤，使其快干，或者放入烘箱70 ℃烘干，研磨使其更细。

2. 产物分析

(1) 物相分析。用多晶X射线衍射仪测定产物的物相。在JCPDS标准卡片集中查出SnO_2的标准衍射峰卡片和衍射谱匹配情况，将样品的d值和相对强度与之对照，确定产物是否为SnO_2。

(2) 粒子大小分析。由多晶X射线衍射峰的半峰宽，用谢乐(Scherrer)公式计算样品的平均晶粒尺寸：

$$D=\frac{K\lambda}{\beta\cos\theta}$$

式中，K为常数，通常取0.9；λ为X射线的波长；β为衍射峰的半峰宽度；θ为衍射峰的衍射角。

(3) 用透射电子显微镜直接观察样品粒子的尺寸与形貌。

五、思考题

(1) 水热法制备纳米材料的优点有哪些？

(2) 制备纳米 SnO_2 微粉的影响因素有哪些？它们如何影响结果？其原理是什么？

(3) 如何减少纳米颗粒制备过程中沉淀的胶溶和干燥过程中的团聚？

实验 34　正溴丁烷的合成

一、实验目的

(1) 掌握以溴化钠、浓硫酸和正丁醇制备正溴丁烷的原理和方法。

(2) 学习带有吸收有害气体装置的回流操作。

(3) 掌握蒸馏和洗涤有机物的基本操作。

二、实验原理

合成正溴丁烷的反应方程式如下：

$$2NaBr + H_2SO_4 \longrightarrow 2HBr + Na_2SO_4$$

副反应：

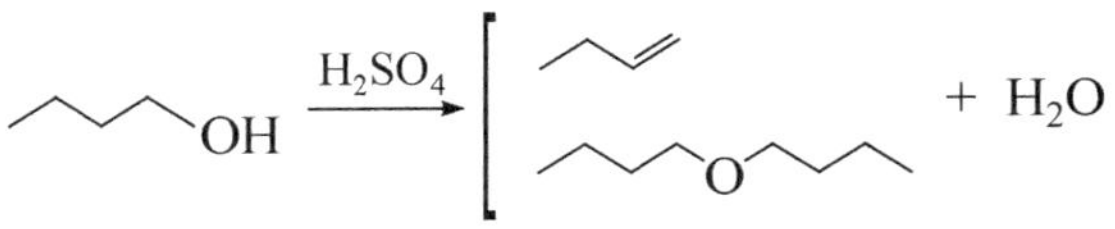

在合成正溴丁烷的反应中容易发生副反应生成正丁烯和正丁醚。因此，为了让反应更充分，通常使溴化氢过量，也就是溴化钠过量，在硫酸的存在下回流。反应后再进行粗蒸馏，使生成的正溴丁烷从反应中分离出来。该反应有溴化氢气体产生，需用碱液进行尾气处理。

三、仪器和试剂

仪器：圆底烧瓶，球形冷凝管，直形冷凝管，三角漏斗，烧杯，尾接管，蒸馏头，温度计，分液漏斗，锥形瓶。

试剂：正丁醇，浓硫酸，溴化钠，饱和碳酸氢钠溶液，无水氯化钙。

四、实验内容

1. 正溴丁烷的合成

在 100 mL 圆底烧瓶中加入 20 mL 水，充分摇动圆底烧瓶，缓慢加入 20 mL 浓硫酸，冷却后加入 12.4 mL(0.136 mol)正丁醇、16.6 g(0.16 mol)溴化钠和一两粒沸石。装上球形冷凝管和干燥管，连接气体吸收装置，如图 5-2 所示，回流 1.5 h。

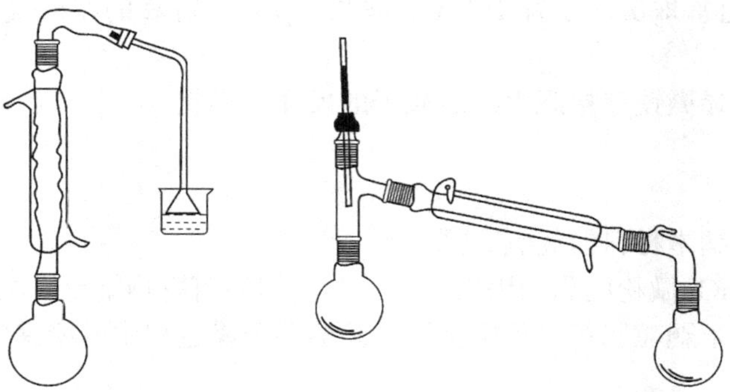

(a)　　(b)

图 5-2　正溴丁烷的合成装置

(a) 回流装置；(b) 蒸馏装置

2. 洗涤、干燥正溴丁烷

将粗蒸馏液倒入分液漏斗，将有机层从下端放入锥形瓶中，然后将 6 mL 浓硫酸分两次加入瓶内，充分摇动锥形瓶，将混合液倒入分液漏斗中，静置分层，下端放出浓硫酸。有机层依次用 15 mL 水、10 mL 饱和碳酸氢钠溶液和 15 mL 水洗涤。将下层有机层放入干燥的锥形瓶中，加入 1.5～2 g 无水氯化钙干燥。

3. 蒸馏

将粗产物倒入 30 mL 蒸馏烧瓶中，加入两粒沸石，按图 5-2 安装蒸馏装置，加热蒸馏，收集 99～102 ℃的馏分。

五、思考题

(1) 本实验有哪些副反应？如何减少副反应？
(2) 反应时硫酸的浓度太高或太低会有什么结果？
(3) 各步洗涤的作用是什么？

实验 35　乙酸乙酯的合成

一、实验目的

(1) 了解酯制备的一般原理和方法。
(2) 掌握蒸馏、分液漏斗的使用等操作。
(3) 掌握提高可逆反应产率的方法。

二、实验原理

乙酸和乙醇在少量浓硫酸的催化作用下发生酯化反应，生成乙酸乙酯。但同时会发生乙醇分子间脱水的副反应生成乙醚，以及乙醇分子内脱水的副反应生成乙烯。酯化反应是可逆反应，为了提高酯的产量，在实验中可使乙醇过量，并且不断将合成中产生的水和酯通过蒸馏移走。

反应方程式如下：

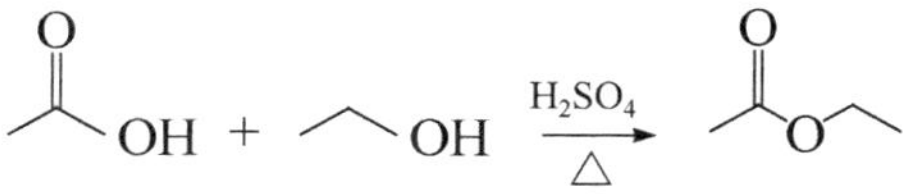

副反应：

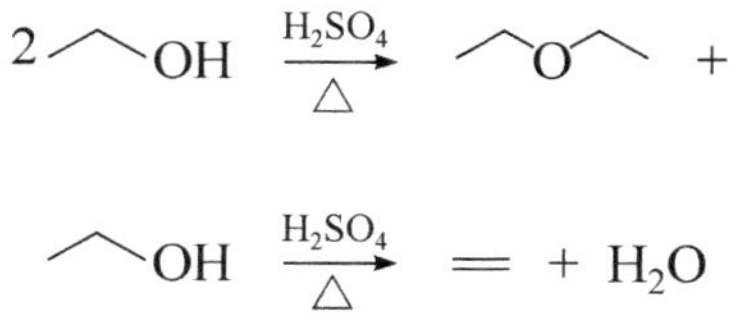

三、仪器和试剂

仪器：三口烧瓶，圆底烧瓶，恒压滴液漏斗，维氏分馏柱，直形冷凝管，蒸馏头，尾接管，温度计，分液漏斗，锥形瓶。

药品：乙酸，95%乙醇，浓硫酸，饱和碳酸钠溶液，饱和氯化钙溶液，饱和食盐水，无水硫酸镁。

四、实验内容

1. 乙酸乙酯的合成

如图 5-3 所示，在 100 mL 三口烧瓶中加入 3 mL 95%乙醇，边摇动边缓慢加入 3 mL 浓硫酸。在恒压滴液漏斗中装入剩下的 20 mL 乙醇和 14.3 mL(0.25 mol)乙酸的混合液。加热三口烧瓶，当反应混合物的温度达 115 ℃左右时，将恒压滴液漏斗的乙醇与乙酸的混合液慢慢滴入三口烧瓶中。调节加料的速度，使其与蒸出酯的速度大致相等，加料时间约需 60 min。保持反应混合物的温度为 115～125 ℃。滴加完毕后，继续加热约 10 min，直到不再有液体馏出为止。

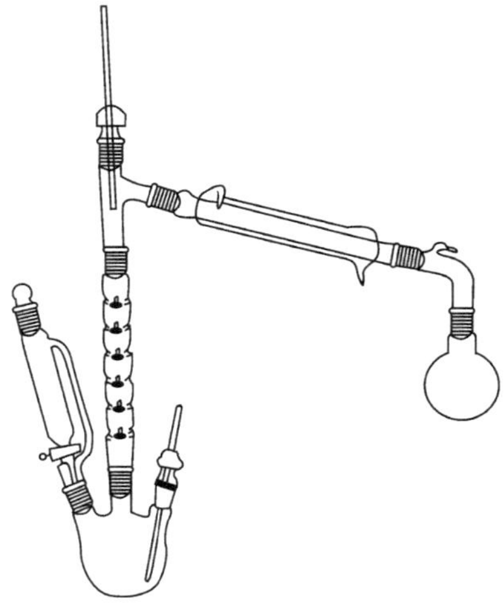

图 5-3 实验 35 反应装置

2. 洗涤、干燥粗乙酸乙酯

反应完毕后，将饱和碳酸钠溶液缓慢地、少量分批地加入馏出液中，并不断摇动接收器，直到无二氧化碳气体逸出，酯层为中性(用 pH 试纸检验酯层)。将混合液倒入分液漏斗中，充分振摇后静置，放出下面的水层。用等体积(10～15 mL)的饱和食盐水洗涤，再用等体积的饱和氯化钙溶液洗涤两次，放出下层废液。从分液漏斗上口将乙酸乙酯倒入干燥的锥形瓶中，加入 1.5～2 g 无水硫酸镁干燥。放置约 20 min，在此期间要间歇振荡锥形瓶至液体澄清透明。

3. 蒸馏

将干燥的粗乙酸乙酯滤入 100 mL 圆底烧瓶中，在水浴上加热蒸馏，收集 73～80 ℃的馏分，产量为 14.5～16.5 g。纯乙酸乙酯是具有果香的无色透明液体，沸点为 77.2 ℃。

五、思考题

(1) 酯化反应有什么特点？本实验如何促使酯化反应向生成酯的方向进行？
(2) 本实验中若采用乙酸过量的做法是否合适？为什么？
(3) 用饱和氯化钙溶液洗涤能除去什么？为什么要先用饱和食盐水洗涤？是否可用水代替？

实验 36　肉桂酸的合成

一、实验目的

(1) 学习肉桂酸的制备原理和方法。
(2) 掌握回流、热过滤、重结晶等基本操作和技能。
(3) 了解水蒸气蒸馏操作。

二、实验原理

芳香醛与酸酐在弱碱性催化剂的作用下，可发生珀金(Perkin)反应，生成 α,β-不饱和芳香酸。所用的催化剂一般为相应酸酐的羧酸钾或钠盐，也可用碳酸钾代替乙酸钾。在肉桂酸的合成反应中，首先是乙酸酐在乙酸钾的催化作用下生成乙酸酐的碳负离子，然后该碳负离子作为亲核试剂，与苯甲醛发生亲核加成反应，生成中间体 β-羟基酸酐，再发生脱水和水解反应，最后得到肉桂酸。反应方程式如下：

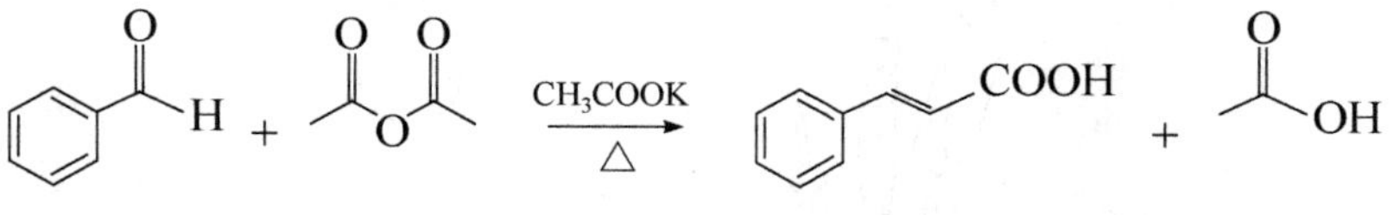

三、仪器和试剂

仪器：三口烧瓶，圆底烧瓶，球形冷凝管，直形冷凝管，减压过滤装置，水蒸气蒸馏装置，温度计，锥形瓶。

试剂：苯甲醛，无水乙酸钾，乙酸酐，碳酸钠，活性炭，浓盐酸。

四、实验内容

1. 肉桂酸的制备

在干燥的 100 mL 三口烧瓶中加入 5 g(0.05 mol)无水乙酸钾、8 g(7.5 mL，0.078 mol)乙酸酐和 5.3 g(5 mL，0.05 mol)苯甲醛，充分振荡混合。装上带有无水氯化钙干燥管的球形冷凝管和 250 ℃温度计，温度计水银球要浸入反应混合物中。将反应装置加热，控制温度在 150～170 ℃，回流 1.5 h，停止加热。

2. 肉桂酸的提纯

待三口烧瓶冷却到 100 ℃左右，将反应混合物趁热倒入 250 mL 圆底烧瓶中，再用 20 mL 热水分两次冲洗反应烧瓶，将洗涤液都倒入圆底烧瓶中。慢慢加入碳酸钠固体，直至溶液呈弱碱性(pH = 8)。然后进行水蒸气蒸馏，直到馏出液无油珠为止，以除去未反应的苯甲醛。

在圆底烧瓶的混合液中加入少量活性炭，加热煮沸脱色数分钟，趁热过滤，滤液转移到锥形瓶中，冷却至室温，在搅拌下小心地加入浓盐酸，使其明显呈酸性(pH = 3)。用冷水浴充分冷却，使肉桂酸完全结晶析出，减压过滤，用少量冷水洗涤结晶，抽滤除去水分，在低于 100 ℃的温度下干燥。产物可在水中重结晶。产量为 4 g 左右。

纯肉桂酸为无色结晶，有顺反异构体，通常以反式异构体存在，熔点为 133 ℃。

五、思考题

(1) 为什么不能用氢氧化钠代替碳酸钠中和反应混合物？

(2) 用碳酸钠中和反应混合物，如何确定溶液呈弱碱性？此时溶液中主要存在什么化合物？

(3) 为什么要进行水蒸气蒸馏？

实验 37 溶胶的制备及聚沉值的测定

一、实验目的

(1) 学习溶胶制备的基本原理，并掌握制备溶胶的主要方法。

(2) 了解影响溶胶稳定性的主要因素。

二、实验原理

溶胶是指极细的固体颗粒分散在液体介质中的分散体系，其颗粒大小为1 nm～1 μm，若颗粒再大则称为悬浮液。制备比较稳定的溶胶或悬浮液一般需满足两个条件：①固体分散相的质点大小必须在胶体分散度的范围内；②固体分散质点在液体介质中要保持分散不聚结，因此一般需加稳定剂。

制备溶胶或悬浮液原则上有两种方法：①将大块团体分割到胶体分散度的大小，此法称为分散法；②使小分子或离子聚集成胶体大小，此法称为凝聚法。

1. 分散法

分散法主要有3种方式：机械研磨、超声分散和胶溶分散。

胶溶分散法是将暂时聚集在一起的胶体粒子重新分散而形成溶胶。例如，氢氧化铁、氢氧化铝等的沉淀实际上是胶体质点的聚集体，由于制备时缺少稳定剂，故胶体质点聚在一起而沉淀。若加入少量电解质，胶体质点因吸附离子而带电，则沉淀在适当的搅拌下重新分散成溶胶。

有时质点聚集成沉淀是因为电解质过多，设法洗去过量的电解质也会使沉淀转化成溶胶。利用这些方法使沉淀转化成溶胶的过程称为胶溶作用，胶溶作用只能用于新鲜的沉淀。若沉淀放置过久，小粒子经过老化，出现粒子间的连接或变成大粒子，就不能利用胶溶作用达到重新分散的目的。

2. 凝聚法

凝聚法主要有化学反应法和更换介质法。凝聚法的基本原则是形成分子分散的过饱和溶液，控制条件使不溶物以胶体质点的大小析出。与分散法相比，凝聚法不仅在能量上有利，而且可以制备高分散度的胶体。

化学反应法：凡能生成不溶物的复分解反应、水解反应及氧化还原反应等均可用于制备溶胶。由于离子的浓度对溶胶的稳定性有直接影响，在制备溶胶时要注意控制电解质的浓度。

根据胶体体系的动力学性质可知，强烈的布朗运动使溶胶分散相质点不易沉降而具有一定的动力学稳定性。但是由于分散相有较大的相界面，又有强烈的聚结趋势，因而这种体系又是热力学不稳定体系。此外，由于多种原因胶体质点表面常带有电荷，带有相同符号电荷的质点不易聚结，从而提高了体系的稳定性。带电质点对电解质十分敏感，在电解质作用下胶体质点因聚结而下沉的现象称为聚沉。在指定条件下使某溶胶聚沉时，电解质的最低浓度称为聚沉值，常用单位为$mmol \cdot L^{-1}$。

影响聚沉的主要因素有反离子的价数、离子半径的大小及同号离子的作用等。一般来说，反离子价数越高，聚沉效率越高，聚沉值越小，聚沉值大致与反离子价数的 6 次方成反比。同价无机小离子的聚沉能力常随其水化半径增大而减小，这一顺序称为感胶离子序。与胶体质点带有同号电荷的二价或高价离子对胶体体系常有稳定作用，即使该体系的聚沉值有所增加。此外，当使用高价或大离子聚沉时，少量的电解质可使溶胶聚沉；电解质浓度大时，聚沉形成的沉淀物又重新分散；浓度再提高时，又可使溶胶聚沉，这种现象称为不规则聚沉。不规则聚沉的原因是：低浓度的高价反离子使溶胶聚沉后，增大反离子浓度，它们在质点上强烈吸附使其带有反离子符号的电荷而重新稳定；继续增大电解质浓度，重新稳定的胶体质点的反离子又可使其聚沉。

三、仪器和试剂

仪器：分光光度计，滴定管，烧杯，试管，量筒，锥形瓶，移液管。

试剂：$FeCl_3$(20%、34%)，$NH_3 \cdot H_2O$(10%)，$AgNO_3$(0.1 $mol \cdot L^{-1}$)，As_2O_3(0.01 $mol \cdot L^{-1}$)，H_2S(饱和)，NaCl(0.2 $mol \cdot L^{-1}$)，$Na_2S_2O_3$(0.02 $mol \cdot L^{-1}$)，$K_3[Fe(CN)_6]$(0.001 $mol \cdot L^{-1}$)，

$AlCl_3$、$BaCl_2$、NaCl、Na_2SO_4、Na_2HPO_4(均为0.5 mol · L^{-1})。

四、实验内容

1. 溶胶的制备

1) 胶溶分散法

氢氧化铁溶胶的制备：取10 mL 20% $FeCl_3$溶液放在烧杯中，加水稀释到100 mL，然后用滴管逐滴加入10% $NH_3 \cdot H_2O$到稍微过量为止。过滤生成的$Fe(OH)_3$沉淀，用去离子水洗涤数次。将沉淀放入另一烧杯中，加10 mL去离子水，再用滴管滴加约10滴20% $FeCl_3$溶液，并用小火加热，最后得到棕红透明的$Fe(OH)_3$溶胶。

2) 化学反应法

氢氧化铁溶胶的制备(水解法)：在500 mL烧杯中加入250 mL去离子水并加热至沸腾，在不断搅拌下滴加1 mL 34% $FeCl_3$溶液，溶液变成暗红棕色的$Fe(OH)_3$溶胶。然后对此溶胶进行渗析，除去电解质杂质。渗析的方法是按下列步骤先做一个渗析用的火棉胶袋：将500 mL锥形瓶洗净、烘干，将火棉胶液倒入锥形瓶中，倾斜锥形瓶并慢慢地转动，使锥形瓶均匀地粘上一层胶液，然后倒出过剩的火棉胶。当火棉胶干后(不粘手)，将瓶口的胶膜剥离开一小部分，从此剥离口慢慢地加入去离子水，胶袋逐渐与瓶壁剥离。取出胶袋，在去离子水中浸泡数小时。

将上面制备的$Fe(OH)_3$溶胶倒入火棉胶袋，并悬挂在盛有去离子水的大烧杯中，每小时换一次去离子水，直到用0.1 mol · L^{-1} $AgNO_3$溶液检验水中无Cl^-渗析即可结束。

硫化砷溶胶的制备：取100 mL 0.01 mol · L^{-1} As_2O_3溶液与100 mL新配制的H_2S饱和水溶液在烧杯中混合并搅拌。然后将溶胶煮沸2～3 min，以除去过量的H_2S。将此硫化砷溶胶倒入锥形瓶中保存待用(硫化砷溶胶的制备最好在通风橱中进行)。

2. 溶胶聚沉值的测定

测定聚沉值的溶胶一般都应经渗析纯化。根据使溶胶刚发生聚沉时所需电解质溶液的体积V_1、电解质溶液的浓度c和溶胶的体积V_2可计算出聚沉值：

$$\text{聚沉值} = \frac{cV_1}{V_1 + V_2}$$

1) $Fe(OH)_3$溶胶聚沉值的测定

用移液管向三个洗净并烘干的100 mL锥形瓶中各移入10 mL经过渗析的$Fe(OH)_3$溶胶，然后分别用0.2 mol · L^{-1} NaCl溶液、0.02 mol · L^{-1} $Na_2S_2O_3$溶液及0.001 mol · L^{-1} $K_3[Fe(CN)_6]$溶液滴定锥形瓶中的$Fe(OH)_3$溶胶。每滴1滴电解质溶液都必须充分搅动，直到溶胶刚变浑浊为止。记下此时各电解质溶液的体积，计算聚沉值。

2) As_2S_3溶胶聚沉值的测定

用移液管分别取出10 mL前面已制好的As_2S_3溶胶移入五个干净的100 mL锥形瓶中，用浓度均为0.5 mol · L^{-1}的$AlCl_3$、$BaCl_2$、NaCl、Na_2SO_4、Na_2HPO_4溶液分别滴定As_2S_3溶胶。当As_2S_3溶胶刚变浑浊时，记下此时各电解质溶液的体积，计算聚沉值。

五、思考题

(1) 为什么要将 $FeCl_3$ 加入热水中制取 $Fe(OH)_3$ 溶胶？

(2) 如何判断溶胶所带电荷的正、负？

实验 38　循环伏安法测定铁氰化钾

一、实验目的

(1) 掌握受扩散控制的电化学过程的判别方法。

(2) 了解可逆电化学过程。

(3) 掌握玻碳电极和电化学工作站的使用方法。

二、实验原理

研究电和化学反应相互关系的化学分支称为电化学，在此基础上，进一步发展出合成电化学、量子电化学、半导体电化学、有机导体电化学、光谱电化学和生物电化学等多个分支学科，其在化工、冶金、电子、航空、医学、材料、能源、金属腐蚀与防护、环境等科技领域中具有广泛应用。随着微电子和计算机技术的高速发展，电化学实验技术也在不断进步。目前，线性扫描伏安法、循环伏安法、交流阻抗谱法等一系列更复杂精确的极化程序控制测试方法已在很大程度上取代了传统的极化曲线测量和极谱测量。其中，循环伏安法是常用的电化学分析方法之一，采用的仪器通常为电化学工作站(图 5-4)。该方法常用于测量电极反应参数，判断化学反应控制步骤、反应机理等。

图 5-4　电化学工作站实物图

利用循环伏安法测试时，首先将单扫描极谱法的线性扫描电位扫到最高值，再反向扫描到起始电位，得到电流-电压曲线，通过分析该电流-电压曲线，得到相关电化学参数和反应性质等结论。其电位与扫描时间的关系如图 5-5(a)所示，呈等腰三角形。若前半部扫描(电压上升部分)为去极化剂在电极上被还原的阴极过程，则后半部扫描(电压下降部分)为还原产物重新被氧化的阳极过程，即一次三角波扫描将完成一个还原、氧化循环[图 5-5(b)]，因此称为循环伏安法。

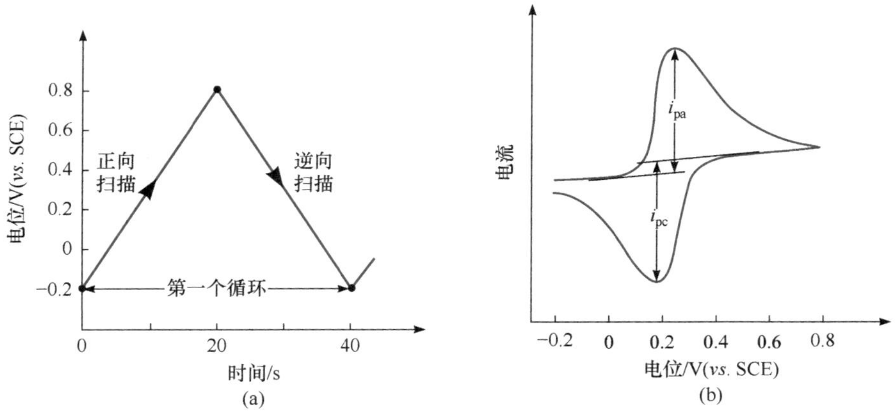

图 5-5　循环电位扫描

氧化峰峰电流和还原峰峰电流之比($\frac{i_{pa}}{i_{pc}}$，式中，i_{pa} 为氧化峰峰电流；i_{pc} 为还原峰峰电流)和两个峰电位之差(ΔE_p)是利用循环伏安法分析电化学体系的两个重要参数。对于可逆电化学过程，循环伏安曲线的上下两条曲线是对称的，如图 5-6 所示，即峰电流之比为 $\frac{i_{pa}}{i_{pc}}=1$；同时，两个峰电位之差为 $\Delta E_p = E_{pa} - E_{pc} = 2.2\frac{RT}{nF}$(mV)(式中，$E_{pa}$ 为氧化峰峰电位；E_{pc} 为还原峰峰电位；R 为摩尔气体常量；T 为反应温度；n 为反应转移电子数；F 为法拉第常量)。25 ℃时，有 $\Delta E_p = \frac{59}{n}$(mV)。若电化学反应同时满足 $\frac{i_{pa}}{i_{pc}}=1$ 和 $\Delta E_p = 2.2\frac{RT}{nF}$(mV)，则此电化学过程为可逆过程。

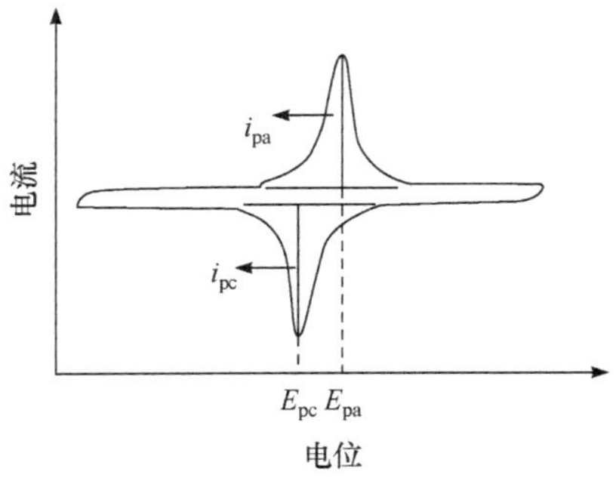

图 5-6　循环伏安曲线

本实验利用循环伏安法测定铁氰化钾离子($[Fe(CN)_6]^{3-}$)和亚铁氰化钾离子($[Fe(CN)_6]^{4-}$)之间的氧化还原反应，该氧化还原反应的电子转移速率快，是典型的可逆电化学过程之一。在一定扫描速率下，从起始电位(−0.2 V)正向扫描至最高电位(+0.8 V)，此时 $[Fe(CN)_6]^{4-}$ 被氧化成 $[Fe(CN)_6]^{3-}$，产生氧化电流；从最高电位(+ 0.8 V)负向扫描至起始电位(−0.2 V)，此时电极表面已生成的 $[Fe(CN)_6]^{3-}$ 又被还原成 $[Fe(CN)_6]^{4-}$，产生还原电流。通过改变扫描速度 v，建立峰电流与 $v^{1/2}$ 之间的关系曲线，若峰电流与 $v^{1/2}$ 成正比，则说明该电化学过程属于扩散控制过程。

三、仪器和试剂

仪器：CHI-660 电化学工作站(图 5-4)，电解池(图 5-7)，玻碳电极，铂丝电极，Ag-AgCl 电极，移液管，容量瓶等。

图 5-7 电解池实物图

试剂：0.05 mol · L^{-1} $[Fe(CN)_6]^{3-}$/$[Fe(CN)_6]^{4-}$ 标准溶液，其中需加入 0.1 mol · L^{-1} KCl 作为支持电解质。

四、实验内容

1. 电极表面预处理

选用不同粒度的 α-Al_2O_3 粉，在膜布上对玻碳电极进行抛光处理，除去玻碳电极表面的氧化物及杂质，抛光完毕后，用去离子水清洗。以抛光完毕的玻碳电极为工作电极，以铂丝电极为对电极，以 Ag-AgCl 电极为参比电极，以 0.05 mol · L^{-1} $[Fe(CN)_6]^{3-}$/$[Fe(CN)_6]^{4-}$ 标准溶液为电解液，构筑三电极体系测试系统。再利用电化学工作站测试循环伏安曲线。当氧化峰与还原峰峰电位差接近理论值(59 mV)时，表明玻碳电极抛光成功，可以进行后续实验。当氧化峰与还原峰峰电位差远大于理论值(59 mV)时，表明玻碳电极表面仍存在较多杂质，需重复抛光步骤，直至循环伏安曲线的氧化峰与还原峰峰电位差接近理论值(59 mV)，方可进行后续实验。

2. 测定不同扫描速率下的循环伏安曲线

按照 1 中方法搭建三电极体系测试系统，设置扫描范围为−0.2 V～+0.8 V，灵敏度为 10^{-4}，改变循环伏安扫描速率分别为：10 mV · s^{-1}、20 mV · s^{-1}、50 mV · s^{-1}、100 mV · s^{-1}、200 mV · s^{-1}，分别测定不同扫描速率下的循环伏安曲线，将数据记录于表 5-2 中。

表 5-2 不同扫描速率下的循环伏安法测定结果

扫描速率 v /(mV · s^{-1})	10	20	50	100	200
$v^{1/2}$					
还原峰电流 i_{pc}/μA					
还原峰电位 E_{pc}/V					
氧化峰电流 i_{pa}/μA					
氧化峰电位 E_{pa}/V					
$\frac{i_{pa}}{i_{pc}}$					
ΔE_p /V					

3. 测定不同电解质浓度下的循环伏安曲线

分别移取 1.0、2.5、5.0、10.0 mL 0.05 mol · L^{-1} $[Fe(CN)_6]^{3-}$/$[Fe(CN)_6]^{4-}$ 标准溶液至 25 mL 容量瓶中，加入去离子水定容。分别以上述几种浓度的 $[Fe(CN)_6]^{3-}$/$[Fe(CN)_6]^{4-}$ 溶液

为电解质溶液，按照 1 中方法搭建三电极体系测试系统，设置扫描范围为−0.2 V～+0.8 V，灵敏度为 10^{-4}，扫描速率为 100 mV · s^{-1}，分别测定不同电解质浓度下的循环伏安曲线，将数据记录于表 5-3 中。

表 5-3　不同电解质浓度下的循环伏安法测定结果

铁氰化钾标准溶液加入量/mL	1.0	2.5	5.0	10.0
铁氰化钾浓度/(mmol · L^{-1})				
还原峰电流 i_{pc} /μA				
还原峰电位 E_{pc} /V				
氧化峰电流 i_{pa} /μA				
氧化峰电位 E_{pa} /V				
$\frac{i_{pa}}{i_{pc}}$				
ΔE_p /V				

五、数据处理

(1) 作峰电流-$v^{1/2}$ 关系曲线，判断该电极反应是否为扩散控制过程。

(2) 作峰电流-电解质浓度工作曲线，定量分析电极反应与电解质浓度之间的关系。

六、思考题

(1) 现代电化学分析方法中，为什么通常使用三电极系统？

(2) 如何确定循环伏安法合适的扫描电位范围？

实验 39　基于活性炭的超级电容器的制备及测试

一、实验目的

(1) 了解超级电容器的工作原理。

(2) 掌握涂膜法制备电极的方法。

(3) 掌握利用电化学工作站测试超级电容器性能的方法。

二、实验原理

超级电容器是一种储能器件，具有较高的功率密度和安全性，目前作为供能器件已广泛应用于各种电子器件中。根据其储能原理，主要分为双电层超级电容器和赝电容超级电容器。其中，双电层超级电容器的储能主要是基于电极/电解液界面双电层的形成[图 5-8(a)]，而赝电容超级电容器的储能是基于电极表面发生的氧化还原反应[图 5-8(b)]。常见的双电层超级电容器的电极材料包括石墨烯、碳纳米管、活性炭等，常见的赝电容超级电容器的电极材料包括金属氧化物(如 MnO_2、Co_3O_4 等)、导电聚合物(如聚苯胺、聚吡咯等)等。超级电容器的电极结构通常包括集流体(通常为具有良好导电性的金属材料)和活性电极材料两大部分。通常情况下，将活性材料负载于集流体表面，构成电极。

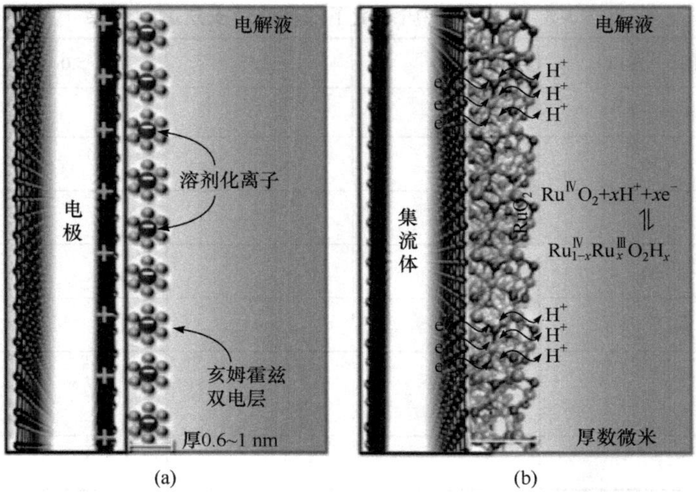

图 5-8　超级电容器的双电层(a)和赝电容(b)储能机理示意图

双电层超级电容器储能机理主要是通过物理吸附，在电极/电解液界面上形成双电层结构，实现储能目的。因此，电极材料的比表面积对超级电容器的储能性能具有较大影响。活性炭是一种具有较高比表面积的纳米碳材料，可用作双电层超级电容器的电极材料。

本实验采用活性炭作为双电层超级电容器的电极材料，利用常见的涂膜法，在铜箔集流体表面涂覆活性材料，制备超级电容器的电极。以此电极为工作电极，以同样结构的电极为对电极和参比电极，采用常见的液态电解质，构筑液态对称型双电层超级电容器，并通过电化学工作站测试其储能性能。最后，通过改变活性炭负载量、液态电解质种类，进一步探究活性物质负载量及电解质种类对超级电容器储能性能的影响。

利用电化学工作站测试超级电容器的储能性能时，主要测试方法为循环伏安法(CV)和恒电流充放电法(GCD)。由于双电层超级电容器的储能机理，其典型 CV 曲线、GCD 曲线如图 5-9(a)、(b)所示，分别为规则的近似四边形和典型的等腰三角形，表明其主要通过双电层储能机理实现储能。超级电容器的储能性能可通过 GCD 曲线进行计算，其计算公式为

$$C = \frac{It}{Um}$$

式中，C 为质量比电容 ($F \cdot g^{-1}$)；I 为恒电流充放电电流(A)；t 为放电时间(s)；U 为超级电容器电压窗口(V)；m 为电极表面活性物质负载质量(g)。此外，还可根据超级电容器的比电容计算其能量密度和功率密度，计算公式为

$$E = 0.5\,CU^2$$

$$P = \frac{E}{t}$$

式中，E 为能量密度 $(W \cdot h \cdot g^{-1})$；C 为质量比电容 $(F \cdot g^{-1})$；U 为超级电容器电压窗口(V)；P 为功率密度 $(W \cdot g^{-1})$；t 为放电时间(h)。

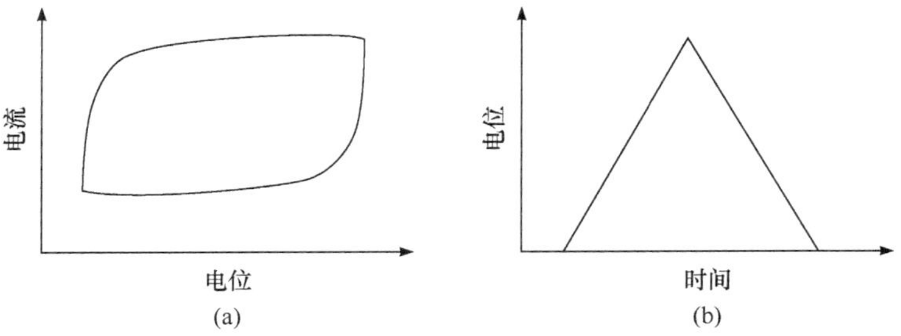

图 5-9 典型双电层超级电容器的 CV 曲线(a)和 GCD 曲线(b)

三、仪器和试剂

仪器：CHI-660 电化学工作站，烧杯，烘箱，涂膜器，电子天平，研钵。

试剂：活性炭，乙炔黑，聚四氟乙烯，铜箔，硫酸溶液(1 mol · L^{-1})，氢氧化钠溶液(1 mol · L^{-1})，氯化锂溶液(1 mol · L^{-1})，*N*-甲基-2-吡咯烷酮，乙醇。

四、实验内容

1. 电极制备

用研钵将活性炭粉末研磨至发亮，再用电子天平准确称取 0.2 g 活性炭粉末，按 8∶1∶1 的质量比将研磨好的活性炭粉末、乙炔黑、聚四氟乙烯混合研磨均匀，并用少量 *N*-甲基-2-吡咯烷酮润湿成 1 号浆料。改变活性炭粉末的质量，使活性炭、乙炔黑、聚四氟乙烯的质量比分别为 5∶1∶1 和 12∶1∶1，加入相同体积的 *N*-甲基-2-吡咯烷酮润湿成 2 号和 3 号浆料。将铜箔裁剪为 1 cm × 2 cm，用乙醇清洗其表面，干燥后准确称量其质量 m_1，利用 100 μm 规格的涂膜器，在六片干燥的铜箔集流体表面均匀涂覆三种浆料，每种浆料涂覆两片铜箔集流体，在 80 ℃下干燥 1 h，得到活性炭电极。干燥后，重新准确称量三片电极的质量 m_2，活性材料的负载量 $m = m_2 - m_1$。

2. 超级电容器性能测试

将相同浆料构筑的两片电极分别作为工作电极和对/参比电极，以 1 mol · L^{-1} 氢氧化钠溶液为电解液，利用电化学工作站的循环伏安法测试超级电容器的 CV 曲线，设置扫描电位范围为 0～0.8 V，扫描速率为 100 mV · s^{-1}。再利用电化学工作站的恒电流充放电法测试超级电容器的 GCD 曲线，设置电压窗口为 0.8 V，充电电流为 2 mA。用同样的方法测试其他两种浆料构成的电极组装成的液态对称型双电层超级电容器的储能性能。

以 1 号浆料构筑的两片电极组装成液态对称型双电层超级电容器，分别以氯化锂溶液(1 mol · L^{-1})和硫酸溶液(1 mol · L^{-1})作为电解液，按照相同的测试方法测试其储能性能，对比电解液 pH 对超级电容器性能的影响。

五、数据处理

(1) 作出不同浆料电极构筑的液态对称型双电层超级电容器的 CV 曲线和 GCD 曲线，并计算其质量比电容、能量密度和功率密度。

(2) 作出 1 号浆料电极构筑的液态对称型双电层超级电容器的质量比电容随电解液 pH 的变化曲线，并分析变化原因。

六、思考题

(1) 双电层超级电容器性能与电极的哪些因素有关？

(2) 为什么液态对称型双电层超级电容器的电压窗口设置为 0.8 V？

实验 40　硅酸盐水泥中 Fe_2O_3、Al_2O_3、CaO 和 MgO 含量的测定

一、实验目的

(1) 学习复杂物质的分析方法。

(2) 掌握尿素均匀沉淀法的分离技术。

二、实验原理

水泥是以石灰石、黏土和矿渣为主要原料，经破碎、配料、磨细制成生料，然后在水泥窑中煅烧成熟料，再加适量石膏制成。其主要成分是硅酸盐，包括硅酸三钙($3CaO \cdot SiO_2$)、硅酸二钙($2CaO \cdot SiO_2$)和铝酸三钙($3CaO \cdot Al_2O_3$)等，还包括许多氧化物，如 MgO、K_2O、Na_2O 等。市面上常用的水泥为矿渣硅酸盐水泥，可参照水泥熟料化学分析法测定其物质含量。

硅酸盐水泥一般为碱性，易被酸分解。用 HCl 分解普通硅酸盐水泥的反应如下：

$$2CaO \cdot SiO_2 + 4HCl = 2CaCl_2 + H_2SiO_3 \downarrow + H_2O$$

$$3CaO \cdot SiO_2 + 6HCl = 3CaCl_2 + H_2SiO_3 \downarrow + 2H_2O$$

$$3CaO \cdot Al_2O_3 + 12HCl = 3CaCl_2 + 2AlCl_3 + 6H_2O$$

$$3CaO \cdot Al_2O_3 \cdot Fe_2O_3 + 18HCl = 3CaCl_2 + 2AlCl_3 + 2FeCl_3 + 9H_2O$$

$$MgO + 2HCl = MgCl_2 + H_2O$$

生成的硅酸有严重的吸附作用，将试样与足够的固体 NH_4Cl 混合后，再用少量浓盐酸在沸水浴中加热分解，因为沉淀反应是在含有大量电解质的小体积溶液中进行的，硅酸可以迅速脱水凝聚析出，减少吸附，沉淀相对更纯净和完全。

试样中若含有 FeO，可加数滴硝酸，将 Fe^{2+}氧化为 Fe^{3+}。

SiO_2 的测定可采用滴定法或重量法。重量法又根据使硅酸盐凝聚所用的物质不同分为盐酸干涸法、动物胶法、NH_4Cl 法等。本实验用 NH_4Cl 法，将试样与 7～8 倍固体 NH_4Cl 混匀后，再加入 HCl 分解试样。经沉淀分离、过滤、洗涤后的 SiO_2 在瓷坩埚中 950 ℃灼烧至恒量。用 HF 处理后，测定结果与标准法结果误差可达到小于 0.1%。生产项目中 SiO_2 的快速分析常采用氟硅酸钾滴定法。

若无需测定 SiO_2，则试样用 HCl 分解后，用氨水沉淀法使 $Fe(OH)_3$、$Al(OH)_3$ 与 Ca^{2+}、Mg^{2+}分离。沉淀用 HCl 溶解。调节溶液的 pH 为 2～2.5，以磺基水杨酸(SSA)作指示剂，用 EDTA 滴定 Fe^{3+}；然后加入一定量过量的 EDTA，煮沸，待 Al^{3+}与 EDTA 完全配位后，调节

溶液的 pH ≈ 4.2，以 PAN 作指示剂，用 $CuSO_4$ 标准溶液滴定过量的 EDTA，从而可分别测得 Fe_2O_3 和 Al_2O_3 的含量。样品中如果含有 Ti，则 $CuSO_4$ 返滴定法实际上测得的是 Al、Ti 含量。若要测定 TiO_2 含量，可加入苦杏仁酸作为解蔽剂，从 TiY 中夺出 Ti^{4+}，再用 $CuSO_4$ 标准溶液滴定释放的 EDTA。当 Ti 含量较低时可用比色法。

滤液中的 Ca^{2+}、Mg^{2+} 可以按上述方法在 pH = 10 时用 EDTA 滴定，测得 Ca^{2+}、Mg^{2+} 的含量；再在 pH = 12 时用 EDTA 滴定，测得 CaO 的含量，用差减法计算 MgO 的含量。生产上也可能不采用上述沉淀分离，而是加入三乙醇胺、氟化钾等作掩蔽剂，直接用 EDTA 进行滴定。

(1) Fe_2O_3 的测定原理。

滴定前：　Fe^{3+} + SSA(无色) ══ Fe-SSA(紫红色)

滴定中：　Fe^{3+} + Y ══ FeY

终点时：　Fe-SSA(紫红色) + Y ══ Fe(淡黄色) + SSA(无色)

(2) Al_2O_3 的测定原理(使用 Cu^{2+} 返滴定法)。

加入已知量且过量的 EDTA 标准溶液，调节 pH = 3.5，加热煮沸使 Al^{3+} 与 EDTA 定量配位。

滴定前：　Al^{3+} + Y(已知且过量) ══ AlY

滴定中：　Cu^{2+} + Y ══ CuY(蓝色)

终点时：　Cu^{2+} + PAN(黄色) ══ Cu - PAN(紫红色)

(3) CaO 的测定原理。

吸取部分滤液，用 NaOH 溶液调节 pH 为 12.6，Mg^{2+} 形成 $Mg(OH)_2$ 沉淀，以钙指示剂(NN)为指示剂，用 EDTA 标准溶液滴定至溶液由酒红色变为蓝色，即为终点。

滴定前：　Ca^{2+} + NN ══ Ca-NN(酒红色)

滴定中：　Ca^{2+} + Y ══ CaY(无色)

终点时：　Ca-NN(酒红色) + Y ══ CaY + NN(蓝色)

(4) MgO 的测定原理。

吸取一定量的滤液，在 pH = 10 的氨-氯化铵缓冲溶液中，以铬黑 T 为指示剂，用 EDTA 标准溶液滴定至溶液由酒红色变为蓝色，即为终点。此步测量得到的是钙、镁的总量，从中减去镁的量即为钙的量。

滴定前：　Ca^{2+} + EBT ══ Ca-EBT(酒红色)

　　　　　Mg^{2+} + EBT ══ Mg-EBT(酒红色)

滴定中：　Ca^{2+} + Y ══ CaY(无色)

　　　　　Mg^{2+} + Y ══ MgY(无色)

终点时：　Ca^{2+} + EBT ══ Ca-EBT(酒红色)

　　　　　Mg-EBT + Y ══ MgY + EBT(蓝色)

三、仪器和试剂

仪器：烧杯，容量瓶，吸量管，移液管，酸式滴定管，碱式滴定管，量筒，试剂瓶，沙浴，台秤，电子天平，玻璃棒，锥形瓶。

试剂：水泥，氯化铵(s)，氨水(1+1)，NaOH(20%，200 g · L^{-1})，HCl(浓、6 mol · L^{-1}、2 mol · L^{-1})，尿素(500 g · L^{-1})，浓硝酸，NH_4F(200 g · L^{-1})，$AgNO_3$(0.1 mol · L^{-1})，NH_4NO_3(1%，10 g · L^{-1})，溴甲酚绿(1 g · L^{-1})，磺基水杨酸(100 g · L^{-1})，1-(2-吡啶偶氮)-2-萘酚(PAN，3 g · L^{-1})。

EDTA 标准溶液(0.02 mol · L^{-1})：在台秤上称取 4 g EDTA，加 100 mL 水溶解后转移至塑料瓶中，稀释至 500 mL，摇匀，待标定。

铜标准溶液(0.02 mol · L^{-1})：准确称取 0.3 g 纯铜，加入 3 mL 6 mol · L^{-1} HCl 溶液，滴加 2～3 mL 过氧化氢，盖上表面皿，微沸溶解，继续加热至小泡冒完为止(除去过氧化氢)。冷却后转入 250 mL 容量瓶中，用水稀释至刻度，摇匀。

铬黑 T(1 g · L^{-1})：称取 0.1 g 铬黑 T 溶于 75 mL 三乙醇胺和 25 mL 乙醇中。

钙指示剂(NN)：NaCl 固体与指示剂固体按 100 : 1(质量比)配制而成。

氯乙酸-乙酸铵缓冲溶液(pH = 2)：850 mL 0.1 mol · L^{-1} 氯乙酸与 85 mL 0.1 mol · L^{-1} 乙酸铵混匀。

氯乙酸-乙酸钠缓冲溶液(pH = 3.5)：250 mL 2 mol · L^{-1} 氯乙酸与 500 mL 1 mol · L^{-1} 乙酸钠混匀。

NaOH 强碱缓冲溶液(pH = 12.6)：10 g NaOH 与 10 g $Na_2B_4O_7 \cdot 10H_2O$(硼砂)溶于适量水后，稀释至 1 L。

氨-氯化铵缓冲溶液(pH = 10)：67 g 氯化铵溶于水后，加入 520 mL 浓氨水，稀释至 1 L。

四、实验步骤

1. EDTA 标准溶液的标定

用移液管准确移取 10 mL 铜标准溶液，加入 5 mL pH = 3.5 的缓冲溶液和 35 mL 水，加热至 80 ℃后，加入 4 滴 PAN 指示剂，趁热用 EDTA 标准溶液滴定至红色变为绿色，即为终点，记下消耗 EDTA 标准溶液的体积。平行滴定 3 次。计算 EDTA 标准溶液的浓度。

2. Fe_2O_3、Al_2O_3、CaO、MgO 含量的测定

1) 溶样

准确称取约 2 g 水泥试样置于 250 mL 烧杯中，加入 8 g NH_4Cl 固体，用一端平头的玻璃棒压碎块状物，仔细搅拌 20 min(此操作为本实验关键步骤，试样是否溶解完全与此步仔细搅拌、混匀密切相关)。加入 12 mL 浓 HCl，使试样全部润湿，再滴加 4～8 滴浓 HNO_3，搅匀，盖上表面皿，置于已预热的沙浴上加热 20～30 min，直至无黑色或灰色渣为止。取下烧杯，稍冷后加 40 mL 热水，搅拌使盐溶解(注意防止溅出)。冷却后，连同沉淀一起转移至 500 mL 容量瓶中，用水稀释至刻度，摇匀后静置 1～2 h，使其澄清。然后用洁净、干燥的虹吸管吸取溶液置于洁净、干燥的 400 mL 烧杯中保存，作为测定 Fe、Al、Ca、Mg 的溶液 1。

2) Fe_2O_3 和 Al_2O_3 含量的测定

准确移取 20 mL 溶液 1 于 250 mL 锥形瓶中，加入 8 滴磺基水杨酸、10 mL pH = 2 的缓冲溶液，将溶液加热至 70 ℃，用 EDTA 标准溶液缓慢地滴定至液体由酒红色变为淡黄或无色(终点时溶液温度应在 60 ℃左右。终点颜色与试样成分和 Fe 含量有关)，记下消耗的 EDTA 标准溶液的体积。平行滴定 3 次。计算 Fe_2O_3 的含量：

$$w_{Fe_2O_3} = \frac{\frac{1}{2}\times(cV)_{EDTA}\times M_{Fe_2O_3}}{m_s}$$

式中，m_s 为实际滴定的每份试样质量。

在滴定铁后的溶液中加入 1 滴溴甲酚绿，并用(1+1)氨水调至蓝色，滴加 2 mol · L^{-1} HCl 溶液至黄色(pH ≈ 3.8)，再准确加入 15.00 mL 过量的 EDTA 标准溶液，煮沸 1 min，加入 10 mL pH = 3.5 的缓冲溶液和 4 滴 PAN 指示剂，用 $CuSO_4$ 标准溶液滴至茶红色，即为终点(随着 Cu^{2+}的滴入，由于 Cu-EDTA 的蓝色和 PAN 的黄色转变为绿色，终点时生成 Cu-PAN 红色配合物，使终点呈茶红色)。记下消耗的 $CuSO_4$ 标准溶液的体积。平行滴定 3 次。计算 Al_2O_3 的含量：

$$w_{Al_2O_3} = \frac{\frac{1}{2}\left[(cV)_{EDTA} - (cV)_{CuSO_4}\right]\times M_{Al_2O_3}}{m_s}$$

3) CaO 和 MgO 含量的测定

由于 Fe^{3+}、Al^{3+}干扰 Ca^{2+}、Mg^{2+}的测定，必须将它们预先分离。取 100 mL 溶液 1 置于 200 mL 烧杯中，滴入(1+1)氨水至红棕色沉淀生成时，再滴入 2 mol · L^{-1} HCl 溶液使沉淀刚好溶解。然后加入 25 mL 500 g · L^{-1} 尿素溶液，加热约 20 min，不断搅拌，使 Fe^{3+}、Al^{3+}完全沉淀[此时称为尿素均匀沉淀法，也可用氨水法直接沉淀，但 $Fe(OH)_3$ 对 Ca^{2+}、Mg^{2+}吸附较为严重]，趁热过滤，滤液用 250 mL 烧杯承接，用 1% NH_4NO_3 溶液和热水洗涤沉淀至无 Cl^-为止(用 0.1 mol · L^{-1} $AgNO_3$ 溶液检查)。滤液冷却后转移至 250 mL 容量瓶中，用水稀释至刻度，摇匀。滤液用于测定 Ca^{2+}、Mg^{2+}。

CaO 的测定：用移液管移取 25. 00 mL 滤液于 250 mL 锥形瓶中，加入 3 mL 三乙醇胺：水 = 1：2(体积比)的混合液和 2 mL 钙指示剂，并滴加 20% NaOH 溶液至出现稳定的酒红色，加入 10 mL pH = 12.6 的缓冲溶液(或 2 mL 6 mol · L^{-1} NaOH 溶液)，用 EDTA 标准溶液滴定至溶液由酒红色变为蓝色，即为终点。

CaO 和 MgO 总量的测定：用移液管移取 25.00 mL 滤液于 250 mL 锥形瓶中，加入 3 mL 三乙醇胺：水 = 1：2(体积比)的混合液、4 滴铬黑 T(此时应出现稳定的酒红色，否则应加 NaOH 溶液至出现稳定的酒红色)和 15 mL 氨-氯化铵缓冲溶液，用 EDTA 标准溶液滴定至酒红色变为蓝色，即为终点。计算钙、镁总量后，用差减法计算 MgO 的含量。

五、思考题

(1) Fe^{3+}、Al^{3+}、Ca^{2+}、Mg^{2+}共存时，能否用 EDTA 标准溶液控制酸度法滴定 Fe^{3+}？滴定 Fe^{3+}的介质酸度范围为多大？

(2) EDTA 滴定 Al^{3+}时，为什么采用返滴定法？

(3) EDTA 滴定 Ca^{2+}、Mg^{2+}时，如何消除 Fe^{3+}、Al^{3+}的干扰？

(4) 用浓盐酸分解硅酸盐水泥试样时，为什么要加入浓硝酸和固体氯化铵？

实验 41　槐花米中芦丁的提取、分离和鉴定

一、实验目的

(1) 学习黄酮化合物的提取、分离方法。

(2) 学习芦丁的一种提取、精制方法。

(3) 学习黄酮苷水解生成苷元及二者的分离方法。

(4) 熟悉芦丁、槲皮素的结构性质、检识方法和层析鉴定方法。

二、实验原理

芦丁(rutin)广泛存在于植物界中，现已发现含芦丁的植物至少在 70 种以上，如烟叶、槐花、荞麦和蒲公英等。尤以槐花米和荞麦中含量最高，可作为大量提取芦丁的原料。

槐花米为豆科植物槐花的未开放花蕾，味苦性凉，具有清热、凉血、止血的功效。槐花的主要化学成分为芦丁，又称芸香苷，含量可达 12%～16%。

芦丁是由槲皮素(quercetin)3 位上的羟基与芸香糖(rutinose)[葡萄糖(glucose)与鼠李糖(rhamnose)组成的双糖]脱水合成的苷。芦丁为浅黄色粉末或极细的针状结晶，含有三分子结晶水，熔点为 174～178 ℃，无水物为 188～190 ℃。溶解度：冷水中 1∶10000；热水中 1∶200；冷乙醇 1∶650；热乙醇 1∶60；冷吡啶 1∶12。微溶于丙酮、乙酸乙酯，不溶于苯、乙醚、氯仿、石油醚，溶于碱而呈黄色。

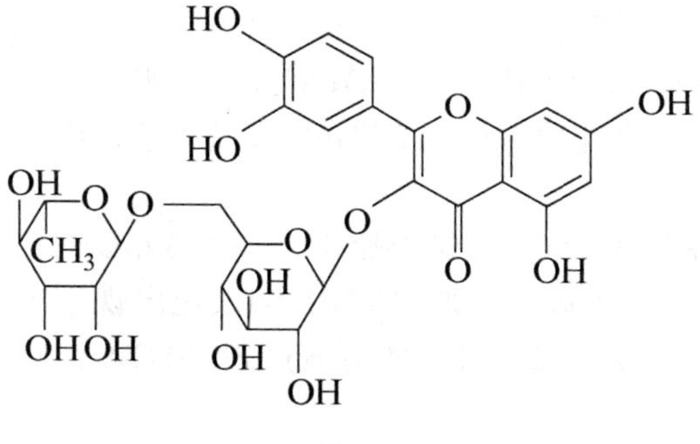

芦丁

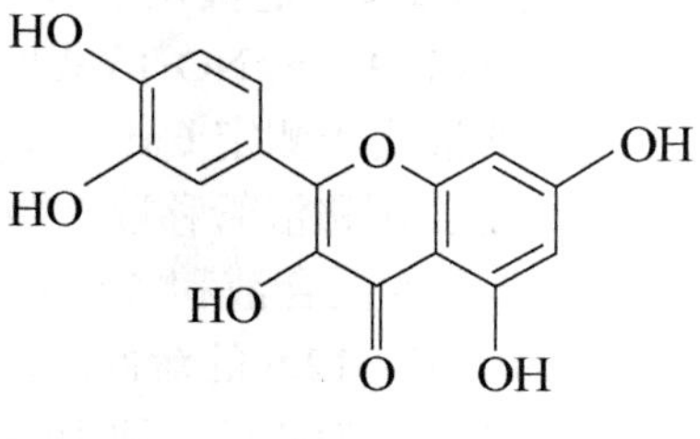

槲皮素

芦丁具有维生素 P 样作用，可降低毛细管前壁的脆性和调节渗透性，有助于保持及恢复毛细血管的正常弹性。临床上用于治疗毛细管脆性引起的出血症，并常用作防治高血压病的辅助治疗剂，现在国外也常用芦丁作食品及饮料的染色剂。

槲皮素的二水合物($C_{15}H_{10}O_7 \cdot 2H_2O$)为黄色结晶，熔点为 313 ℃～314 ℃，无水物为 316 ℃。溶解度：冷乙醇中 1∶290，沸乙醇中 1∶23，可溶于甲醇、乙酸乙酯、吡啶、丙酮等溶剂，不溶于水、乙醚、苯、氯仿、石油醚。

本实验主要是利用芦丁易溶热水、热乙醇而较难溶于冷水、冷乙醇的性质，选择重结晶方法进行提取分离精制。芦丁可被稀酸水解生成槲皮素、葡萄糖和鼠李糖，据此制备槲皮

素。芦丁与槲皮素还可通过化学反应及薄层色谱鉴定。

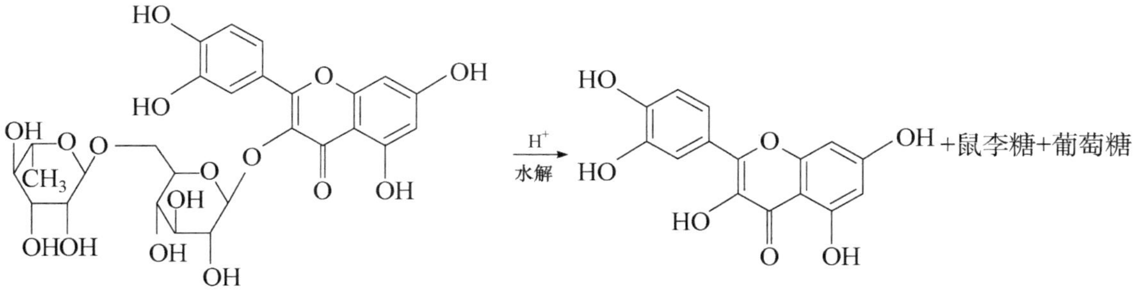

三、仪器和试剂

仪器：研钵，烧杯，电炉，脱脂棉，漏斗，长玻璃棒，布氏漏斗，吸滤瓶，滤纸，圆底烧瓶，冷凝管，电热套，预制硅胶板，层析缸，玻璃显色喷壶等。

试剂：硫酸溶液(2%)，乙酸，葡萄糖标准溶液(1%)，鼠李糖标准溶液(1%)，芦丁乙醇标准溶液(1%)，槲皮素乙醇标准溶液(1%)，α-萘酚试剂(10%)，三氯化铝乙醇溶液(1%)，浓硫酸，无水乙醇，氯仿，甲醇，活性炭，氢氧化钡等。

四、实验内容

1. 芦丁的提取

称取 100 g 槐花米，在研钵中研碎，放入 500 mL 烧杯中，加入 300 mL 沸水，在电炉上煮沸 45 min，不断补加水。用漏斗经脱脂棉过滤，滤渣加 200 mL 水煮沸 30 min，再次过滤。合并两次提取液，静置，析出沉淀，倒掉上清液，抽滤沉淀，得到粗制芦丁，置于空气中干燥后，称量。

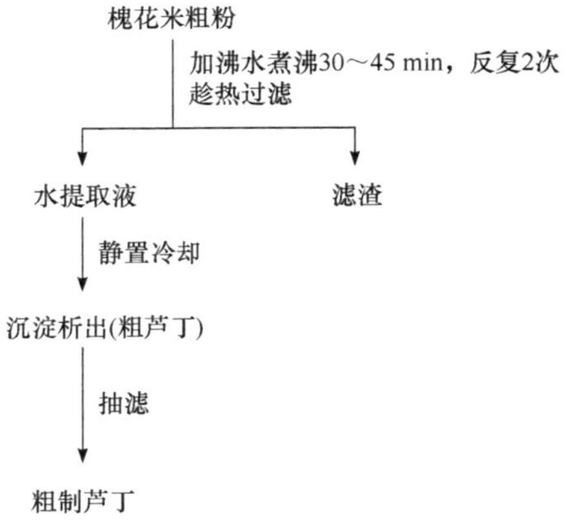

图 5-10　提取芦丁的流程

2. 芦丁的精制

取 2 g 粗制芦丁，加 400 mL 去离子水，煮沸至芦丁全部溶解，趁热立即抽滤，冷却后即可析出结晶，抽滤，得到芦丁精制品。若结晶色泽呈灰绿色或暗黄色，表示杂质未除尽。此时，可用甲醇或乙醇(参考溶解度加足溶剂)回流加热溶解，并加入 0.5%活性炭继续回流

0.5 h。抽滤除去炭渣，将滤液静置冷却，待全部结晶析出后，抽滤结晶，置于空气中干燥，得精制芦丁，颜色呈浅黄色，称量。

3. 芦丁的水解

取 1 g 精制芦丁，研细后置于 250 mL 圆底烧瓶中，加 80 mL 2%硫酸水溶液，在电热套中微沸回流 30 min，并及时补充水分。在加热过程中，开始溶液呈浑浊状态，约 10 min 后，溶液由浑浊转为澄清，逐渐析出黄色小针状结晶，即水解产物槲皮素，继续加热至结晶物不再增加时为止。抽滤，保留滤液(应为澄清无色液体)，检查滤液中的单糖。滤得的槲皮素粗晶用水洗至中性，加适量 70%乙醇加热回流使其溶解，趁热抽滤，静置析晶。抽滤，得精制槲皮素(减压下 110 ℃干燥，可得槲皮素无水物)。

取 20 mL 芦丁水解后的滤液，加氢氧化钡细粉(约 2.6 g)中和至 pH = 7(搅拌下进行)，滤去白色的硫酸钡沉淀，滤液浓缩至 2～3 mL 或蒸干后，加 2～3 mL 乙醇溶解，作为糖的供试液。

4. 芦丁、槲皮素及糖的检识

取制得的芦丁及槲皮素纯品各约 10 mg，加 5 mL 乙醇使其溶解，制成样品溶液，按下列方法进行试验，比较苷元和苷的反应情况。

1) 颜色反应

α-萘酚-浓硫酸[莫利希(Molisch)]试验：取 1 mL 样品溶液置于试管中，加 2～3 滴 10% *α*-萘酚试剂振摇，倾斜试管，沿管壁徐徐加入 0.5 mL 浓硫酸，静置，观察两层溶液界面变化。出现紫红色环者为阳性反应，表示试样分子中含有糖的结构，糖和苷类均呈阳性反应。记录比较芦丁和槲皮素的不同。

2) 色谱检识

(1) 槲皮素和芦丁的薄层色谱鉴定。

样品：a. 自制芦丁的乙醇溶液；b. 自制槲皮素的乙醇溶液。

对照品：a. 芦丁标准品的乙醇溶液；b. 槲皮素标准品的乙醇溶液。

展开剂：氯仿-甲醇-乙酸(80 ∶ 20 ∶ 0.5，体积比)。

显色剂：1%三氯化铝乙醇溶液喷雾，干后紫外灯下观察。

观察记录：记录薄层色谱图及斑点颜色。

(2) 糖的薄层色谱鉴定。

样品：经处理后的水解浓缩液。

对照品：a. 1%葡萄糖标准溶液；b. 1%鼠李糖标准溶液。

展开剂：正丁醇-乙酸-水(4 ∶ 1 ∶ 5，体积比，上层)。

显色剂：a. 苯胺-邻苯二甲酸试剂喷雾，于 105 ℃加热 10 min，呈棕色或棕红色斑点。

b. 氨性硝酸银试剂喷雾，于 100 ℃左右加热，呈棕褐色斑点。

观察记录：记录薄层色谱图及斑点颜色。

五、实验说明及注意事项

(1) 本实验利用芦丁在冷水及沸水中的溶解度不同，采用沸水提取法。在提取前应注意将槐花米略捣碎，使芦丁易于被热水溶出。

(2) 还可以采用碱溶酸沉法，槐花中含有大量黏液质，加入石灰乳使其生成钙盐沉淀除去。pH 应严格控制在 8～9，不得超过 10。因为在强碱条件下煮沸，时间稍长可导致芦丁水解，使提取率明显下降。酸沉时 pH 为 2～3，不宜过低，否则会使芦丁形成盐溶于水，降低产率。

(3) 槲皮素用乙醇重结晶时，若所用的乙醇浓度过高(90%以上)，一般不易析出结晶。此时，可在乙醇溶液中滴加适量去离子水，使溶液呈微浊状态，放置，槲皮素即可析出。

六、思考题

(1) 本实验提取过程中应注意哪些问题?

(2) 根据芦丁的性质，还可采用何种方法进行提取? 简要说明理由。

(3) 提取总黄酮时，为什么要将沸水加至槐花米中，而不是将槐花米直接加入冷水中逐渐升温加热?

实验 42 比色法测定水果(或蔬菜)中维生素 C 的含量

一、实验目的

(1) 了解比色法测定维生素 C 含量的原理。

(2) 学习从植物样品中制取试液的一般方法。

(3) 熟悉分光光度计的操作。

二、实验原理

维生素 C 又称抗坏血酸，化学名称为 3-氧代-L-古洛糖酸呋喃内酯，分子式为 $C_6H_8O_6$，是一种水溶性小分子生物活性物质，广泛存在于植物组织中，在新鲜的水果、蔬菜中含量较高。纯净的维生素 C 为白色或淡黄色结晶或结晶性粉末，无臭、味酸，还原性强，在空气中极易被氧化，尤其在碱性介质中反应更甚。氧化产物脱氢抗坏血酸仍保留维生素 C 的生物活性。在动物组织内脱氢抗坏血酸可被谷胱甘肽等还原物质还原为抗坏血酸。

维生素 C 氧化后能与 2, 4 -二硝基苯肼作用生成红色物质脎，这种红色物质能溶于硫酸。因此，只要将样品中的维生素 C 氧化，并与 2, 4 -二硝基苯肼作用，生成的红色物质用硫酸溶解，再与同样处理的维生素 C 标准溶液比色，即可求出样品中维生素 C 的含量。

三、仪器和试剂

仪器：721 型分光光度计，研钵，容量瓶(50 mL、100 mL)，锥形瓶(50 mL)，吸量管，比色管(10 mL)。

试剂：乙二酸(1%)，H_2SO_4(85%)，2, 4-二硝基苯肼(2%)，硫脲(10%，50 g 硫脲溶于 500 mL 1%乙二酸中)，维生素 C 标准储备液(1 mg · mL^{-1}，将 100 mg 维生素 C 纯品溶于 100 mL 1%乙二酸中)，活性炭(100 g 活性炭加 750 mg · mL^{-1} HCl 溶液，回流加热 1 h，过滤，用去离子水洗涤数次至滤液无 Fe^{3+}为止，置于 110 ℃烘箱中烘干)。

四、实验内容

1. 提取维生素 C 试样

称量 2 g 新鲜去皮白梨(或绿豆芽)于研钵中，加少量 1%乙二酸，研磨 5～10 min，将提取液收集于 50 mL 容量瓶中，重复提取 3 次，加 1%乙二酸至刻度。取 10 mL 提取液于干燥的锥形瓶中，加入半药匙活性炭，充分振摇约 1 min 后过滤。

2. 配制维生素 C 标准溶液

量取 1.0 mL 1 mg · mL^{-1} 维生素 C 标准储备液于 100 mL 容量瓶，用 1%乙二酸稀释至刻度(此时 1 mL 相当于 0.01 mg 维生素 C)。取 10 mL 该溶液置于干燥的锥形瓶中，加入半药匙活性炭，振摇约 1 min 后过滤。

3. 显色

在试管 1 中加入 2.5 mL 样品滤液和 1 滴 10%硫脲，在试管 2 中加入 2.5 mL 维生素 C 标准溶液和 1.0 mL 2% 2, 4 -二硝基苯肼，在试管 3 中加入 2.5 mL 样品滤液、1 滴 10%硫脲和 1.0 mL 2% 2, 4 -二硝基苯肼，分别混匀，置于沸水中加热约 10 min 后，水浴冷却。在试管 1 中加入 1 mL 2% 2, 4 -二硝基苯肼，然后分别将 3 支试管置于冷水浴中，缓慢滴加 3.0 mL 85% H_2SO_4 溶液(边滴加边摇动冷却)，充分混匀后静置 10 min。

4. 测量吸光度并计算

在 721 型分光光度计上，选用 3 cm 厚比色皿，于波长 500 nm 处，以试管 1 中溶液作空白调零，以试管 2 溶液为标准，测定试管 2、试管 3 溶液的吸光度并计算。

$$100\ \text{g样品中维生素C总含量/mg} = \frac{\text{样品溶液吸光度}}{\text{标准溶液吸光度}} \times 0.01 \times 2.5 \times \frac{50}{2.5} \times \frac{100}{2}$$

五、思考题

(1) 样品处理和维生素 C 标准溶液中加入 1%乙二酸起什么作用?
(2) 为什么要用活性炭脱色?
(3) 本实验中哪些因素会导致测定误差?

第6章 综合实验

实验43 含铬废水的处理

一、实验目的

(1) 了解化学还原法处理含铬废水的原理和方法。
(2) 学习用分光光度法或比色法测定和检验废水中铬的含量。

二、实验原理

铬是毒性较高的元素之一。铬污染主要来源于电镀、制革及印染等工业废水的排放。党的二十大报告指出："我们要推进美丽中国建设，坚持山水林田湖草沙一体化保护和系统治理，统筹产业结构调整、污染治理、生态保护、应对气候变化，协同推进降碳、减污、扩绿、增长，推进生态优先、节约集约、绿色低碳发展。"铬以 $Cr_2O_7^{2-}$ 或 CrO_4^{2-} 形式的Cr(Ⅵ)和Cr(Ⅲ)存在。由于Cr(Ⅵ)的毒性比Cr(Ⅲ)大得多，还是致癌物质，因此含铬废水处理的基本原则是先将Cr(Ⅵ)还原为Cr(Ⅲ)，然后将Cr(Ⅲ)除去。

含铬废水的处理方法有离子交换法、电解法、化学还原法等。本实验采用铁氧体化学还原法。铁氧体是指具有磁性的Fe_3O_4中的Fe^{2+}或Fe^{3+}部分被与其离子半径相近的其他+2价或+3价金属离子(如Cr^{3+}、Mn^{2+}等)取代而形成的以铁为主体的复合型氧化物，可用$M_xFe_{3-x}O_4$表示。以Cr^{3+}为例，可写成$Cr_xFe_{3-x}O_4$。

铁氧体化学还原法处理含铬废水的基本原理是使废水中的 $Cr_2O_7^{2-}$ 或 CrO_4^{2-} 在酸性条件下与过量还原剂$FeSO_4$作用生成Cr^{3+}和Fe^{3+}，其反应方程式为

$$Cr_2O_7^{2-} + 6Fe^{2+} + 14H^+ \rightleftharpoons 2Cr^{3+} + 6Fe^{3+} + 7H_2O$$

$$HCrO_4^- + 3Fe^{2+} + 7H^+ \rightleftharpoons Cr^{3+} + 3Fe^{3+} + 4H_2O$$

反应结束后加入适量碱液，调节溶液pH并适当控制温度，加少量H_2O_2或通入空气搅拌，将溶液中过量的Fe^{2+}部分氧化为Fe^{3+}，得到比例适度的Cr^{3+}、Fe^{2+}和Fe^{3+}并转化为沉淀：

$$Fe^{3+} + 3OH^- \rightleftharpoons Fe(OH)_3\downarrow$$

$$Fe^{2+} + 2OH^- \rightleftharpoons Fe(OH)_2\downarrow$$

$$Cr^{3+} + 3OH^- \rightleftharpoons Cr(OH)_3\downarrow$$

当形成的 $Fe(OH)_2$ 和 $Fe(OH)_3$ 的物质的量比为 1∶2 左右时，可生成类似于 $Fe_3O_4\cdot xH_2O$ 的磁性氧化物(铁氧体)，其组成可写成 $\overset{2+}{Fe}\overset{3+}{Fe_2}O_4\cdot xH_2O$，其中部分 Fe^{3+}可被 Cr^{3+}取代，使Cr^{3+}成为铁氧体的组成部分而沉淀下来。沉淀物经脱水等处理后，即可得到符合铁氧体组成

的复合物。

铁氧体化学还原法处理含铬废水效果好，投资少，简单易行，沉淀量少且稳定。含铬铁氧体是一种磁性材料，可用于电子工业，既保护了环境，又利用了废物。

为检查废水处理的结果，常采用比色法分析水中的铬含量。其原理如下：Cr(Ⅵ)在酸性介质中与二苯基碳酰二肼反应生成紫红色配合物，该配合物溶于水，其溶液颜色对光的吸收程度与Cr(Ⅵ)的含量成正比。将样品溶液的颜色与标准系列的颜色比较(目视比较)或用分光光度计测出此溶液的吸光度，就能确定样品中Cr(Ⅵ)的含量。

如果水中有Cr(Ⅲ)，可在碱性条件下用$KMnO_4$将Cr(Ⅲ)氧化为Cr(Ⅵ)，然后再测定。

为防止溶液中Fe^{2+}、Fe^{3+}及Hg_2^{2+}、Hg^{2+}等的干扰，可加入适量的H_3PO_4消除。

三、仪器和试剂

仪器：分光光度计，比色管(25 mL)，比色管架，移液管，烧杯，台秤，酒精灯，三脚架，蒸发皿，石棉网，碱式滴定管(25 mL)，酸式滴定管(25 mL)，容量瓶(50 mL)，量筒(10 mL、50 mL)，锥形瓶(250 mL)，烧杯(250 mL、400 mL)，滤纸，磁铁，温度计(100 ℃)。

试剂：H_2SO_4(3 mol · L^{-1})，硫-磷混合酸[15%(体积分数) H_2SO_4+15% H_3PO_4+70% H_2O]，NaOH(6 mol · L^{-1}，3%)，$FeSO_4$(10%)，$K_2Cr_2O_7$标准溶液(10.0 mg · L^{-1})，$NH_4Fe(SO_4)_2$标准溶液(0.05 mol · L^{-1})，H_2O_2(3%)，二苯胺磺酸钠(1%)，二苯基碳酰二肼(0.1%)，pH试纸，含铬废水(可自行配制：1. 6 g $K_2Cr_2O_7$溶于1000 mL自来水中)。

四、实验内容

1. 含铬废水中Cr(Ⅵ)的测定

用移液管移取25. 00 mL含铬废水于锥形瓶中，依次加入10 mL硫-磷混合酸和30 mL去离子水，滴加4滴1%二苯胺磺酸钠指示剂并摇匀。用$NH_4Fe(SO_4)_2$标准溶液滴定至溶液由红色变为绿色为止，记录滴定剂耗用体积，平行测定2次，求出废水中$Cr_2O_7^{2-}$的浓度。

2. 含铬废水的处理

(1) 取100 mL含铬废水于250 mL烧杯中，在不断搅拌下滴加3 mol · L^{-1} H_2SO_4溶液调节pH约为1，然后加入10% $FeSO_4$溶液，直至溶液由浅蓝色变为亮绿色(为什么？)为止。

(2) 向烧杯中继续滴加6 mol · L^{-1} NaOH溶液，调节pH为8～9，然后将溶液加热至70 ℃左右，在不断搅拌下滴加6～10滴3% H_2O_2溶液，充分搅拌后冷却静置，使Fe^{2+}、Fe^{3+}、Cr^{3+}的氢氧化物沉淀沉降。

(3) 用倾泻法将上层清液倒入另一烧杯中以备测定残余Cr(Ⅲ)。沉淀用去离子水洗涤数次，除去Na^+、K^+、SO_4^{2-}等离子，然后将其转移到蒸发皿中，小火加热，并不时搅拌沉淀蒸发至干。待冷却后，将沉淀均匀地摊在干净白纸上，另用纸将磁铁裹住，与沉淀接触，检查沉淀的磁性。

3. 处理后水中铬含量的检验

(1) 配制 Cr(Ⅵ)系列标准溶液和制作工作曲线：用酸式滴定管分别准确放取 0.00 mL、1.00 mL、2.00 mL、3.00 mL、4.00 mL、5.00 mL 10.0 mg · L^{-1} $K_2Cr_2O_7$ 标准溶液注入 6 个

50 mL 容量瓶中并编号，用洗瓶冲洗瓶口内壁，加入 20 mL 去离子水、10 滴硫-磷混合酸和 3 mL 0.1%二苯基碳酰二肼溶液，最后用去离子水稀释至刻度，摇匀(观察各溶液显色情况)。此时，6 个容量瓶中 Cr(Ⅵ)含量分别为 0.000 mg · L^{-1}、0.200 mg · L^{-1}、0.400 mg · L^{-1}、0.600 mg · L^{-1}、0.800 mg · L^{-1}、1.00 mg · L^{-1}。采用 1 cm 比色皿，在波长 540 nm 处，以空白(1 号)作参比，用分光光度计测定 2～6 号溶液的吸光度 A，以 Cr(Ⅵ)含量为横坐标、A 为纵坐标作图，即得到工作曲线。

(2) 处理后水中 Cr(Ⅵ)含量的检验：将实验内容 2.(3)中的上层清液(若有悬浮物应过滤)各取 10 mL 于两个 50 mL 容量瓶中(编号 7、8)，以下操作同 3.(1)，测出处理后水样的吸光度，从工作曲线上查出相应 Cr(Ⅵ)的浓度，然后求出处理后水中残留 Cr(Ⅵ)的含量，确定是否达到国家工业废水的排放标准(＜0.5 mg · L^{-1})。

五、思考题

(1) 本实验中发生了哪些化学反应？为什么要加入 H_2O_2？此过程发生了什么反应？

(2) 本实验测定的 Cr 的化学形态是什么？简述其测定方法的基本原理。

(3) 处理废水时，为什么加 $FeSO_4$ 前要加酸调节 pH 到 1，之后又要加碱调节 pH 为 8～9？pH 控制不好会有什么不良影响？

实验 44 含磷共聚物阻垢剂的合成及阻垢性能评价

一、实验目的

(1) 了解含磷共聚物阻垢剂的合成工艺。

(2) 掌握不同单体配比对含磷共聚物的阻垢性能的影响。

(3) 掌握水阻垢剂性能评价方法。

二、实验原理

阻垢剂是具有分散水中的难溶性无机盐、阻止或干扰难溶性无机盐在金属表面沉淀、结垢的功能，并维持金属设备有良好的传热效果的一类药剂。阻垢剂在水中解离出带负电荷的阴离子，它们能与 Ca^{2+}、Mg^{2+}等金属离子形成稳定的配合物，从而增加了 Ca^{2+}、Mg^{2+}等离子在水中的溶解度。另外，阻垢剂能吸附在晶粒活性增长点上，使其畸变，不易结垢。这些作用基本都建立在以磷原子为核心的基团上。

阻垢剂的种类丰富，按照阻垢剂的发展历程及起主要作用的官能团，大致可以将其分为天然聚合物阻垢剂、含磷类聚合物阻垢剂、共聚物阻垢剂及绿色新型聚合物阻垢剂。本实验介绍含磷共聚物阻垢剂的合成及阻垢性能评价。

人工合成共聚物阻垢剂大多采用自由基聚合的方式合成，能够产生自由基的引发剂如过硫酸铵、过氧化氢、过氧化苯甲酰等引发各种双键单体的聚合。同时，为了有效控制所得产品分子量在一定范围内，还需向聚合体系中加入分子量调节剂。

1. 阻垢剂的合成

共聚物阻垢剂中不同单体的配比对产品的性能影响较大。例如，增加聚合物分子中羧基的密度，有利于提高阻碳酸钙垢的性能；增加聚合物分子中酯基的密度，有利于提高阻磷酸钙垢的性能；增加聚合物分子中磺酸基的密度，有利于提高阻磷酸钙垢、稳定锌盐、分散氧化铁的性能。

聚合原理：

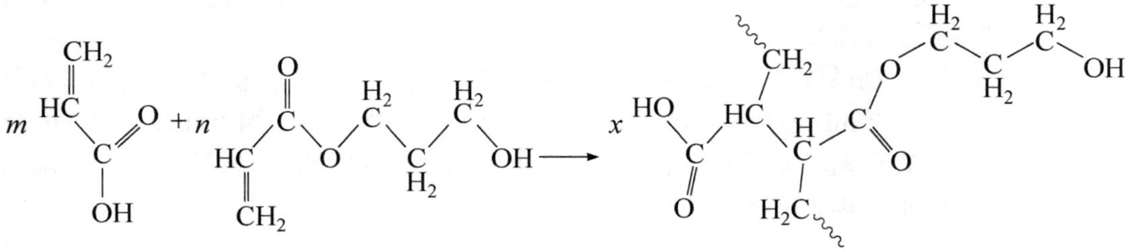

本实验通过改变丙烯酸、丙烯酸羟丙酯两种单体的配比，合成系列含磷共聚物阻垢剂，并采用碳酸钙沉积法考察单体配比对聚合物阻碳酸钙垢性能的影响。

2. 阻垢剂性能评价

采用碳酸钙沉积法评价阻垢剂抑制碳酸钙析出效果：以含有一定量碳酸氢根和钙离子的水和阻垢剂配制成试液，在加热条件下，促使碳酸氢钙加速分解成碳酸钙，达到平衡后测定试液中的钙离子浓度。钙离子浓度越大，则该阻垢剂的阻垢性能越好。

$$2HCO_3^- + Ca^{2+} \rightleftharpoons Ca(HCO_3)_2$$

$$Ca(HCO_3)_2 \rightleftharpoons CaCO_3\downarrow + H_2O + CO_2\uparrow$$

三、仪器和试剂

仪器：集热式磁力搅拌器，三口烧瓶，恒压滴液漏斗，温度计，球形冷凝管，容量瓶，移液管，六联恒温水浴，锥形瓶(500 mL 配胶塞、250 mL)。

试剂：丙烯酸，丙烯酸羟丙酯，过硫酸铵，亚磷酸钠，六偏磷酸钠，氢氧化钾，十水合四硼酸钠，乙二胺四乙酸二钠，浓盐酸，钙指示剂，氯化钾，溴甲酚绿-甲基红指示剂，碳酸氢钠，氯化钙。

四、实验内容

1. 阻垢剂的合成

(1) 按图 6-1 所示，在集热式磁力搅拌器中安装好洗净干燥的合成实验装置，并将一粒磁力搅拌子加入三口烧瓶中。

(2) 准确称取 1.50 g 亚磷酸钠溶于 48.50 g 水中，配制成质量浓度为 3.00%的亚磷酸钠溶液，将其全部加入三口烧瓶中。

(3) 准确称取 2.00 g 过硫酸铵溶于 48.00 g 水中，配制成质量浓度为 4.00%的过硫酸铵溶液，将其全部加入一个恒压滴液漏斗中。

(4) 称取丙烯酸和丙烯酸羟丙酯各 25 g，加入 30 mL 水，配制成单体混合溶液，将其加入另一恒压滴液漏斗中。

(5) 将集热式磁力搅拌器的加热控制部分设置到(75±2) ℃进行恒温加热，待三口烧瓶内反应体系温度达到 75 ℃时，打开两边的恒压滴液漏斗活塞，以适当的速度向反应体系中滴加，注意保持体系中温度不低于 75 ℃，同时控制其在 1.5～2.0 h 同时滴完两边的溶液。

(6) 快速向两边恒压滴液漏斗中加入 5 mL 水冲洗至三口烧瓶中，立即升温到 85 ℃后恒压反应 1～1.5 h。停止加热，自然冷却后，倒出产品。

(7) 配制浓度分别为 3%、5%、6%、8%的过硫酸铵系列溶液，重复上述实验，合成一系列产品。

(8) 保持某一引发剂浓度不变，控制单体总质量不变，调整单体丙烯酸和丙烯酸羟丙酯的质量比为1∶1～5∶1，合成系列聚合物。

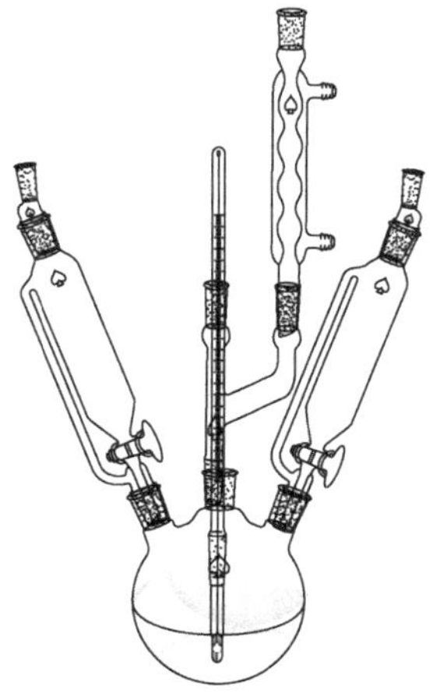

图 6-1 合成实验装置

注：实验中，可以安排不同组的学生完成不同条件和单体比例的合成实验，并评价其性能，实验完成后讨论实验结果。

2. 阻垢剂性能评价

1) 碳酸氢钠标准溶液的配制与标定

(1) 标准溶液的配制。称取 25.2 g 碳酸氢钠置于 100 mL 烧杯中，用水溶解，全部转移至 1000 mL 容量瓶中，用水稀释至刻度，摇匀(1 mL 约含 18.3 mg HCO_3^-)，储存期为 30 d。

(2) 标定。移取 5.00 mL 碳酸氢钠标准溶液置于 250 mL 锥形瓶中，加约 50 mL 水、3～5 滴溴甲酚绿-甲基红指示剂，用盐酸标准溶液滴定至溶液由浅蓝色变为紫色，即为终点。

(3) 计算。碳酸氢根(HCO_3^-)的浓度(X_1，以 $mg \cdot mL^{-1}$ 表示)按下式计算：

$$X_1 = \frac{V_1 c \times 0.0610 \times 10^3}{V} = \frac{61 V_1 c}{V} \quad (1)$$

式中，V_1 为滴定中消耗的盐酸标准溶液的体积(mL)；c 为盐酸标准溶液的浓度($mol \cdot L^{-1}$)；V 为所取碳酸氢钠标准溶液的体积(mL)；0.0610 为与 1.00 mL 盐酸标准溶液($c_{HCl} = 1.000\ mol \cdot L^{-1}$)相当的以 g 表示的碳酸氢根($HCO_3^-$)的质量。

2) 氯化钙标准溶液的配制与标定

(1) 标准溶液的配制。称取 16.7 g 无水氯化钙置于 100 mL 烧杯中，用水溶解，全部转移至 1000 mL 容量瓶中，用水稀释至刻度，摇匀(1 mL 约含 6.8 mg Ca^{2+})。

(2) 标定。移取 2.00 mL 氯化钙标准溶液置于 250 mL 锥形瓶中，加约 80 mL 水、5 mL 氢氧化钠溶液和约 0.1 g 钙指示剂，用乙二胺四乙酸二钠标准溶液滴定至溶液由紫红色变为亮蓝色，即为终点。

(3) 计算。钙离子(Ca^{2+})的浓度(X_2，以 $mg \cdot mL^{-1}$ 表示)按下式计算：

$$X_2 = \frac{V_2 c \times 0.04008 \times 10^3}{V} = \frac{40.08 V_2 c}{V} \quad (2)$$

式中，V_2 为滴定中消耗的乙二胺四乙酸二钠标准溶液的体积(mL)；c 为乙二胺四乙酸二钠标准溶液的浓度($mol \cdot L^{-1}$)；V 为所取氯化钙标准溶液的体积(mL)；0.04008 为与 1.00 mL 乙二胺四乙酸二钠标准溶液(c_{EDTA} = 1.000 mol · L^{-1})相当的以 g 表示的钙离子(Ca^{2+})的质量。

3. 试样溶液的制备

(1) 试液的制备。在 500 mL 容量瓶中加入 250 mL 水，用滴定管加入一定体积的氯化钙标准溶液，使钙离子的量为 120 mg，用移液管加入 5 mL 阻垢剂至试样溶液，摇匀。然后加入 20 mL 硼砂缓冲溶液，摇匀。用滴定管缓慢加入一定体积的碳酸氢钠标准溶液，边加边摇动，使碳酸氢根的质量为 366 mg，用水稀释至刻度，摇匀。

(2) 空白试液的制备。在另一个 500 mL 容量瓶中，除不加阻垢剂外，其他按步骤(1)操作。

4. 分析步骤

取试液(1)和空白试液(2)分别置于两个洁净的锥形瓶中，将两个锥形瓶浸入(80±1) ℃的恒温水浴中(试液的液面不得高于水浴的液面)，恒温放置 2 h。冷却至室温后，用中速定量滤纸干过滤。各移取 25. 00 mL 滤液分别置于 250 mL 锥形瓶中，加水至 80 mL，加 5 mL 氢氧化钾溶液和约 0.1 g 钙指示剂。用乙二胺四乙酸二钠标准溶液滴定至溶液由紫红色变为亮蓝色，即为终点。按式(2)分别计算试液和空白试液中钙离子的浓度(mg · mL^{-1})。

5. 实验数据处理及结果分析

阻垢剂的阻垢性能(η, %)按式(3)计算：

$$\eta = \frac{X_4 - X_3}{0.240 - X_3} \times 100\% \tag{3}$$

式中，V_4为加入阻垢剂的试液实验后的钙离子(Ca^{2+})浓度(mg · mL^{-1})；V_3为未加阻垢剂的空白试液实验后的钙离子(Ca^{2+})浓度(mg · mL^{-1})；0.240 为实验前配制好的试液中钙离子(Ca^{2+})浓度(mg · mL^{-1})。

取平行测定结果的算术平均值为测定结果，平行测定结果的绝对差值不大于 5%。

五、思考题

(1) 本实验为什么要采用同时滴加单体和引发剂的方法进行聚合？

(2) 根据本实验步骤，分析影响实验数据准确性的因素有哪些。

实验 45　碳纳米管对水中亚甲基蓝的吸附动力学测定

一、实验目的

(1) 学习纳米材料的分离方法。

(2) 进一步学习用准一级动力学模型和准二级动力学模型拟合原理。

二、实验原理

吸附过程的动力学研究主要是用于描述吸附剂吸附溶质的速率快慢，通过动力学模型对数据进行拟合，从而探讨其吸附机理。本实验用吸附动力学一级模型和二级模型对体系进行动力学吸附研究。

1. 吸附动力学一级模型

吸附动力学一级模型采用 Lagergren 方程计算吸附速率：

$$\frac{dQ_t}{dt} = k_1(Q_e - Q_t) \tag{1}$$

式中，Q_t 和 Q_e 分别为 t 时刻和平衡态时的吸附量 $(mg \cdot g^{-1})$；k_1 为一级吸附速率常数。

对式(1)中时间从 0～t 进行积分，得

$$\ln(Q_e - Q_t) = \ln Q_e - k_1 t \tag{2}$$

根据式(2)将不同温度下吸附剂对亚甲基蓝溶液的吸附作 $\ln(Q_e - Q_t)$ - t 图，利用最小二乘法对数据进行拟合，由拟合直线的斜率求出 k_1。

2. 吸附动力学二级模型

吸附动力学二级模型可以用 McKay 方程描述，它是建立在速率控制步骤是化学反应或者通过电子共享或电子得失的化学吸附基础上的。二级动力学方程表达式为

$$\frac{dQ_t}{dt} = k_2(Q_e - Q_t)^2 \tag{3}$$

对式(3)中时间从 0～t 进行积分，得

$$\frac{t}{Q_t} = \frac{1}{k_2 Q_e^2} + \frac{1}{Q_e} t \tag{4}$$

作 $\frac{t}{Q_t}$ - t 图，利用最小二乘法对数据进行拟合，由拟合直线的截距和斜率求出 k_2。

三、仪器和试剂

仪器：磁力搅拌器，容量瓶，电子天平，分光光度计。

试剂：亚甲基蓝，碳纳米管。

四、实验内容

1. 亚甲基蓝标准曲线的绘制

用电子天平准确称取亚甲基蓝，将其用去离子水全部溶解，溶解完毕后转移至 500 mL 容量瓶中，定容。将配制好的溶液按一定倍数用 50 mL 容量瓶稀释，定容(亚甲基蓝溶液的最大吸收波长为 667 nm，线性范围为 3～11 $mg \cdot L^{-1}$)。

2. 吸附量与时间的关系

称取 0.0476 g 亚甲基蓝置于 100 mL 烧杯中，加入适量去离子水，搅拌，待亚甲基蓝完全溶解后，转移至 500 mL 容量瓶中，定容。称取 0.0200 g 碳纳米管置于 100 mL 锥形瓶中，加入 50 mL 上述亚甲基蓝溶液。在不同温度下(8 组，从室温开始每组升温 3 ℃)搅拌 2 h，每隔 20 min 测定一次，考察吸附时间对碳纳米管吸附亚甲基蓝的影响。离心后，取上清液，

用分光光度计测量亚甲基蓝的含量。

吸附量计算公式：

$$Q_t = \frac{(c_0 - c_t)V}{m}$$

式中，Q_t 为 t 时刻碳纳米管对亚甲基蓝的吸附量($mg \cdot g^{-1}$)；c_0 为亚甲基蓝溶液的初始浓度($mg \cdot L^{-1}$)；c_t 为 t 时刻亚甲基蓝溶液的浓度($mg \cdot L^{-1}$)；V 为亚甲基蓝溶液的体积(L)；m 为吸附剂，即碳纳米管的用量(g)。

3. 吸附动力学计算

准一级线性方程为

$$\frac{dQ_t}{dt} = k_1(Q_e - Q_t)$$

准二级线性方程为

$$\frac{t}{Q_t} = \frac{1}{k_2 Q_e^2} + \frac{1}{Q_e} t$$

式中，Q_e为饱和时碳纳米管对亚甲基蓝的吸附量($mg \cdot g^{-1}$)；Q_t 为 t 时刻碳纳米管对亚甲基蓝的吸附量($mg \cdot g^{-1}$)；k_1 为一级动力学常数；k_2 为二级动力学常数。

五、思考题

(1) 研究吸附动力学有什么意义？
(2) 吸附动力学模型有哪些？

实验 46　碳纳米管负载纳米二氧化钛对甲基橙的光催化降解

一、实验目的

(1) 掌握溶胶-凝胶法制备纳米粒子的原理。
(2) 了解负载催化剂的制备方法。
(3) 理解光催化机理。

二、实验原理

党的二十大报告指出：“深入推进环境污染防治。坚持精准治污、科学治污、依法治污，持续深入打好蓝天、碧水、净土保卫战。”光催化降解有机污染物技术直接利用太阳光作为光源，在温和的条件下对有机污染物进行降解，是一种绿色环保的污水处理技术。

1972 年，Fujishima 和 Honda 在二氧化钛电极上发现了水的光电催化分解作用，标志光催化技术的产生，光催化技术在能源和环境治理领域的应用潜力开始引人注目。经过半个多世纪的发展，光催化技术已经在众多领域中取得了相关的成就，特别是在以降解污染物、微生物杀菌及表面自洁材料为代表的环境治理领域成为一种新兴技术。在多相光催化过程中，该技术利用清洁能源太阳能作为光源激活催化剂。当作催化剂的半导体材料接收到的光照能量大于或等于禁带宽度时，电子发生跃迁成为自由移动的光生电子，同时价带上产生与光生电子数量相等的空穴。光生电子具有较强的还原性，而空穴具有很强的得电子能力，表现出强氧化性。光生电子和空穴迁移到材料表面后可以产生多种活性物种，再与有机污染物反应，可将水体中的有机污染物彻底降解为 CO_2 和 H_2O。主体光催化剂廉价、无毒、稳定，并且可以重复使用；催化容易控制，无二次污染，在处理难降解有机物时具有传统水处理工艺无法比拟的优势，是一种应用前景广泛的水处理技术。

纳米级 TiO_2 是 20 世纪七八十年代开发成功的产品，这种新型无机材料的粒径仅为普通材料的 1/10 左右，多为 10～50 nm，因而具有很高的化学及表面活性、良好的耐热性和耐化学腐蚀性。利用超微粒子的特征开拓了许多新的应用领域，目前纳米级 TiO_2 广泛应用于航空航天、化工、电子等领域，可用作性能优良的催化剂、催化剂载体、吸附剂、功能陶瓷、高级油漆和涂料的原料。溶胶-凝胶(sol-gel)法用于制备纳米级 TiO_2 具有显著的优点，如原料成本低、设备工艺简单，生产的粉末纯度高、粒度小、粒度分布范围窄，以及粒度组成可控性好等。

碳纳米管(CNT)是由单层或多层石墨片绕中心按一定角度卷曲而成的同轴中空无缝管状结构，管壁由单层或多层石墨烯片围成，管径为纳米级，管长为微米级，长径比巨大，其性质因石墨烯片的卷曲方式不同而发生变化。碳纳米管具有极大的比表面积、极高的化学稳定性、独特的电子结构、纳米级中空管腔和优良的吸附性能，被认为是一种理想的催化剂载体。在光催化中，由于光诱导电子能够很容易地从多壁碳纳米管转移到 TiO_2 的导带，并且催化过程中碳纳米管还可以和金属离子起协同作用，因此多壁碳纳米管可以作为 TiO_2 光催化的光敏剂，促进光催化反应。

三、仪器和试剂

仪器：磁力搅拌器，马弗炉，烘箱，氙灯，紫外-可见分光光度计，超声振荡仪，烧杯，研钵。

试剂：无水乙醇，乙酸，钛酸丁酯，盐酸，氢氧化钠，甲基橙，多壁碳纳米管。

四、实验内容

1. 碳纳米管负载二氧化钛材料的制备

取 100 mL 无水乙醇置于 500 mL 烧杯中，加入 2 mL 乙酸，在剧烈搅拌下缓慢滴入 0.1 mol 钛酸丁酯，搅拌 1 h 得透明黄色溶液 A。再将处理后的碳纳米管与二氧化钛按质量比 3∶100 加入 A 中搅拌 3 h。配制 4 mL 无水乙醇与 1 mL 去离子水的混合液 B，滴加完毕后用盐酸或硝酸将反应溶液的 pH 调至 2～3，在磁力搅拌下将溶液 B 缓慢地滴到溶液 A 中，继续搅拌 2 h。将溶液在室温下放置 24 h 形成凝胶，置于烘箱中 80 ℃干燥后研磨，最后在 450 ℃下将研磨后的样品煅烧 3 h。煅烧后即得 TiO_2/CNTs 复合材料。

2. 光催化降解甲基橙

将 0.2 g 光催化剂加入 250 mL 含有 20 $mg \cdot L^{-1}$ 甲基橙的溶液中，调节 pH = 3.6，避光超声 0.5 h，再避光搅拌 0.5 h。如图 6-2 所示，用氙灯照射，每隔 10 min 取样(约 1 h)，离心分离，取上清液，用紫外-可见分光光度计测量甲基橙的吸光度(检测波长 465 nm)。根据光照前后溶液吸光度的变化，计算甲基橙的降解率，评价复合材料的光催化活性。

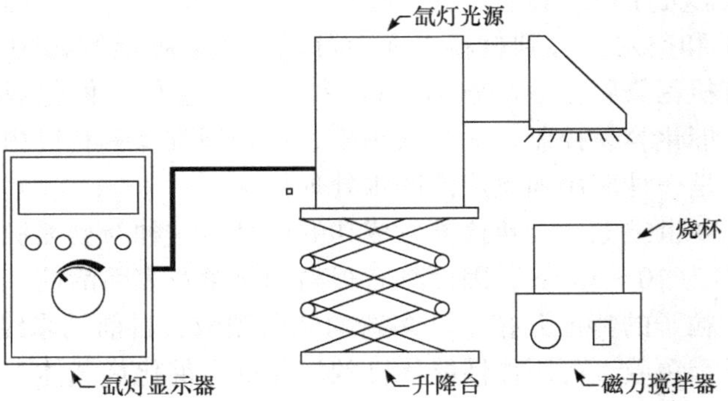

图 6-2　光催化降解装置

五、思考题

(1) 本实验为什么选用多壁碳纳米管作为催化剂的载体？

(2) 光催化反应的优点有哪些？

实验 47　磷酸银光催化剂的制备及其可见光催化降解染料性能

一、实验目的

(1) 掌握低温液相法制备光催化剂的方法。

(2) 理解光催化机理并掌握光催化实验过程。

二、实验原理

光催化技术具有效率高、能耗低、稳定性好、无二次污染等特点，被誉为“当今最理想的环境净化技术”。由于可见光占太阳光辐射能的 40%～50%，因此人们一直尝试开发可见光响应的光催化剂，以充分利用太阳光。

当太阳光照射半导体材料时，半导体材料吸收能量大于等于其禁带宽度的光子，可激发半导体电子从价带跃迁到导带，产生具有氧化性的价带空穴和具有还原性的导带光生电子。价带的空穴可以直接将有机物氧化为自由基或与表面吸附的水分子发生氧化还原反应而产生羟基自由基，导带的光生电子可以被 O_2 捕获而产生超氧自由基。这些自由基具有很高的反应活性，使有机污染物在光照条件下被氧化降解，而半导体作为光催化剂并没有被消耗。

研究发现，磷酸银的直接带隙为 2.43 eV，间接带隙为 2.36 eV，可吸收波长短于 530 nm 的太阳光而产生电子跃迁，对可见光的响应远高于其他半导体光催化剂。磷酸银具有强氧化能力，在可见光下不仅可以催化水分解产生 O_2，还可以催化降解有机染料。

三、仪器和试剂

仪器：磁力搅拌器，烘箱，LED 灯，紫外-可见分光光度计，超声振荡仪，pH 计，离心机，锡箔纸，滤头等。

试剂：$AgNO_3$，NaH_2PO_4，NaOH，水杨酸，甲基橙，无水乙醇等。

四、实验内容

1. 光催化剂的制备

将 0.25 g $AgNO_3$ 加入 50 mL 水和乙醇混合液(体积比 1∶1)，搅拌至硝酸银完全溶解，加入 0.17 g 水杨酸溶液，搅拌均匀后在避光条件滴加 NaH_2PO_4 溶液(将 0.2 g NaH_2PO_4 溶于 10 mL 水中)，并用 NaOH 溶液调至 pH = 5。搅拌反应 2 h，用水和乙醇混合液洗涤 3～5 次，离心分离，60 ℃干燥 2 h，得到磷酸银光催化剂。

2. 光催化降解甲基橙

采用白色 LED 灯为可见光光源，光源距离液面约 10 cm。将 20 mg 光催化剂加入 80 mL 含有 20 $mg \cdot L^{-1}$ 甲基橙的溶液中，避光超声 0.5 h，使样品在溶液中达到吸附-解吸平衡。用紫外-可见分光光度计测量甲基橙的吸光度(检测波长 465 nm)。取出烧杯，用锡箔纸包住烧杯避光处理，打开 LED 灯进行照射并搅拌，开始计时。每隔 10 min 取样(约 1 h)，离心分离，取上清液(或用滤头过滤后将清液装入比色皿)，用紫外-可见分光光度计测量甲基橙的吸光度(检测波长 465 nm)。根据光照前后溶液吸光度的变化，计算甲基橙的降解率，评价磷酸银的光催化活性。

五、思考题

(1) 本实验为什么选用磷酸银作为光催化剂？
(2) 光催化反应前为什么需要避光超声一段时间？

实验 48　Ag/ZnO 复合微球的制备及其光催化性能

一、实验目的

(1) 了解 Ag/ZnO 复合微球的制备方法。
(2) 了解 Ag/ZnO 复合微球的光催化机理及光催化性能评价方法。
(3) 了解光催化材料物相结构、形貌及光谱性能表征方法。
(4) 进一步熟悉 Ag^+的定量分析方法。

二、实验原理

纳米 ZnO 具有成本低、制备简单、环境友好、形貌易控、电子迁移率高等优点，在光催化领域有很好的应用前景。但 ZnO 带隙较宽(3.27 eV)，对可见光的吸收有限，且其光生电子-空穴容易复合，因此其光催化效率并不理想。利用形貌调控并与贵金属纳米粒子形成金属/ZnO 复合材料是提高 ZnO 可见光催化活性的有效途径。

分级结构是由低维纳米元件如纳米线、纳米管、纳米棒、纳米带、纳米片等组装而成的三维(3D)立体微、纳多孔材料，具有新颖的集合性能。分级结构具有初级纳米元件高的活性比表面积，保证了其较高的光降解活性；分级结构的二级形貌如同在纳米粒子中构筑大量担当散射中心的大尺寸孔洞，增加了光子在纳米材料中的传输路径，增强了对光的散射，减少了透射和反射损失，从而提高了光的利用率；在分级结构中，不同低维纳米结构聚集时形成了较大的空间位阻效应，可以克服纳米材料的易团聚难题。因此，利用 ZnO 形貌可控特征制备 ZnO 三维分级结构微球，在其表面负载 Ag 纳米粒子，制备 Ag/ZnO 复合微球，通过 Ag/ZnO 界面形成的肖特基能垒可有效抑制 ZnO 光生电子-空穴的复合，促进界面电荷的转移，提高 ZnO 光催化性能，抑制 ZnO 的光腐蚀，增强其稳定性。同时，Ag 纳米粒子具有局域表面等离子共振效应，可提高 ZnO 的可见光吸收；Ag 纳米粒子具有强的杀菌、抗菌能力，还可提升材料的杀菌性能，进一步净化水体。

本实验首先采用简单沉淀法制备得到 ZnO 微球，再通过柠檬酸钠避光还原硝酸银将 Ag 纳米粒子均匀沉积在 ZnO 微球上，制备得到 Ag/ZnO 复合微球，并对比考察在可见光照射下 ZnO 和 Ag/ZnO 光催化降解甲基橙溶液的效果。

当硝酸锌和过量氢氧化钠反应时，涉及的反应方程式有：

$$Zn^{2+} + 2OH^- = Zn(OH)_2 \quad (1)$$

$$Zn(OH)_2 + 2OH^- = Zn(OH)_4^{2-} \quad (2)$$

$$Zn(OH)_4^{2-} = ZnO + H_2O + 2OH^- \quad (3)$$

ZnO 自组装形成微球，涉及 ZnO 的成核、生长及表面重构，机理较为复杂。

ZnO 是一种直接宽带隙半导体材料，室温下禁带宽度为 3.27 eV，ZnO 的功函数为 5.2 eV，第一电子亲和能为 4.3 eV，Ag 的功函数为 4.26 eV。因 ZnO 的功函数高，其费米能级比 Ag 的费米能级低，电子将从 Ag 转移到 ZnO 直到平衡，从而形成新的费米能级 E_f。ZnO 的导带能级高于新形成的费米能级 E_f，ZnO 因光照产生的光生电子将从 ZnO 的导带转移给 Ag 粒子。因此，Ag 与 ZnO 复合形成了肖特基能垒，Ag 充当电子捕获器，可有效捕获光生电子，减少光生电子-空穴的复合。随后，光生电子被催化剂表面吸附的 O_2 捕获形成超氧自由基($\cdot O_2^-$)，价带上的 h^+ 被催化剂表面吸附的羟基捕获，形成羟基自由基($\cdot OH$)。$\cdot O_2^-$、$\cdot OH$ 和 h^+ 都是强氧化剂，可非选择性地氧化水中的有机污染物。

Ag/ZnO 复合微球光催化降解有机污染物涉及的可能途径如下：

$$ZnO + h\nu(UV) \longrightarrow ZnO(e_{cb}^- + h_{vb}^+) \quad (4)$$

$$Ag \longrightarrow Ag^+ + e^- \quad (5)$$

$$O_2 + e^- \longrightarrow \cdot O_2^- \quad (6)$$

$$Ag^+ + e^- \longrightarrow Ag \quad (7)$$

$$h_{vb}^+ + OH^- \longrightarrow \cdot OH \quad (8)$$

$$h^+ / \cdot OH / \cdot O_2^- + \text{有机污染物} \longrightarrow \text{降解产物} + CO_2 + H_2O \quad (9)$$

三、仪器和试剂

仪器：电子天平，恒温磁力搅拌器，真空干燥箱，马弗炉，光化学反应仪，离心机，紫外-可见分光光度计，X 射线衍射仪，扫描电子显微镜，紫外-可见漫反射光谱仪(带积分球)，荧光光谱分析仪。

试剂：六水合硝酸锌[$Zn(NO_3)_2 \cdot 6H_2O$]，NaOH，二水合柠檬酸三钠($Na_3C_6H_5O_7 \cdot 2H_2O$，TCD)，$AgNO_3$(0.01 $mol \cdot L^{-1}$)，KCl(0.1 $mol \cdot L^{-1}$)，甲基橙，铁铵矾(80 $mg \cdot L^{-1}$)，HNO_3(2 $mol \cdot L^{-1}$)。

四、实验内容

1. ZnO 微球的制备

称取 3.72 g $Zn(NO_3)_2 \cdot 6H_2O$ 溶于 200 mL 去离子水中，加入 3.00 g NaOH(s)，30 ℃恒温磁力搅拌 3 h，得白色沉淀。过滤，洗涤，60 ℃真空干燥 12 h 后，置于马弗炉中 450 ℃煅烧 2 h，得 ZnO 样品。

2. Ag/ZnO 复合微球的制备

称取 0.50 g ZnO 粉末加入 80 mL 试管中，再依次加入 37. 00 mL 浓度为 0.01 $mol \cdot L^{-1}$ 的 $AgNO_3$ 溶液和 5.47 g 二水合柠檬酸三钠(TCD∶Ag = 50∶1，物质的量比)，用去离子水调至溶液总体积为 50 mL。避光搅拌 30 min，抽滤，洗涤至无 Ag^+残留(用 0.1 $mol \cdot L^{-1}$ KCl 溶液检验)，60 ℃真空干燥 2 h，得到的样品即为 Ag/ZnO。

3. Ag/ZnO 光催化活性评价

将 20 mg 催化剂加入装有 50 mL 浓度为 10 $mg \cdot L^{-1}$ 的甲基橙溶液的石英管中，先暗箱反应 30 min，达吸附平衡后，开启氙灯，调功率至 500 W，光照 120 min，每隔 30 min 取样 4 mL，离心分离(8000 $r \cdot min^{-1}$，10 min)，取上层清液，用紫外-可见分光光度计测量甲基橙在 465 nm 处的吸光度。按如下公式计算降解率：

$$\eta = \frac{c_0 - c_t}{c_0} \times 100\%$$

式中，c_0 为初始甲基橙浓度；c_t 为光照 t 时间的甲基橙浓度。实验采用光照不加催化剂作空白对照。甲基橙浓度通过其标准曲线计算得到。

4. Ag/ZnO 催化剂的表征

1) 样品表征

用 X 射线衍射仪测样品物相结构，测试条件：Cu 靶 K_α 射线为激发源，扫描速度为 $10° \cdot min^{-1}$，扫描范围为 20°～70°，管压为 40 kV，管流为 40 mA。用扫描电子显微镜测试样品形貌。用紫外-可见漫反射光谱仪(带积分球)测定样品的紫外-可见漫反射光谱(UV-vis DRS)。用荧光光谱分析仪测定样品的光致发光(photoluminescence，PL)光谱，激发波长 325 nm。

2) Ag 的定量分析

为确定 Ag/ZnO 中 Ag 的实际担载量，采用福尔哈德法测其 Ag 含量。

准确称取 0.2 g 左右 Ag/ZnO 样品置于锥形瓶中，向其中缓慢滴加 2 $mol \cdot L^{-1}$ HNO_3 溶液至沉淀完全溶解，加入 25 mL 去离子水，充分摇匀，加入 2 mL 80 $mg \cdot L^{-1}$ 铁铵矾溶液为指示剂，用 NH_4SCN 标准溶液滴定溶液中的 Ag^+，平行测定 3 次。反应方程式如下：

滴定反应： $Ag^{+} + SCN^{-} \longrightarrow AgSCN\downarrow$(白色)

指示终点反应： $Fe^{3+} + nSCN^{-} \longrightarrow [Fe(SCN)_n]^{3-n}$(红色)

五、思考题

(1) 对照 ZnO、Ag/ZnO 的扫描电子显微镜照片，分析其颗粒形状和大小的差异。

(2) 以光照时间为横坐标、甲基橙降解率为纵坐标作图，对比讨论 ZnO 和 Ag/ZnO 光催化降解甲基橙的效果，并做出解释。

实验 49 多功能钌(Ⅱ)过渡金属配合物的合成与表征

一、实验目的

(1) 掌握钌(Ⅱ)过渡金属配合物的合成过程及纯化方法。

(2) 了解配合物表征的基本方法：元素分析、质谱分析、红外光谱分析、紫外-可见光谱分析和荧光光谱分析等。

二、实验原理

过渡金属配合物，特别是多吡啶钌(Ⅱ)基配合物，具有优良的光物理、光化学性能和生物活性，且热稳定性好，一直是生物无机化学和材料化学等的研究热点，主要表现在生物传感器、抗癌药物、DNA 分子结构探针、染料敏化太阳能电池等方面。

本实验拟合成 3 种三联吡啶钌(Ⅱ)衍生物，结构式如下：

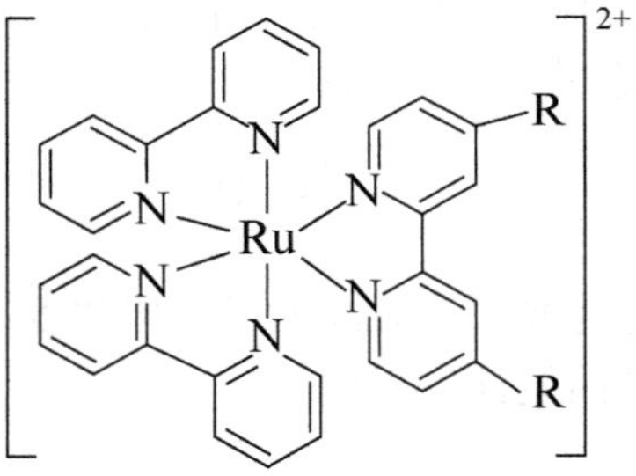

R = H, Me, COOH

合成路线如下：

(1) 三联吡啶钌(Ⅱ)配离子($[Ru(bpy)_3]^{2+}$)的合成

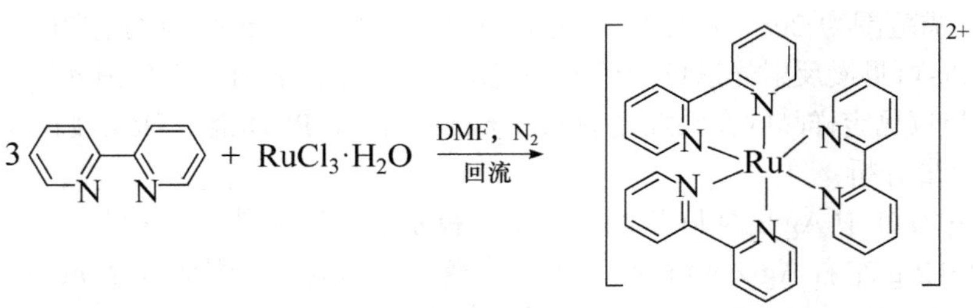

(2) $[Ru(bpy)_2(L)]^{2+}$的合成

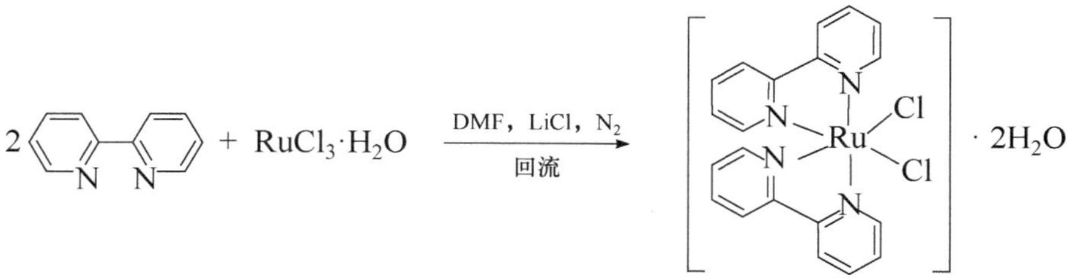

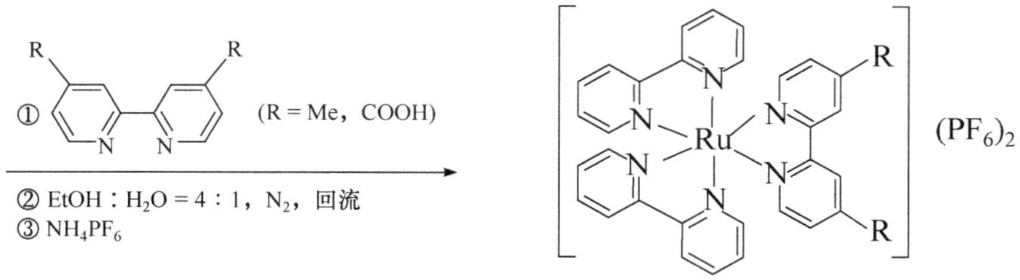

三、仪器和试剂

仪器：圆底烧瓶(25 mL、100 mL、500 mL)，烧杯(100 mL)，胶头滴管，移液管(1 mL、10 mL)，量筒(50 mL)，定性滤纸，布氏漏斗，吸滤瓶，真空泵，电子天平，色谱柱(30×450/24#)，三角抽滤漏斗(70/24#)，具塞锥形瓶(24#)，真空干燥箱，减压旋转蒸发仪，柱层析硅胶色谱分离柱等。

试剂：三氯化钌(s)，2, 2′-联吡啶，4, 4′-二甲基-2, 2′-联吡啶，4, 4′-二甲酸-2, 2′-联吡啶，*N*, *N*-二甲基甲酰胺(AR)，甲醇(AR)，乙醇(AR)，乙醚(AR)，乙腈(AR)，丙酮(AR)，硝酸钾(s，AR)，六氟合磷酸铵(AR)，硅胶 GF254 等。

四、实验内容

1. $[Ru(bpy)_3]^{2+}$的合成

将 0.653 g(2.5 mmol)$RuCl_3 \cdot H_2O$、1.18 g(7.5 mmol)2, 2′-联吡啶、10 mL *N*, *N*-二甲基甲酰胺(DMF)加入圆底烧瓶中，氮气保护下回流反应 8～10 h，反应液逐渐由棕黑色变为红褐色，趁热过滤除去不溶物。将滤液旋干，所得暗红色固体用极少量的甲醇溶解，硅胶柱层析分离[洗脱剂为乙腈-水-硝酸钾饱和溶液(40：4：1，体积比)]，收集目标色带。

除盐方法：将液体旋干，加入少量甲醇，生成大量白色沉淀，抽滤，用甲醇冲洗沉淀，重复多次，将盐除净。用少量甲醇将所得红色固体溶解，向溶液中滴加 8 倍过量的 NH_4PF_6 饱和溶液并不断搅拌，有固体析出，在冰箱中放置数小时后过滤。将所得固体用少量乙腈溶解，在乙醚瓶中扩散重结晶数次后真空干燥，得到红色固体(产率为 50.0%左右)。

2. $[Ru(bpy)_2L]^{2+}$的合成

1) $Ru(bpy)_2Cl_2 \cdot 2H_2O$ 的合成

将 0.781 g(5 mmol)2, 2′-联吡啶、1.060 g(25 mmol)氯化锂、10 mL *N*, *N*-二甲基甲酰胺混合，氮气保护下回流反应 8 h，得黑红色溶液。冷却至室温，将反应混合物倾入 150 mL 丙酮和水($V_{丙酮}：V_{水}$ = 1：1)的混合溶液中，置于冰箱中过夜，抽滤，产物为黑绿色微晶。将粗产品加入 100 mL 水中搅拌 30 min，抽滤，依次用水、乙醚冲洗，真空干燥，得黑绿色固体(产率为 50.0%左右)。

2) $[Ru(bpy)_2L](PF_6)_2$ 的合成(L = 4, 4′-二甲基-2, 2′-联吡啶，4, 4′-二甲酸-2, 2′-联吡啶)

将 0.053 g(0.10 mmol)$Ru(bpy)_2Cl_2 \cdot 2H_2O$ 与 0.022 g(0.12 mmol)4, 4′-二甲基-2, 2′-联吡啶或 0.029 g(0.12 mmol)4, 4′-二甲酸-2, 2′-联吡啶加入 50 mL 乙醇和水($V_{乙醇}$: $V_{水}$ = 1 : 1)的混合溶液中，氮气保护下 80 ℃回流反应 10 h，反应液逐渐由棕黑色变为红褐色，趁热过滤除去不溶物。将滤液旋干，所得暗红色固体用极少量的甲醇溶解，硅胶柱层析分离[洗脱剂为乙腈-水-硝酸钾饱和溶液(40 : 4 : 1，体积比)]，收集目标色带(红色荧光)。

除盐方法参照$[Ru(bpy)_3]^{2+}$的合成。

3. 配合物的表征

利用元素分析、质谱分析、红外光谱分析、紫外光谱分析、荧光光谱分析等分析方法，对合成的配合物进行表征。

五、思考题

(1) 根据三种同系列多吡啶钌(Ⅱ)配合物的紫外光谱、荧光光谱，分析不同取代基对配合物光谱的影响。

(2) 讨论在除盐操作中，将所得固体用少量乙腈溶解后在乙醚瓶中扩散实现重结晶的原理。

实验 50　有机 β-二酮类稀土复合材料荧光性能分析

一、实验目的

(1) 掌握稀土 β-二酮类配合物复合材料的制备方法。

(2) 熟悉表征复合材料结构与性能的仪器操作和使用规程。

(3) 分析复合材料的荧光性能。

二、实验原理

稀土(RE)复合材料受激发吸收能量跃迁至激发态(非稳定态)，在返回基态的过程中以光的形式放出能量。以稀土化合物为基质、以稀土元素为激活剂的发光材料大多具有荧光性能，稀土元素原子具有丰富的电子能级，稀土化合物的发光是基于它们的 4f 电子在 f-f 组态之内或 f-d 组态之间的跃迁。

为了深入研究材料的光致发光特性，在室温下测量了材料的光致发光光谱。利用有机配体的激发三重态能级和 RE^{3+}(Eu^{3+}、Tb^{3+})离子中心的接受能级水平之间的不同，研究了配体到发光中心离子的能量传递机制。根据能量守恒定律和分子内能量传递机制，有机配体在紫外光区域内吸收能量，从基态跃迁至激发态，然后通过分子内能量传递过程将能量传递给稀土离子的基态能级，稀土离子从激发态以辐射光的形式跃迁回到基态，发射出特征跃迁光谱。

使用荧光光谱表征材料的荧光性能。本实验采用 RF-5301 型稳态荧光光谱仪测定，使用氙灯作为激发光源。RF-5301 型荧光光谱仪由主机和中文版工作站组成，配有石英池、恒温池、偏振光(UV-vis 型)附件各一套，微量池组件(含微量池和微量池附件)一套，高灵敏度池架一套，固体粉末样品架一套。该仪器在生命科学定性定量分析、化学中的光化学反应的研究、食品中残留农药的检测和环境中大气、水质、土壤的污染检测中应用广泛。

三、仪器和试剂

仪器：磁力搅拌器，真空泵，布氏漏斗，吸滤瓶，三用紫外分析仪(WFH-2038)，荧光光谱仪(RF-5301 型)，烧杯，玻璃盖，玻璃棒，pH 试纸，容量瓶，量筒。

试剂：稀土氧化物(Tb_4O_7)，浓硝酸，过氧化氢，无水乙醇，稀土 β-二酮类配合物(乙酰丙酮，acac)，邻菲咯啉(phen)，四氢呋喃等。

四、实验内容

1. 配制 0.1 $mol \cdot L^{-1}$ $Tb(NO_3)_3$ 无水乙醇溶液

称取 1.87 g 氧化铽放入烧杯中，加入适量的硝酸和过氧化氢，然后加热制取固体硝酸铽，再将固体转入 100 mL 容量瓶，加入无水乙醇稀释，定容。

2. 制备二元稀土配合物

向烧杯中加入 0.3101 g 乙酰丙酮，注入 20 mL 四氢呋喃作为反应溶剂，回流搅拌至其溶解，65 ℃下反应，同时加入 10 mL $Tb(NO_3)_3$ 无水乙醇溶液，调节 pH 约为 6.5。

3. 合成三元稀土 β-二酮类复合材料

将 0.2062 g 第二小分子配体邻菲咯啉加入上述二元稀土配合物体系中，回流搅拌反应后抽滤，用乙醇反复洗涤后得到固体粉末，60 ℃下真空干燥，得到三元稀土复合材料。

4. 表征材料的荧光性能

操作程序：打开主机电源→打开灯电源→进入 WINDOWS 界面→启动工作站 RFPC 并连接主机，仪器自动进行初始化自检→波长扫描选择 Spectrum 界面→Parameters 设置发射波长、激发波长、带宽、灵敏度、响应时间等参数→将样品放入样品池，点击“开始”→测定完毕，退出工作站→关闭灯电源、主机电源。

五、思考题

试述 β-二酮类配体与金属离子的配位原理。其配合稳定性如何判定？

实验 51　土豆基碳量子点的制备及其在 Ag^+检测中的应用

一、实验目的

(1) 掌握用生物质碳源水热法制备碳量子点的方法。
(2) 熟悉碳量子点用于水介质中Ag^+的痕量检测原理及方法。
(3) 分析碳量子点荧光性能的影响因素。

二、实验原理

银虽然是人体所需微量元素，但接触过多的Ag^+会对人体器官和免疫系统造成损害。Ag^+不仅是日常杀菌消毒常用的杀菌剂，还在电子、影像和制药工业广泛使用，这也导致了大量含Ag^+废水的排放，从而威胁食品和农业安全，给人类健康和环境带来潜在危害。因此，研究水介质中Ag^+的简单、快速、高灵敏度检测方法具有重要意义。传统的Ag^+检测方法有电感耦合等离子体质谱法、溶出伏安法、原子吸收光谱法等，但这些方法耗时、价贵、分析过程复杂。

碳量子点(CQD)是直径小于 10 nm 的碳基零维材料，具有低毒、光稳定性和生物兼容性好、水溶性突出等特点，广泛应用于药物释放、生物成像、金属离子检测和光催化领域。与传统的有机荧光分子和半导体量子点相比，CQD 作为荧光探针具有响应快、选择性好、灵敏度高、容易操作、成本低和环境友好等特点，因而更受青睐。CQD 检测金属离子的原理是基于其表面的羟基、羧基、氨基、巯基等功能基团可与特定的金属离子发生强相互作用，诱导电子转移，从而猝灭 CQD 的荧光。以花、草、瓜果、蔬菜等生物质碳源制备 CQD 因成本低、环境友好、可再生而被广泛采用。不同生物质具有不同的植物成分，因此以不同生物质为碳源制备的 CQD 具有不同的表面功能基团，从而使它们在金属离子检测中表现出对不同金属离子的选择性和灵敏度。

土豆种植范围广，产量大，富含淀粉、蛋白质、脂肪、纤维素和矿物质，是制备 CQD 的理想碳源。本实验以土豆为碳源，采用水热法制备 CQD，考察 CQD 检测 Ag^+的选择性和灵敏度，其结果对水介质中 Ag^+的痕量检测和污染防治具有重要意义。

三、仪器和试剂

仪器：水热反应釜(带聚四氟乙烯内衬，50 mL)，豆浆机，小刀，恒温鼓风干燥箱，高速离心机，吸滤瓶，布氏漏斗，真空泵，荧光光谱仪，紫外吸收光谱仪。

试剂：土豆，氢氧化钠(0.02 $mol \cdot L^{-1}$)，磷酸(85%)，冰醋酸(CH_3COOH)，硼酸(H_3BO_3)；氯化钠(NaCl)、氯化钾(KCl)、氯化锌($ZnCl_2$)、二水合氯化铜($CuCl_2 \cdot 2H_2O$)、硝酸铝[$Al(NO_3)_3$]、硝酸银($AgNO_3$)、九水合硝酸铁[$Fe(NO_3)_3 \cdot 9H_2O$]、六水合硝酸镁[$Mg(NO_3)_2 \cdot 6H_2O$]、硝酸铅[$Pb(NO_3)_2$]、硝酸钡[$Ba(NO_3)_2$]、硝酸钴[$Co(NO_3)_3$]、氯化镉($CdCl_2$)、氯化亚锡($SnCl_2$)等 CQD 荧光稳定性检测试剂均为分析纯(用量较少)。

四、实验内容

1. CQD 的合成

将新鲜土豆清洗、切片，称取 3.0 g 放入豆浆机中，加去离子水至 40 mL，搅拌磨成浆液，转入 50 mL 聚四氟乙烯反应釜内衬中，放入恒温鼓风干燥箱，160 ℃反应 9 h。反应结束后，自然冷却至室温，取出反应液，抽滤，8000 $r \cdot min^{-1}$离心 20 min，得 CQD 原液。

2. pH 对 CQD 荧光性能的影响

将 1.355 mL 85%磷酸、1.18 mL 冰醋酸、1.235 g 硼酸混合，加去离子水稀释至 500 mL，得 B-R 溶液(Britton-Robinson 缓冲溶液)。用 0.02 $mol \cdot L^{-1}$ 氢氧化钠溶液调节 B-R 溶液的 pH，得不同 pH 缓冲溶液。取不同 pH 缓冲溶液与 CQD 原液按体积比 1∶1 混合，测其荧光强度。

3. 离子强度对 CQD 荧光性能的影响

取不同浓度(0.20 mol · L^{-1}、0.40 mol · L^{-1}、0.80 mol · L^{-1}、1.20 mol · L^{-1}、1.60 mol · L^{-1}、2.0 mol · L^{-1})的氯化钠溶液与 CQD 原液按体积比 1∶1 混合，测其荧光强度。

4. CQD 对不同金属离子的检测(碳量子点对 Ag^{+}的选择性检测实验)

将 3.0 mL CQD 原液和 1.0 mL 去离子水充分混合，1 min 后测其在 405 nm 激发波长下的荧光强度，即为 CQD 的初始荧光强度值，设为 I_0。将去离子水换成浓度为 1.6 mmol · L^{-1} 的不同金属离子(Ag^{+}、Al^{3+}、Ba^{2+}、Cd^{2+}、Co^{3+}、Cu^{2+}、Fe^{3+}、K^{+}、Mg^{2+}、Na^{+}、Pb^{2+}、Sn^{2+}、Zn^{2+})溶液，静置 1 min，测其在 405 nm 激发波长下的最大荧光发射值 I，研究浓度为 400 μmol · L^{-1} 的不同金属离子对 CQD 的荧光猝灭情况。

5. CQD 对 Ag^{+}的检测及干扰研究(Ag^{+}检测范围和检出限)

分别取 1 mL 不同浓度(80～2000 μmol · L^{-1})的 Ag^{+}加入 3 mL CQD 原液中，测其在 405 nm 激发波长下的最大荧光发射值 I，研究 Ag^{+}检测范围和检出限。

取 1 mL 浓度为 400 μmol · L^{-1} 的 Ag^{+}和 1 mL 浓度为 400 μmol · L^{-1} 的不同金属离子，加入 2 mL CQD 原液中混合，静置 1 min，测其在 405 nm 激发波长下的最大荧光发射值 I，研究不同金属离子对 Ag^{+}猝灭 CQD 荧光的影响。

五、思考题

(1) 根据 160 ℃、9 h 水热制备得到的碳量子点的荧光发射光谱和紫外-可见吸收光谱，分析其光谱特征，确定其最强荧光发射峰位置和吸收带边位置。

(2) 以 I/I_0 为纵坐标、pH 为横坐标作图，分析 CQD 水溶液的 pH(B-R 溶液)对其荧光强度的影响，总结规律，得出结论。

(3) 以 I/I_0 为纵坐标、NaCl 浓度为横坐标作图，分析 CQD 水溶液离子强度(NaCl 浓度)对其荧光强度的影响，总结规律，得出结论。

(4) 以 I/I_0 为纵坐标、不同金属离子(400 μmol · L^{-1})为横坐标作图，分析常用金属离子(Ag^{+}、Al^{3+}、Ba^{2+}、Cd^{2+}、Co^{2+}、Cu^{2+}、Fe^{3+}、K^{+}、Mg^{2+}、Na^{+}、Pb^{2+}、Sn^{2+}、Zn^{2+})对 CQD 荧光强度的影响，总结规律，得出结论。

(5) 根据添加不同浓度(0～500 μmol · L^{-1})的 Ag^{+}后 CQD 溶液的荧光光谱，分析 Ag^{+}浓度对 CQD 溶液的荧光猝灭规律，讨论猝灭机理。

(6) 以 I/I_0 为纵坐标、Ag^{+}浓度为横坐标作图，将荧光强度数据代入斯顿-伏尔莫(Stern-Volmer)公式中，分析其检测范围和检出限，讨论碳量子点作为荧光探针检测水介质中微量 Ag^{+}的方法可行性。

实验 52 阿司匹林的合成及含量测定

一、实验目的

(1) 学习酚酯的合成。

(2) 学习水杨酸与酸酐在酸催化下制备乙酰水杨酸的原理和方法。

(3) 学习乙酰水杨酸含量测定的方法。

二、实验原理

阿司匹林是应用最早、最广和最普通的解热镇痛药和抗风湿药，具有解热、镇痛、抗炎、抗风湿和抗血小板聚集等多种药理作用。乙酰水杨酸是药物阿司匹林的主要成分，也是其他药物的中间体。

阿司匹林通常是用乙酸酐作酰化剂将水杨酸酰化而得，其反应式如下：

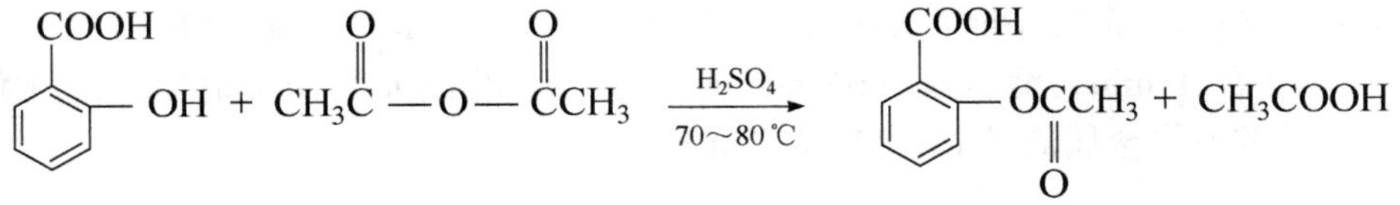

水杨酸　　乙酸酐　　乙酰水杨酸　　乙酸

乙酰水杨酸钠溶于水而水杨酸钠不溶于水，故可向乙酰水杨酸和水杨酸的混合物中加入碱溶液，利用二者的溶解性差异进行乙酰水杨酸的纯化。

根据乙酰水杨酸的特点，其含量测定的方法有酸碱滴定法、紫外分光光度法、高效液相色谱法等。

三、仪器和试剂

仪器：圆底烧瓶，球形冷凝管，干燥管，电炉，烧杯，吸滤瓶，布氏漏斗，真空泵，移液管，量筒，电子天平，碱式滴定管，锥形瓶，定性滤纸。

试剂：水杨酸，乙酸酐，浓硫酸，饱和碳酸氢钠溶液，浓盐酸，$FeCl_3$(1%)，丙酮，乙醚，乙醇，酚酞指示剂，邻苯二甲酸氢钾，饱和 NaOH 溶液。

四、实验内容

1. 乙酰水杨酸的合成

在 50 mL 圆底烧瓶中加入 3 g(0.022 mol)水杨酸、4.8 g(4.5 mL)乙酸酐和 5 滴浓硫酸，充分摇动圆底烧瓶。装上球形冷凝管和干燥管，水浴加热 10～15 min，控制温度为 75～80 ℃，水杨酸快速溶解，保持振摇或搅拌。冷却至室温，即有乙酰水杨酸结晶析出，若不结晶，可用玻璃棒摩擦瓶壁并将反应物置于冰水中冷却使结晶产生。加入 100 mL 水，将混合物继续在水浴中冷却使结晶完全，减压过滤。

将粗产品转移至 100 mL 烧杯中，在搅拌下加入 25 mL 饱和碳酸氢钠溶液，加完后继续搅拌几分钟，直至无气泡产生，抽滤。用 5～10 mL 水冲洗漏斗，合并滤液，倒入预先盛有 4～5 mL 浓盐酸和 10 mL 水混合液的烧杯中，搅拌均匀，即有乙酰水杨酸结晶析出。将烧杯置于冰水中冷却使结晶完全，抽滤，用冷水洗涤 2～3 次，抽干水分。

粗产品可用丙酮重结晶、乙醚洗涤晶体。乙酰水杨酸为白色晶体，熔点为 133～135 ℃。取几粒结晶乙酰水杨酸放入装有 5 mL 水的试管中，溶解，再加入 1～2 滴 1% $FeCl_3$ 溶液，无颜色变化。

2. 酸碱滴定法测定乙酰水杨酸的含量

1) 中性乙醇溶液的配制

用量筒量取 60 mL 95%乙醇溶液于烧杯中，加入 1～2 滴酚酞指示剂，用 0.1 mol·L^{-1} NaOH 标准溶液滴定至微红色，将此中性乙醇溶液冷却至 10 ℃以下备用。

2) 0.1 mol·L^{-1} NaOH 标准溶液的配制与标定

量取 3.3 mL 饱和 NaOH 溶液于试剂瓶中，加入 500 mL 水，摇匀。

准确称取 0.4～0.6 g 邻苯二甲酸氢钾 3 份分别置于锥形瓶中，加入约 25 mL 水，在电炉上加热使邻苯二甲酸氢钾完全溶解。冷却后，加入 2 滴酚酞指示剂，用 0.1 mol·L^{-1} NaOH 标准溶液滴定至溶液刚变为微红色且 30 s 不褪色即为终点。记下消耗 NaOH 标准溶液的体积，据此计算 NaOH 标准溶液的准确浓度，用 mol·L^{-1} 表示。

3) 乙酰水杨酸含量的测定

准确称取 0.5～0.7 g 本实验合成的乙酰水杨酸 3 份，置于洁净、干燥的 250 mL 锥形瓶中，分别加入 20 mL 冷的中性乙醇溶液于上述称好试样的锥形瓶中，充分摇动使试样充分溶解，在不超过 10 ℃的条件下(加冰控制)，加入 1～2 滴酚酞指示剂，用 0.1 mol·L^{-1} NaOH 标准溶液滴定至溶液呈微红色且 30 s 不褪色即为终点。平行测定 3 次，计算产品中乙酰水杨酸的含量(质量分数)。

五、思考题

(1) 制备乙酰水杨酸时，加入浓硫酸的目的是什么？

(2) 反应中有哪些副产物？如何除去？

(3) 校准酸度计时，为什么一般都采用缓冲溶液？

实验 53　废弃电路板中金属含量的分析测定

一、实验目的

(1) 掌握工业上废弃印制电路板预处理工艺及方法。

(2) 学习工业上废弃印制电路板主要金属含量的分析测定方法。

二、实验原理

印制电路板作为现代电子工业的基础，是连接各种电子产品中零部件的桥梁和纽带，是电子产品必不可少的组成部分。我国是电子产品消费量最大的国家，产生的电子废弃物数量巨大，研究行之有效的绿色电子废弃物资源回收利用工艺迫在眉睫。

电路板中组分繁多且金属含量不等，因此必须采用一定的分析方法和手段对其中主要金属含量进行分析测定，为后续浸出实验的定量分析提供基础数据。

三、仪器和试剂

仪器：废弃电路板(主要是印制电路板)，钳子，钢锯，石棉手套，防尘口罩，密封式制样粉碎机，电热板，国家标准检验筛，电子天平，恒温干燥箱，原子吸收分光光度计，聚四氟乙烯坩埚，微量移液器，三角漏斗等。

试剂：硝酸，盐酸，氢氟酸(AR)，高氯酸(AR)，去离子水。

四、实验内容

1. 机械预处理

1) 拆卸

废弃计算机印制电路板上的各种电子元器件采用手工拆卸。拆卸方法：将一张干净的薄钢片覆盖于电热板上，接通电热板电源进行预热，并适当控制电热板温度为 120～180 ℃。将废弃印制电路板放在炙热的薄钢片上进行高温加热，待焊接点熔化后用钳子小心地将电阻、电容等电子元器件拆卸下来，其中有价值且可继续使用的电子元器件将回收再利用。加热熔化于钢片上的焊锡经冷却凝固后回收。由于加热过程中会产生有毒气体，故整个操作过程均在通风橱中进行。

2) 机械破碎与筛分

待已拆卸完电子元器件的废弃计算机印制电路板冷却后，用钢锯将其锯成约 1 cm×1 cm 的小块，并收集锯末灰。然后将一定质量的废弃计算机印制电路板小块与锯末灰一起放置在密封式制样粉碎机中进行粉碎，并记录粉碎时间。粉碎产生的粉末用 20 目的国家标准检验筛进行筛分，选取粒径小于 20 目的废弃计算机印制电路板粉末作为实验样品。大于 20 目的粉末再置于粉碎机中继续进行粉碎处理。

2. 废弃电路板中金属含量的分析测定

(1) 取一定量实验样品置于温度为 105 ℃的恒温干燥箱中烘烤 1 h，然后取出放在干燥器中冷却待用。

(2) 用电子天平准确称取 0.5000 g 冷却后的实验样品置于聚四氟乙烯坩埚中，加入少量水润湿，然后用微量移液器准确量取 10 mL 王水(浓 HCl：浓 HNO_3 = 3：1，体积比)或 HNO_3 缓慢注入聚四氟乙烯坩埚中。样品中的有机物与王水(或 HNO_3)充分反应并产生大量棕黄色的烟。待反应停止后，将聚四氟乙烯坩埚放在预热温度为 150 ℃的电热板上分解。待溶液呈绿色透明、液面稳定并不再产生棕黄色烟后[否则应补加适量王水(或 HNO_3)继续分解]，将聚四氟乙烯坩埚取下冷却，加入 5 mL 高氯酸，逐渐升温至 210 ℃，加热至冒浓白烟，当聚四氟乙烯坩埚中残液仅剩 0.5 mL 左右时，取下冷却。再加入 5 mL 氢氟酸，在 150 ℃加热挥发除去硅，蒸至近干时，取下冷却。加入 2 mL 高氯酸，逐渐升温至 210 ℃继续加热至近干，然后取下稍冷，加入 20 mL 1% HNO_3 溶液，温热溶解残渣。待冷却后用三角漏斗过滤，并转移至 100 mL 容量瓶中，用去离子水定容，摇匀备用。

(3) 实验样品按以上两种方法各平行制备七份，同时采取上述步骤和方法制备空白溶液。

(4) 消解样品用原子吸收分光光度计测定，计算铜、锌、镍三种金属元素在废弃计算机印制电路板中的含量。

五、思考题

(1) 印制电路板中含有多种化合物，元素种类较多，在测量时可能会相互影响，影响因素有哪些？

(2) 比较采用直接加热酸消解法、微波消解法和高压釜消解法等不同的消解方法对测试结果及误差的影响。

实验 54　碘盐的制备与检验

一、实验目的

(1) 复习重结晶的操作。
(2) 复习抽滤的操作。
(3) 了解食盐的成分和生产步骤。

二、实验原理

日常生活中食用的食盐大多数为碘盐。碘是人体甲状腺素的重要成分，对人体的大脑发育、身体成长和新陈代谢有重要的影响。碘盐制备的实质是粗盐的重结晶提纯，加入含碘活性成分的过程。

重结晶是提纯固体物质的重要方法，将被提纯的物质完全溶解在适当的溶剂中，过滤，使不溶的杂质与液相分离，再通过加热蒸发液相使其浓缩，冷却后重新析出晶体，从而达到提纯的目的。经过多次重结晶，可以得到纯度很高的晶体。母液的多少、晶体的大小和重结晶的次数决定产物的纯度。

碘盐中碘的活性成分主要是 KIO_3 或 KI。KIO_3 具有化学性质稳定、常温下不挥发、不分解、不潮解、活性效果好、口感舒适、易生产等优点，因而被广泛用于碘盐中。KIO_3 为无臭、无味、无色晶体，溶于水，含碘量为 59.3%。由于 KIO_3 加热超过 560 ℃时开始分解，且在酸性介质中氧化性较强，遇到食品中某些还原性物质(如 Fe^{2+}、$C_2O_4^{2-}$)易被还原为单质碘，因此在生产和保存过程中要注意其环境，避免有效成分失效。

$$2KIO_3 \xlongequal{\triangle} 2KI + 3O_2\uparrow$$

$$12KIO_3 + 6H_2O \xlongequal{\triangle} 6I_2 + 12KOH + 15O_2\uparrow$$

纯 KIO_3 晶体有毒，但在治疗范围内($\leqslant 60\ mg \cdot kg^{-1}$)对人体无害，国家标准规定碘含量的平均水平(以碘元素计)为 20～30 $mg \cdot kg^{-1}$。

三、仪器和试剂

仪器：台秤，烧杯，减压过滤装置，蒸发皿，电炉，电热板，坩埚，玻璃棒，试管，比色管，分光光度计。

试剂：粗盐，无水乙醇，KIO_3 标准溶液(含碘 200 $mg \cdot L^{-1}$，准确称取 0.0338 g KIO_3 溶于 100 mL 去离子水中)，市售碘盐，$BaCl_2$(0.1 $mg \cdot L^{-1}$)，氨水，铬黑 T 指示剂，$(NH_4)_2C_2O_4$(饱和)，H_2SO_4(0.2 $mg \cdot L^{-1}$)，KI(0.05%)-淀粉(0.5%)指示剂。

四、实验内容

1. 粗盐提纯(重结晶)

用台秤称取 15 g 粗盐放入烧杯中，加入 50 mL 去离子水，加热使粗盐全部溶解后迅速抽滤。将滤液转入另一个干净烧杯中，继续加热，使溶液浓缩至 25 mL 左右。加热过程中要注意不断搅拌，以防杯底结垢。稍加冷却后继续抽滤，将得到的精盐用玻璃棒转入蒸发皿，置于电热板上烘干，冷却后称量，计算产率。

2. 食盐加碘

用台秤称取 10 g 自制精盐放入洁净、干燥的坩埚中，逐滴加入 1 mL 含碘 200 mg · L^{-1} 的 KIO_3 标准溶液。再加入 2～3 mL 无水乙醇，搅拌均匀后点燃乙醇，待乙醇燃尽并冷却后，即得加碘食盐。

3. 碘盐与母液成分比较

分别取 0.5 g 自制碘盐与粗盐，加入 10 mL 去离子水，搅拌配成碘盐液与母液。各取 1 mL 碘盐液与母液(取三次)放入试管，分别进行以下检验，比较重结晶前后晶体成分的不同。

1) Ca^{2+}的检验

在两支试管中分别加入 5 滴$(NH_4)_2C_2O_4$饱和溶液，观察 CaC_2O_4 白色沉淀产生的多少，据此判断碘盐液与母液 Ca^{2+}含量的不同。

2) Mg^{2+}的检验

在两支试管中分别加入 1～2 滴氨水和 1 滴铬黑 T 指示剂，观察溶液变红的程度，据此判断碘盐液与母液 Mg^{2+}含量的不同。

3) SO_4^{2-} 的检验

自行设计实验，通过实验判断碘盐液与母液 SO_4^{2-} 含量的不同。

4. 含碘浓度的测定

1) 标准比色管的制备

取 6 支 50 mL 比色管分别加入 0.0 mL、2.5 mL、5.0 mL、7.5 mL、10.0 mL、12.5 mL KIO_3 标准溶液，含碘量分别为 0 mg · L^{-1}、10 mg · L^{-1}、20 mg · L^{-1}、30 mg · L^{-1}、40 mg · L^{-1}、50 mg · L^{-1}。再分别加入 2 mL 0.2 mol · L^{-1} H_2SO_4溶液和 1 mL KI-淀粉指示剂，显色后静置 2 min，稀释至刻度。放入分光光度计的 1 cm 比色皿中，在 595 nm 处测吸光度，绘制标准曲线。

2) 含碘量的测定

分别取 1.0 g 自制精盐、自制碘盐和市售碘盐，用 20 L 左右去离子水溶解在 50 mL 比色管中，再分别加入 2 mL 0.2 mol · L^{-1} H_2SO_4溶液和 2 mL KI-淀粉指示剂，显色后静置 2 min，稀释至刻度。分别用分光光度计测定吸光度，对照标准曲线得到碘浓度。

五、思考题

(1) 食盐重结晶过程中，为什么要不断搅拌？可否让溶液完全蒸干？

(2) 简述抽滤操作的过程及其注意事项。

(3) 精盐加碘后能否直接在酒精灯上蒸干？温度应如何控制？

(4) 炒菜时能否直接将盐放到热油锅中？

实验 55　从废弃印制电路板中回收铜

一、实验目的

(1) 了解以无毒、低腐蚀性的氨-氯化铵缓冲溶液作为浸出剂，从废弃电路板中将金属铜溶解转入液相的方法。

(2) 理解多级萃取与检测萃取量的关系。

二、实验原理

随着铜矿资源的日益枯竭，传统火法不能冶炼的低贫铜矿及氧化铜矿逐渐受到业界的关注。党的二十大报告提出："我们坚持可持续发展，坚持节约优先、保护优先、自然恢复为主的方针，像保护眼睛一样保护自然和生态环境，坚定不移走生产发展、生活富裕、生态良好的文明发展道路，实现中华民族永续发展。"采用浸取—萃取—电积工艺的湿法炼铜具有成本低、耗能少、工艺简单、环境友好等优点。

氨-氯化铵缓冲溶液浸出铜是利用金属铜在氧化剂存在下，NH_3 和 NH_4^+与铜表面形成的氧化膜发生配位反应生成可溶性的铜氨配合物，从而使废弃电路板中的铜转移进入液相中。向浸出液中添加强氧化剂过氧化氢可以增加废弃电路板粉末中铜的溶解效率，其机制是过氧化氢在浸出反应过程中先分解成水和新生氧，新生氧易与铜发生反应生成铜氧化物，同时待溶解的金属铜也加速了过氧化氢的分解反应。金属铜表面的铜氧化物一旦形成，浸出液中的 NH_3 和 NH_4^+ 立即与其发生反应生成可溶性的铜氨配合物，透过液膜层向溶液扩散，消除了金属氧化物形成的致密层对反应物和产物造成的传输阻力，加快了金属的溶解速度，从而大大提升了金属铜的浸出率。

液-液萃取操作是向欲分离的液体混合物(原料液)中加入一种与其不互溶或部分互溶的液体溶剂，形成两相体系。利用原料液中各组分在萃取剂中溶解度的差异，实现原料液中各组分一定程度的分离。近年来，在国内外湿法冶金研究和工业应用中常采用有机萃取剂从浸出液中分离富集铜，其中用于从氨浸液中萃取铜的有机萃取剂种类很多。萃取的基本过程：将一定量的溶剂加入被分离的混合物中，在磁力搅拌下使原料液和萃取剂充分混合，溶质二价铜离子通过相界面由原料液向萃取剂中扩散。萃取操作完成后，静置使两液相分层，从而分离得到萃取相和萃余相。

三、仪器和试剂

仪器：原子吸收分光光度计，电子天平，恒温干燥箱，三口烧瓶，冷凝管，温度计，具塞锥形瓶，恒温振荡器，分液漏斗，铁架台，数显恒温水浴锅，强力电动搅拌机，循环水多用真空泵，微量移液管，医用输液器。

试剂：机械预处理产生的小于 20 目的废弃电路板粉末，氨水，过氧化氢溶液(30%，AR)，氯化铵；萃取剂：LZU-1110，浓度为 50%(萃取剂与溶剂体积比为 1∶1)，反萃剂：硫酸溶液(3 mol · L^{-1})。

四、实验内容

1. 氨-氯化铵溶液浸铜

(1) 分别准确称取 5.00 g 和 20.00 g 实验样品进行金属浸出实验：将带冷凝管和温度计的三口烧瓶(250 mL)置于数显恒温水浴锅中，将实验样品(5.00 g 或 20.00 g)倒入三口烧瓶，再缓慢加入一定体积的氨水[40 mL(5.00 g)或 160 mL(20.00 g)]和氯化铵溶液[20 mL (5.00 g)或 80 mL(20.00 g)]。

(2) 开启电动搅拌机，将搅拌速度固定为 800 r · min^{-1}，以确保颗粒物保持悬浮状态，同时便于两相界面反应物和产物的传输。将医用输液器的软管一端连接已装有过氧化氢的碱式滴定管，另一端的金属细针则浸没于浸出液面以下。启动阀门，向三口烧瓶中缓慢注入一定量的 30%过氧化氢溶液，并记录过氧化氢添加量。

(3) 常温密闭搅拌一段时间，待反应平衡后过滤，滤液经适当稀释后采用原子吸收分光光度计分析测定其中金属离子含量，按以下公式计算铜和其他被浸金属的浸出率：

$$\text{金属浸出率}(\%) = \frac{\text{溶液中被浸金属的含量(g)}}{\text{废弃电路板粉末中被浸金属的含量(g)}} \times 100\%$$

2. 氨浸液中铜的萃取回收

(1) 萃取：将有机萃取剂与含铜氨浸液一起倒入具塞锥形瓶，将锥形瓶置于 25 ℃的恒温振荡器中。启动振荡器以 850 次 · min^{-1} 的速度振荡一定时间，取出锥形瓶，并将瓶中溶液转入置于铁架台上的分液漏斗中。待溶液静置分层后，水相(萃余液)经适当稀释后用原子吸收分光光度计分析测定其中铜的浓度。有机相中铜的浓度则通过差减法计算得到。

(2) 反萃取：将(1)获得的载铜有机相和一定浓度的反萃剂(3 mol · L^{-1} 硫酸)按相比 2∶1 (体积比)放入一个具塞锥形瓶中，后续反萃取实验操作和分析过程均与萃取过程相同。

(3) 萃取率和反萃率的计算。

铜的萃取率：

$$\text{萃取率}(\%) = \frac{\text{有机相中铜的含量(g)}}{\text{水相和有机相中铜的总量(g)}} \times 100\%$$

铜的反萃率：

$$\text{反萃率}(\%) = \frac{\text{水相中铜的含量(g)}}{\text{水相和有机相中铜的总量(g)}} \times 100\%$$

五、思考题

(1) 本实验从废弃电路板中回收铜的收率受哪些因素的影响？

(2) 如何提高铜的萃取率？

第 7 章　设计研究实验

实验 56　金属铜的细化

一、实验背景

由于金属粉末的细小颗粒表面具有许多特殊的物理化学性能，因此金属粉体材料在工业生产、科学实验中具有广泛的应用前景。尤其是在电子工业的一些特殊性能的元件制备(如大功率厚膜混合集成电路、厚膜多层布线及特殊阴极的制造)中，需要采用一系列金属粉体，如金、银、钯等。由于器件性能的要求，对制备它的金属粉体也有一定的特殊要求，如指定粒度、高纯度等。然而，对于一些硬度低、延展性好的贵金属，难以用机械的方法获得超细粉体，必须使用化学方法。目前，国内外已经有许多公司可以生产具有特殊要求的金属微粉。

金属铜粉体是目前研究和应用较多的金属粉体之一。本实验以氧化还原反应理论为指导，通过化学方法制备金属铜微粉，从而了解贵金属粉体的制备工艺。

二、实验提示

铜是不活泼金属，在常温下不溶于非氧化性酸，但在氧化性酸中可溶。将铜氧化成二价铜溶液后，再用多元醇作还原剂及分散剂，还原铜盐制备超细铜粉。

由于金属粉体表面积很大，具有较高的反应活性，在空气中容易氧化，因此必须对其进行表面处理。

三、仪器和试剂

仪器：磁力搅拌器，烧杯(250 mL)。

试剂：NaOH，H_2SO_4，铜屑，铁粉，无水乙醇，乙二醇，$K_2S_2O_8$，HNO_3，丙酮，2-巯基苯并噻唑(丙酮溶液)。

四、实验要求

(1) 独立查阅有关文献资料，根据实验室提供的试剂等条件拟订金属铜的溶解、还原、沉积等实验方案，包括基本流程的选定、除杂、提纯和产品检验方法，以及所选试剂、仪器设备等，列出所需试剂和仪器的详细清单提交指导教师。

(2) 在教师指导下独立完成实验，写出完整的实验报告(包括实验步骤、实验记录和实验数据处理过程)。

实验 57　锂云母矿提取锂

一、实验背景

近年来，锂在新能源材料领域的应用受到高度关注，被誉为“21 世纪的能源金属”“白色石油”。在高新产业的推动下，锂的消费飞速增长。过去十年，我国锂消费量(以碳酸锂计)年均增长 24%。锂资源在全球范围虽然总量丰富，但分布不均。根据锂资源的存在形式分类，全球的锂资源主要包括固体型锂矿和盐湖卤水型锂矿，二者分别占总储量的 34%和 61%。锂盐的生产主要来源于锂矿石和盐湖锂资源，其他类型锂资源(如油田水等)占 5%。锂云母是最主要的锂矿物之一，锂云母矿通常还伴生钾、铷、铯等碱金属。我国江西宜春铌钽矿伴生锂云母多金属矿床是世界最大的伴生锂云母矿床，也是我国正在开采利用的主要锂资源之一。目前从锂云母中提取锂的方法主要有硫酸法、硫酸盐法、氯化焙烧法和石灰石法等。

二、实验提示

锂云母与浓硫酸混合后在 300 ℃下焙烧(保证硫酸未大量分解)，其中的 Li_2O 与硫酸反应生成硫酸锂：

$$Li_2O + H_2SO_4 \xrightarrow{\text{焙烧}} Li_2SO_4 + H_2O$$

焙烧产物经稀释、过滤可得到酸性浸出液。调节酸性浸出液的 pH，使其中的铝盐、铁盐生成氢氧化物，经水浸出使锂进入水相，分析水相中锂的含量。

三、仪器和试剂

仪器：马弗炉，烧杯，瓷坩埚，减压过滤装置。

试剂：锂云母，硫酸，铁屑，氢氧化钠。

四、实验要求

(1) 查阅资料，拟订实验方案及步骤。

(2) 在教师指导下独立完成实验，写出完整的实验报告(包括实验步骤、实验记录和实验数据处理过程)。

实验 58　含镍废渣中提取硫酸镍及含量测定

一、实验背景

工业生产中会产生大量含镍废渣。例如，电镀厂镀镍时，阳极溶解后的残渣称为镍阳极泥，含镍量可以达到 80%，有些工厂使用镍作为催化剂，废渣中 NiO 的含量可以达到 20%。这些废渣、废料经济价值很低，仅可用于硅酸盐工业作为添加剂改变水泥的性质，几乎无法在市场上销售。除镍外，这些废渣、废料中还含有大量其他金属离子，如铁、铝、铜、锌等。这些重金属离子将随着日晒雨淋进入水体或土壤，从而进入生态系统物质循环，加重全球污染，危害生物体和人类健康。如果可以利用其中的重金属，尤其是含量很高的镍，则它们将成为一种廉价的可再生资源。党的二十大报告指出：“资源环境约束趋紧、环境污染等问题突出”。在目前资源紧张的背景下，回收废镍渣制得硫酸镍具有较高的经济价值。

二、实验提示

一般含镍废渣中的杂质主要为 Fe_2O_3、Al_2O_3、SiO_2、CaO、MgO、CuO 等。在含镍废渣中加入酸溶解镍，经过过滤、蒸发、浓缩、冷却、结晶后可以得到粗制 $NiSO_4 \cdot 7H_2O$。但在酸溶过程中，Fe^{3+}、Al^{3+}、Ca^{2+}、Mg^{2+}、Cu^{2+}等杂质也混入粗产品中，因此还需要提纯 $NiSO_4 \cdot 7H_2O$。可以采用 pH 控制法除去 Fe^{3+}、Al^{3+}，调节 pH = 5 左右，使 Fe^{3+}、Al^{3+}沉淀。Ca^{2+}、Mg^{2+}可以通过重结晶并控制结晶条件除去。最后在一定 pH 下通入 H_2S，使 Cu^{2+}生成沉淀而除去。除去杂质后的 $NiSO_4 \cdot 7H_2O$ 经过再次蒸发、冷却、结晶，就可以得到精制的晶体，最后利用滴定法或通过仪器分析测定含镍及其他杂质的量，从而判断提纯效果。如果使用配位滴定法测定镍含量，可以在 pH = 10 时，以紫脲酸铵为指示剂，用 EDTA 标准溶液滴定，杂质含量可以用比色法、分光光度法测定。

三、仪器和试剂

仪器：台秤，烧杯，减压过滤装置，蒸发皿，电炉，电热板，坩埚，滴定管，比色管，分光光度计。

试剂：pH 试纸，H_2S 气体，KSCN，铬黑 T，紫脲酸铵，EDTA 标准溶液，NaOH，HCl，乙二酸。

四、实验要求

(1) 查阅资料，拟订实验方案及步骤。

(2) 在教师指导下独立完成实验，写出完整的实验报告(包括实验步骤、实验记录和实验数据处理过程)。

实验 59 氧化铜矿制备硫酸铜

一、实验背景

氧化铜矿石的湿法冶炼已广泛应用于工业生产，目前在智利、刚果(金)、赞比亚和美国等国家已达到较大的规模。由于氧化铜矿物可被酸或氨溶液直接溶解，因此氧化铜矿的湿法冶炼过程主要包括浸出和从溶液中提铜。目前普遍采用稀硫酸溶液(或电积提铜后的废液)浸出。当矿石中含有硫化铜时，可在稀硫酸溶液中配入硫酸铁进行浸出。对于铁和钙、镁碳酸盐含量高的矿石，为了选择性地浸出铜并减少溶剂消耗，可用氨液进行浸出。

二、实验提示

自然界中氧化铜矿品位不高，一般在 10%左右。主要杂质有 Si、Ca、Mg、Fe、Al、Pb、Zn、Co、Ni 等。将氧化铜矿用稀硫酸溶浸后过滤分离 SiO_2 等不溶物。浸出液用铁屑在 pH = 2.5 时置换 Cu^{2+}制取海绵铜，海绵铜经高温焙烧后获得含有 Fe_2O_3 等杂质的氧化铜。再将其经过溶解、粗制和精制结晶等过程，就可获得纯的结晶硫酸铜 $CuSO_4 \cdot 5H_2O$。为了控制条件，必须对原料、粗晶进行分析，对产品进行纯度检验。

三、仪器和试剂

仪器：马弗炉，烧杯(250 mL)，瓷坩埚。

试剂：氧化铜，硫酸，铁屑。

四、实验要求

(1) 查阅资料，设计由氧化铜矿制备 $CuSO_4 \cdot 5H_2O$ 的合理方案。设计原料、粗晶及产品中 Cu^{2+}的测定方法和微量 Fe 的测定方法。

(2) 在教师指导下独立完成实验，写出完整的实验报告(包括实验步骤、实验记录和实验数据处理过程)。

实验 60　从天然芒硝制取元明粉

一、实验背景

$Na_2SO_4 \cdot 10H_2O$ 俗称芒硝，通常由海水或盐湖水经蒸发、浓缩结晶而得，或由盐湖干涸形成的矿床开采而得。颗粒较细的无水硫酸钠在工业上称为元明粉，广泛用于洗涤剂、染料、合成纤维、纸张、水玻璃、硫化钠等的制造，是重要的化工原料，通常条件下为无色菱形结晶。天然芒硝含有可溶性杂质(如 Ca^{2+}、Mg^{2+}、K^+ 、Cl^-等)和不溶性杂质(如泥沙等)。设计合理的分离、提纯的加工工艺过程，可以得到纯度较高、颗粒较细的无水硫酸钠。

二、实验提示

天然芒硝中含有的不溶性杂质(如泥沙等)可通过过滤除去。Na_2SO_4 在水中的溶解度随温度的变化比较特殊，在 32.38 ℃以下随温度升高而增大，32.38 ℃达到最大溶解度，温度再升高时，溶解度反而下降。因此，32.38 ℃为 $Na_2SO_4 \cdot 10H_2O$ 和 Na_2SO_4 的转变温度。控制溶液加热蒸发、浓缩，将可溶性杂质(如 Ca^{2+}、Mg^{2+}、K^+、Cl^-等)与 Na_2SO_4 分离，就能得到无水硫酸钠。

三、仪器和试剂

仪器：台秤，漏斗，漏斗架，蒸发皿，坩埚钳，泥三角，石棉网，烧杯，玻璃棒，滤纸。

试剂：天然芒硝。

四、实验要求

(1) 独立查阅有关文献资料，设计从天然芒硝中提取无水硫酸钠的合理方案。

(2) 在教师指导下独立完成实验，写出完整的实验报告(包括实验步骤、实验记录和实验数据处理过程)。

实验 61 青蒿素的提取

一、实验背景

青蒿素是治疗疟疾耐药性效果最好的药物，以青蒿素类药物为主的联合疗法也是当下治疗疟疾最有效、最重要的手段。随着研究的深入，青蒿素的其他作用也逐渐被发现和应用研究，如抗肿瘤、治疗肺动脉高压、抗糖尿病、胚胎毒性、抗真菌、免疫调节、抗病毒、抗炎、抗肺纤维化、抗菌、心血管作用等。从植物青蒿中提取青蒿素是获得青蒿素的常用方法。青蒿素的结构式如下：

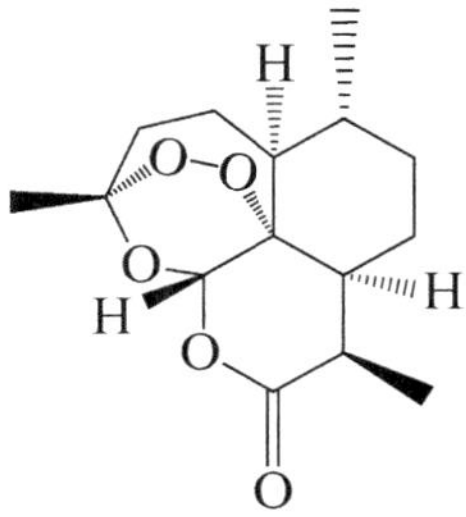

二、实验提示

(1) 青蒿素为无色针状结晶，熔点为 156～157 ℃，易溶于氯仿、丙酮、乙酸乙酯和苯，可溶于乙醇、乙醚，微溶于冷石油醚，几乎不溶于水。

(2) 青蒿素具有特殊的过氧基团，因此它对热不稳定，易受湿、热和还原性物质的影响而分解。

(3) 从青蒿中提取青蒿素的方法是以萃取原理为基础，主要有乙醚浸提法和溶剂汽油浸提法。

三、仪器和试剂

仪器：圆底烧瓶(250 mL)，过滤装置，磁力搅拌器，分液漏斗。

试剂：青蒿叶，石油醚，乙醚。

四、实验要求

(1) 独立查阅有关文献资料，根据实验室提供的试剂等条件，拟订对青蒿中青蒿素的提取、分离实验方案，包括基本流程的选定、除杂、提纯和产品检验方法，以及所选试剂、仪器设备等，列出所需试剂和仪器的详细清单提交指导教师。

(2) 在教师指导下独立完成实验，写出完整的实验报告(包括实验步骤、实验记录和实验数据处理过程)。

实验 62 硫酸铝钾大晶体的制备

一、实验背景

十二水合硫酸铝钾[$KAl(SO_4)_2 \cdot 12H_2O$]也称明矾或钾明矾，是带有结晶水的 $Al_2(SO_4)_3$ 和

K_2SO_4的复盐，是典型的无机水合盐相变材料，属立方晶系。它的熔点为90～92.5 ℃，相变潜热为250 $J \cdot g^{-1}$左右。

十二水合硫酸铝钾具有相变潜热高、价格低廉和安全无毒等优点，是一种来源丰富的中低温无机水合盐相变蓄热材料，可以广泛应用于谷电蓄热、建筑供暖、产品节能、太阳能热利用及电池热管理等领域。明矾也是传统的净水剂，一直被人们广泛使用。

二、实验提示

以铝箔为原料设计制备硫酸铝钾大晶体时，反应开始阶段通常可采用酸溶或碱溶。常见的制备方法有以下3种：

(1) 用 NaOH 溶解：先得到 $Na[Al(OH)_4]$，再用 H_2SO_4 调 pH 至 8～9，将其转化为 $Al(OH)_3$，过滤后将 $Al(OH)_3$ 完全溶于 H_2SO_4 得 $Al_2(SO_4)_3$，再向其中加入 K_2SO_4，蒸发浓缩即可得到 $KAl(SO_4)_2 \cdot 12H_2O$。

(2) 用 KOH 溶解：先得到 $K[Al(OH)_4]$，再用 H_2SO_4 调 pH 至 8～9，将其转化为 $Al(OH)_3$，进一步完全溶于 H_2SO_4 得 $Al_2(SO_4)_3$ 和 K_2SO_4，最后蒸发浓缩，即可得到 $KAl(SO_4)_2 \cdot 12H_2O$。

(3) 用 H_2SO_4 溶解：先得到 $Al_2(SO_4)_3$，再向其中加入 K_2SO_4，蒸发浓缩即可得到 $KAl(SO_4)_2 \cdot 12H_2O$。

三、仪器和试剂

仪器：过滤装置，圆底烧瓶(250 mL)，磁力搅拌器，蒸馏装置。

试剂：铝箔，NaOH，H_2SO_4，KOH，K_2SO_4。

四、实验要求

(1) 独立查阅有关文献资料，根据实验室提供的试剂等条件，拟订实验方案，包括基本流程的选定、除杂、提纯和产品检验方法，以及所选试剂、仪器设备等，列出所需试剂和仪器的详细清单提交指导教师。

(2) 在教师指导下独立完成实验，写出完整的实验报告(包括实验步骤、实验记录和实验数据处理过程)。

实验63　低维碳材料的制备及吸波性能研究

一、实验背景

随着现代社会无线信息技术的高速发展，电磁波技术已应用到人们的日常生活中，同时也带来了严重的电磁干扰和电磁污染，甚至有时会危害人类的生命健康。电磁屏蔽材料主要是将电磁波限制在一定区域内避免周围的器件或人受到影响，电磁屏蔽材料主要需要高的介电常数。吸波材料是将有害电磁波吸收进材料内部并损耗掉，作为吸波材料要求阻抗匹配具有合适的介电实部和虚部，若介电实部太高，电磁波会直接从材料表界面被反射走而无法进入材料内部被损耗掉，但是如果介电实部过低电磁波会直接穿透掉，无法被损耗掉。

近年来，开发轻质量、薄厚度、宽吸收带宽、屏蔽或吸收性强的高性能电磁波材料成为最重要的目标。传统的重金属吸波材料(铁、铁氧体、铜)的密度高、吸收性能弱、EAB 窄等缺点极大地制约了传统损耗材料在电磁波吸收中的实际应用。因此，制备出一种新型的吸波材料变得尤为重要。低维碳材料具有良好的化学稳定性、低密度、高比表面积、高介电常数和优异的电子导电性等吸波潜力而受到众多电磁研究工作者的关注，碳基材料有望成为性能更优异的吸波材料。

二、实验提示

对含碳的有机物采用固相热解法可以制备低维碳材料，考察材料的形貌结构、组成成分，以及电磁屏蔽和吸收性能。评估其作为吸波和屏蔽材料的可能性。

三、仪器和试剂

仪器：高温管式炉，同轴环模具、护具，矢量网络分析仪，X 射线衍射仪，透射电子显微镜，X 射线光电子能谱仪，差热-热重联用仪。

试剂：有机碳材料。

四、实验要求

(1) 查阅资料，拟订实验方案及步骤。

(2) 在教师指导下独立完成实验，写出完整的实验报告(包括实验步骤、实验记录和实验数据处理过程)。

实验 64　印制电路板腐蚀液的再生与铜的回收

一、实验背景

印制电路板的蚀刻过程是将不需要的铜箔用腐蚀液溶解掉。当前中小规模印制电路板的生产广泛采用以三氯化铁为腐蚀剂的化学方法进行处理，三氯化铁浓度为 30%～40%。用三氯化铁溶解掉覆铜板上未加保护的铜膜，保留在电路绘图过程中需要的用作导线的铜膜，然后在保留的铜膜上插接元器件并进行表面防锈蚀处理，最终形成具有实用价值的电路板。

随着电子工业的发展，印制电路板产量增加，造成三氯化铁腐蚀液用量不断增加，废液量也随之增加。如果采用饱和腐蚀液蚀刻铜板，废液中含 Cu^{2+}高达 70 $g \cdot L^{-1}$，Fe^{3+} 100 $g \cdot L^{-1}$，Fe^{2+} 70 $g \cdot L^{-1}$。若这种含铜铁浓度高、酸性强的废液不经过滤或沉淀而直接排放，既浪费铜铁资源，又污染环境(会造成地下管道的重金属污染，特别是河流、地下水严重污染，对动植物造成伤害)。为此，需开展废液再生及铜的回收。

二、实验提示

酸性条件下铜的腐蚀一般情况可用下式表示：

$$2FeCl_3 + Cu = 2FeCl_2 + CuCl_2$$

从上式可知，随着 Cu 的减少，腐蚀液中 $FeCl_3$ 的浓度逐渐降低，而溶液中 Cu 盐的浓度增大，导致溶液的黏度增加，溶液的对流减慢，腐蚀作用下降而不能再用。腐蚀液恶化完全是由 Cu^{2+}的溶出和 $FeCl_2$ 的生成引起的。因此，只要除去 Cu^{2+}并使 $FeCl_2$ 转变成 $FeCl_3$，三氯化铁腐蚀液即可再生而反复连续使用。

(1) 金属铜的回收。

可选用置换法回收金属铜。使 Cu^{2+}变成单质 Cu，只需加入活泼性比铜强的金属。一些活泼的金属如 Zn、Al、Fe 等都可置换铜。由于 $FeCl_3$废液需再生使用，不可引入任何杂质，因此只能选用金属铁。

(2) 三氯化铁的再生。

置换铜后的腐蚀废液几乎全为 $FeCl_2$，只需要将 Fe^{2+}氧化成 Fe^{3+}，三氯化铁腐蚀液即可再生。

三、仪器和试剂

仪器：过滤(或离心)装置，磁力搅拌器。

试剂：HCl，铁粉，过氧化氢。

四、实验要求

(1) 独立查阅有关文献资料，根据实验室提供的试剂等条件，拟订实验方案，包括基本流程的选定、除杂、提纯和产品检验方法，以及所选试剂、仪器设备等，列出所需试剂和仪器的详细清单提交指导教师。

(2) 在教师指导下独立完成实验，写出完整的实验报告(包括实验步骤、实验记录和实验数据处理过程)。

参 考 文 献

白炳贤, 张会霞. 1992. 用镍渣制备硫酸镍的试验. 广西化工, 21(1): 53-55.

陈凡植, 陈庆邦, 聂晓军, 等. 2001. 电镀污泥的综合利用试验研究. 化工进展, 20(7): 25-28.

郭海涛. 2017. 印制电路板腐蚀废液的处理方法研究. 信息记录材料, 18(4):15-16.

贺伦英. 1991. 三氯化铁腐蚀液再生及金属铜的回收. 环境工程, 9(1): 48-51.

廖昌华, 孙水裕, 陈庆邦. 2002. 电镀污泥焚烧渣资源化及无害化处理研究. 上海环境科学, 21(8): 491-493.

柳林, 曹耀华, 张亮, 等. 2021. 采用硫酸化焙烧-水浸工艺从锂云母精矿中提取锂. 湿法冶金, 40(1): 6-9.

彭敏, 石建新, 王周, 等. 2017. 氢氧化钾法与硫酸法制备硫酸铝钾的区别探讨. 大学化学, 32(5): 49-54.

王艳芝, 韩村民, 李德谦. 2002. 仲辛基苯氧乙酸萃取 Cu(Ⅱ)的性能研究. 矿产综合利用, 49(2): 13-15.

王玉棉, 于梦娇, 王胜, 等. 2007. 超细铜粉的制备方法、存在问题及应用. 材料导报, 21(F05): 126-129.

于丽华, 钟俊波. 2004. 纳米铜粉的制备及保存. 大连铁道学院学报, 25(2): 85.

赵兵, 王玉春, 吴江, 等. 2000. 青蒿素提取条件研究. 中草药, 31(6): 421-423.

朱萍, 王正达, 袁媛, 等. 2006. N902 萃取铜的选择性研究. 稀有金属, 30(4): 484-489.

朱屯. 2002. 现代铜湿法冶金. 北京：冶金工业出版社.

Bonaccorso F, Colombo L, Yu G H, et al. 2015. Graphene, related two-dimensional crystals, and hybrid systems for energy conversion and storage. Science, 347(6217): 1246501.

Hou X W, Zhao R, Xue W D, et al. 2022. Salt template assisted synthesis of Fe@graphene for high-performance. Carbon, 199(31): 268-278.